机器学习实践应用

李博　著

人 民 邮 电 出 版 社
北 京

图书在版编目（CIP）数据

机器学习实践应用 / 李博著. -- 北京 : 人民邮电出版社，2017.7
ISBN 978-7-115-46041-7

Ⅰ. ①机… Ⅱ. ①李… Ⅲ. ①机器学习－研究 Ⅳ. ①TP181

中国版本图书馆CIP数据核字(2017)第114073号

内 容 提 要

机器学习是一门多领域交叉学科，涉及概率论、统计学、逼近论、凸分析、算法复杂度等多门学科，专门研究计算机怎样模拟或实现人类的学习行为。机器学习是人工智能的核心，是使计算机具有智能的根本途径。

本书通过对机器学习的背景知识、算法流程、相关工具、实践案例以及知识图谱等内容的讲解，全面介绍了机器学习的理论基础和实践应用。书中涉及机器学习领域的多个典型算法，并详细给出了机器学习的算法流程。

本书适合任何有一定数据功底和编程基础的读者阅读。通过阅读本书，读者不仅可以了解机器学习的理论基础，也可以参照一些典型的应用案例拓展自己的专业技能。同时，本书也适合计算机相关专业的学生以及对人工智能和机器学习感兴趣的读者阅读。

◆ 著　　　李　博
责任编辑　胡俊英
责任印制　焦志炜

◆ 人民邮电出版社出版发行　北京市丰台区成寿寺路 11 号
邮编　100164　电子邮件　315@ptpress.com.cn
网址　http://www.ptpress.com.cn
固安县铭成印刷有限公司印刷

◆ 开本：800×1000　1/16
印张：17.5　2017 年 7 月第 1 版
字数：328 千字　2024 年 7 月河北第 8 次印刷

定价：69.00 元

读者服务热线：(010)81055410　印装质量热线：(010)81055316
反盗版热线：(010)81055315
广告经营许可证：京东市监广登字20170147号

推荐序

近年来，在 IT 圈大家谈论最多的就是人工智能。AlphaGo 与围棋选手的人机大战更是让我们领略到人工智能技术巨大潜力的同时，又将人工智能推向了一个新的制高点。

人工智能的发展得益于云计算和大数据技术的成熟与普及。和人工智能相关的还有两个核心词汇——机器学习和深度学习。这三者有着什么样的关系？所谓人工智能，通俗地讲是指由人工制造出来的系统所表现出来的智能。人工智能研究的核心问题包括推理、知识、交流、感知、移动和操作物体的能力。而机器学习是人工智能的一个分支，很多时候机器学习几乎成为人工智能的代名词。机器学习简单来讲就是通过算法，使机器能从大量历史数据中学习规律，从而对新的样本做出智能识别或对未来做预测。深度学习是机器学习的一个新领域。之所以称为“深度”，是因为前面说的机器学习是浅层的学习，主要基于概率统计、矩阵或图模型而得出的分析结论。深度学习的概念源于人工神经网络的研究，它基于神经网络框架，通过模拟人脑学习的方式来处理数据。在人工智能实践中，数据是载体和基础，智能是追求的目标，而机器学习则是从数据通往智能的技术桥梁。因此，在人工智能领域，机器学习才是核心，是现代人工智能的本质。

人工智能的火热使市场上对机器学习人才的需求不断提高，很多从事软件开发的程序员纷纷转行投向机器学习领域。但机器学习对人才的技术和理论水平要求都非常高，除了要掌握统计学中各种复杂的机器学习算法的理论推导外，还要懂计算机算法的实现逻辑以及分布式、并行化等架构理论。

本书是以应用场景为导向，以代码实现为样例贯穿始终，并融入了通俗易懂的理论知识。对于机器学习爱好者和想进入相关领域的从业者来说，是一本值得推荐的好书。

从 2015 年开始，我有幸与作者在同一个团队工作，一起设计并研发阿里云的机器学习平台——PAI。作者对机器学习的理解以及产品上的设计思想都在本书中完美地呈现，值得准备进入机器学习领域的爱好者和从业者好好品读。

感谢作者让我在新书出版之前先睹为快。

——刘吉哲
阿里云高级专家

致谢

感谢我的父母这些年对我的鼓励，感谢我的女朋友，家人的支持永远是我的源动力，让你们生活得幸福是我奋斗的目标。感谢我的大学同学，特别是本科宿舍的室友，你们是我心中的一股清流。最后我要特别感谢我的同事，感谢楚巍、不老、吉哲、云郎、贾总、品道等人以及 UED 小团队，感谢你们对我工作上的支持和帮助。在阿里云大家庭中，我工作得很快乐，个人成长也非常迅速。同时，我也非常感谢出版社的编辑胡俊英在本书写作期间为我提供建议和帮助。

最后对自己这段时间的写作过程做一个总结，最大的感触是，在这样快速紧张的生活和工作节奏下，连续 8 个月坚持做一件事情是非常需要毅力的。每天下班之后坚持学习和写作 2 小时，常常熬到凌晨才关灯睡觉，但是这份坚持换来了将近 500 小时的时间用来“充电”。在这段时间中，写作已经成为我的一种生活方式，在飞机上、在高铁上、在出租车上、在厕所中……很多地方都留下了思考和回忆。无论最终能做到什么程度，都希望自己可以继续把这样的激情保持下去。最后感谢所有在工作和学习中给过我帮助的人，也感谢所有拒绝我、批评过我的人，因为有你们才有了这本书。

前言

人工智能是近年来非常火的话题，人们似乎看到了在某些领域内机器智能取代人力的可能性。之所以人们可以得到这样的判断，主要是基于以下几方面原因：随着互联网的发展，人类社会积累了大量的数据可供分析；机器学习的算法不断迭代，特别是近年来随着深度学习的发展，人们从理论层面取得了实质性突破；随着分布式计算的成熟，云计算让计算资源不再成为瓶颈。我们可以把人工智能看作一个数据挖掘体系，在这个体系当中，机器学习的作用主要是学习历史数据中的经验，把这些经验构建成数学模型。人类利用机器学习算法生成的模型，就可以解决日常的一些问题，如商品推荐和对股票涨跌的预测等。

以上谈到了机器学习的主要作用，我们再来了解机器学习在业务中的应用，其实机器学习算法正在逐步向“平民化”演变。早些时候，只有一些规模比较大的公司会投入资源在智能算法的研究上，因为这些算法需要大量的数据积累以及计算资源，而且整个业务框架跟算法的结合也需要耗费很大人力，所以只有少数数据业务量达到一定规模的公司会在这方面投入。但是随着各种开源算法框架的发展以及计算资源的价格走低，机器学习不再是“奢侈品”，很多规模不大的公司也开始尝试用机器学习算法生成的模型来指导自身业务，用数据来解决业务问题是代价最小的方式，而且效果会随着数据量的积累变得越来越明显。机器学习算法正在帮助越来越多的企业实现转型，从传统的商业智能（Business Intelligence，BI）驱动到人工智能（Artificial Intelligence，AI）驱动。通过平日里与客户打交道，我们可以了解到，现在不只是互联网公司，更多传统行业，如教育、地产和医疗等，也在尝试把自己的业务数据上传到云，通过机器学习算法来提升自己的业务竞争力。

综上所述，业务与机器学习算法的结合很有可能是下一阶段行业变革的驱动力，如果固守原来的传统技术，不尝试提升业务的数据驱动力，企业很有可能在这一波新的浪潮中被淘汰。本书尝试将算法与实际的业务实战相结合，将对机器学习的全链路逐一进行介绍。在描述算法理论的时候，本书尽可能用更直白易懂的语句和图示来替代公式。另外，为了帮助读者更有成效地理解机器学习算法的使用逻辑，书中不单介绍了算法，还对整个数据挖掘的全流程，包括数据预处理、特征工程、训练以及预测、评估进行了介绍。而且本书还通过真实案例的数据，在各种不同业务场景下对整个数据挖掘流程进行了详细介绍。此外，书中还简单地介绍了深度学习和知识图谱这两个未来可能被更多关注的领域。总之，本书不是一本理论教程，而是一本推动算法与业务实践相结合的指南。

写作本书的目的

我从研究生阶段开始接触机器学习算法，在硕士研究生期间主要从事算法的理论研究和代码实现，当时参与了一些开源算法库的开发和算法大赛，那时对机器学习的理解更多的是停留在数学公式推导层面。那时候理解的机器学习就是一门统计科学，需要把公式研究透彻。直到入职阿里云，从事了机器学习平台相关的工作，我对机器学习的看法发生了很大改变。根据平日里与客户的沟通，我认识到，对绝大部分中小企业用户而言，机器学习算法只是帮助大家提升业务成效的工具，很多用户对机器学习的理解还处于比较初级的阶段，与这种现状相矛盾的是目前市面上部分机器学习相关的图书都更偏向于理论研究，而比较缺乏实际应用的场景。

写这本书的目的就是希望可以提供这样一本素材，能够让渴望了解机器学习的人快速了解整个数据挖掘体系的轮廓，可以用最小的成本帮助用户把算法迁移到机器学习云服务上去。至于算法的精密度和深度的探索，那是数学家需要考虑的事情，对绝大部分的机器学习算法用户而言，这样一本能帮助大家快速理解算法并能够将其在业务上实践的教程可能会更加有效。

对我而言，本书也是我对自己学习成果的总结。从 2013 年起，我陆陆续续在 CSDN、GitHub 和云栖社区上分享过一些自己在 IT 领域的学习笔记和代码，收到了很多朋友的反馈，也有一些出版社的朋友找到我希望可以把这些内容整理成书，但是一直没有特别笃定的想法——什么样的书是有价值的。通过近一年来的机器学习平台产品建设以及与客户的不断接触，我心中的想法逐渐清晰，很多机器学习爱好者最关心的是如何使用算法而不是这些算法背后的推理，于是本书就应运而生了。虽然我才疏学浅，书中内容未免有描述不足之处，但是我真心希望这本书可以在读者探索机器学习的道路上为其提供助力。

读者对象

本书的读者对象如下：

- 有一定数学基础，希望了解机器学习算法的人；

- 有编程基础，希望自己搭建机器学习服务解决业务场景的工程师；
- 数据仓库工程师；
- 与数据挖掘相关的高校学生；
- 寻求数据驱动业务的企业决策者。

如何阅读本书

本书的结构是按照读者对机器学习的认知过程和数据挖掘的算法流程来组织的，一共分为 5 个部分，共 9 章内容。

第 1 部分是机器学习的背景知识介绍，包括第 1 章。这一部分主要介绍机器学习的发展历史以及现状，另外，也介绍了机器学习的一些基本概念，为接下来的内容做准备。

第 2 部分介绍机器学习的算法流程，包括第 2～6 章，分别介绍了场景解析、数据预处理、特征工程、机器学习常规算法和深度学习算法。在第 5 章的算法部分，对常见的分类算法、聚类算法、回归算法、文本分析算法、推荐算法和关系图算法都进行了介绍，从这一章可以了解到不同业务场景下不同算法的区别和用法。第 6 章对深度学习相关内容进行了讲解，包括常用的 3 种模型 DNN、CNN 和 RNN 的介绍。

第 3 部分介绍机器学习的相关工具，包括第 7 章的内容。这里的工具是一个广泛的概念，包括了 SPSS 和 R 语言这样的单机统计分析环境，也包括了分布式的算法框架 Spark MLib 和 TensorFlow，还有企业级的云算法服务 AWS ML 和阿里云 PAI。通过阅读这一章，读者可以根据自身的业务特点，选择适合自己的算法工具。

第 4 部分介绍机器学习算法的实践案例，包括第 8 章，帮助读者理解整个数据挖掘流程。这一章针对不同行业和不同场景搭建了实验，分别介绍了如何通过机器学习算法应对心脏病预测、商品推荐、金融风控、新闻分类、贷款预测、雾霾天气预报和图片识别等业务场景，因此也是本书的核心章节。

第 5 部分主要针对知识图谱这个热点话题进行介绍，包括第 9 章，知识图谱的介绍主要是从图谱的概念以及实现的角度来说明。

尽管读者可以根据自己的侧重点来选择阅读顺序，但我强烈建议读者按照顺序来阅读，这样对理解书中的概念并能够循序渐进地掌握相关知识更有帮助。

勘误和服务

虽然花了很多时间去反复检查和核实书中的文字、图片和代码，但是因为认知能力有限，书中难免会有一些纰漏，如果大家发现书中的不足之处，恳请反馈给我，我一定会努力修正问题，我的个人邮箱是 garvin.libo@gmail.com。如果大家在阅读本书的时候遇到什么问题，也欢迎通过电子邮箱与我取得联系。读者也可以到异步社区的页面内提交勘误。另外，需要配套源码的读者可到 https://github.com/jimenbian/GarvinBook 下载。因为工作繁忙，可能来不及一一回复，但是我会尽力与读者保持沟通，谢谢大家的支持。

目录

第 3 部分 工具介绍

第 4 部分 实战应用

第 1 部分

背景知识

第1章 机器学习概述

在本章中，笔者会以对于人工智能发展历史的回顾作为开篇，进而介绍一些人工智能的发展现状，还会引出对于机器学习的基本概念的一些讲解。这一章作为全书的开篇，希望给各位读者一个宏观的概念——什么是机器学习？它会给我们的生活带来哪些改变？

1.1 背景

正如爱因斯坦所说：“从希腊哲学到现代物理学的整个科学史中，不断有人试图把表面上极为复杂的自然现象归结为几个简单的基本概念和关系，这就是整个自然哲学的基本原理。”人类进化的发展史，从某种意义上来讲就是不断归纳经验进而演绎的过程。从刀耕火种的新石器时代到近代的工业革命以及现代科技的发展，人类已经积累了大量的经验。这些经验既是“种瓜得瓜，种豆得豆”这样的常识，也是例如相对论这样的定理公式。人类文明正沿着时间这条坐标轴不断前进，如何利用过往的经验来推动人类社会的再一次飞跃，人工智能或许是我们需要的答案。

人工智能的起源应该可以追溯到 17 世纪甚至更早，当时人们对于人工智能的定义是基于推理的。人们畅想着如果两个哲学家或者历史学家的观点出现矛盾，两个人不必再进行无休止的争吵，世界上的所有理论会抽象成类似于数学符号的语言，人们只需要拿出笔来计算就可以解决矛盾。这种抽象逻辑给了后人引导，如今，机器学习在行业上的应用也是将业务逻辑抽象成数字来进行计算，从而解决业务问题。但是在远古时代，这些逻辑还只是科学家脑中的想法。实际上，直到有机器的出现，人工智能才真正作为一门学科而受到广泛关注。

谈到近代人工智能的起源就不得不提到一个名字——图灵（见图 1-1）。

随着第二次世界大战的爆发，越来越多的机械开始替代手工，人们开始幻想什么时候机器能代替人类来进行思考。在20世纪40年代，关于人工智能的讨论开始兴起。但是，机器做到什么程度才算人工智能，这需要一个标准来判定。图灵用了最直白的话语描述了人工智能，这就是图灵测试（见图1-2）。

图1–1　阿兰•图灵

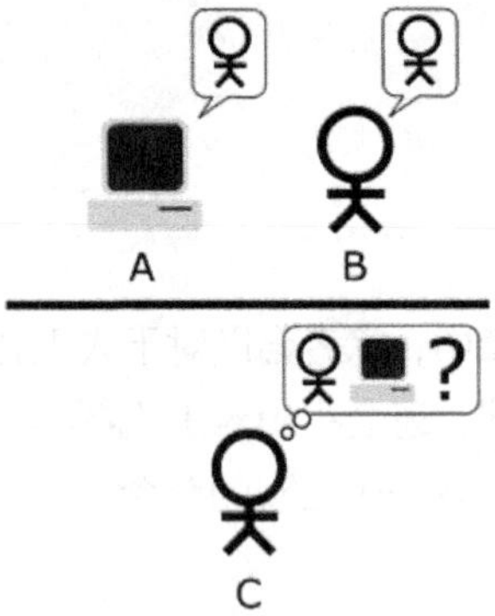

图1–2　图灵测试

1950年，计算机科学和密码学的先驱阿兰•麦席森•图灵发表了一篇名为《计算机器与智能》的论文，文中定义了人工智能测试的方法，让被测试人和一个声称自己有人类智力的机器在一起做一个实验。测试时，测试人与被测试人是分开的，测试人只有通过一些装置（如键盘）向被测试人问一些问题，随便是什么问题都可以。问过一些问题后，如果测试人能够正确地分出谁是人、谁是机器，那机器就没有通过图灵测试，如果测试人没有分出谁是机器、谁是人，那这个机器就是有人类智能的。

人工智能的另一个重要标志是人工智能这一学科的诞生，故事发生在1956年达特茅斯会议。会议上提出了这样的理论："学习或者智能的任何其他特性都能被精确地描述，使得机器可以对其进行模拟。"这个论调很像机器学习算法在今日的应用，我们需要提取可以表示业务的特征，然后通过算法来训练模型，用这些模型对于未知结果的预测集进行预测。这次会议对于人工智能在更广阔的领域发展起到了推动作用。在之后的20年里，人类在人工智能，特别是相关的一些统计学算法的研究上取得了突破进展，比较有代表性的如神经网络算法，就是在这个时期诞生的。有了这些智能算法作支撑，更多的真实场景才可以在数学层面进行模拟，人类慢慢学会通过数据和算法的结合来进行预测，从而实现某种程度上的智能化应用。

人工智能在发展过程中也遇到过非常多的挑战。20世纪70年代，随着理论算法的逐步成熟，人工智能的发展遇到了计算资源上的瓶颈。随着计算复杂度的指数性增长，20世纪70年代的大型机器无法负担这一切。同时，当时的互联网还处于发展初期，在数据积累方面也才刚刚起步。科学家往往没有足够的数据去训练模型，以图像印刷文字识别（Optical Character Recognition，OCR）为例。如果想针对某一场景训练一套精度较高的OCR模型，需要千万级的数据样本，这样的数据无论从数据获取、存储和计算成本来看，在当时都是不可能实现的。所以人工智能在之后很长的一段时间内都受限于计算能力以及数据量的不足。

虽然经历了近 20 年的消沉时期，但是数据科学家对于人工智能的探索从未停止过。在21世纪，随着互联网的井喷式发展，越来越多的图像和文本数据被分享到网页上，停留在互联网巨头的服务器中，随之而来的是用户在网上的浏览记录和购物记录的收集。互联网已经变成了一个大数据仓库，许多网络大咖们纷纷将注意力投向数据挖掘领域，数据库成为了一座座金矿，数据科学家们开始用一行行公式和代码挖掘数据背后的价值，越来越多的公司做起了数据买卖。这些代码和公式就是本书的主角——机器学习算法。马云先生在很多年前的公开演讲上就已经明确表示过“阿里巴巴是一家数据公司”。数据的积累就像是一块块肥沃的土地，需要机器学习算法来在上面耕种，云计算就是挥舞在土地上的“锄头”。PB级数据的积累使得人们不得不将单机计算迁移到多机，并行计算理论开始得到了广泛的应用，这就催生了云计算的概念。云计算，就是分布式计算，简单来讲就是将一个很复杂的任务进行拆解，由成百上千的机器各自执行任务的一个小模块，然后将结果汇总。

以 Hadoop 为代表的开源分布式计算架构为更多的企业提供了分布式计算的技术支持。随着 Caffe 和 Tensorflow 等高效率的深度学习架构被开源，许多小型企业也具备了自主研发改进算法模型的能力。人工智能的应用开始普及，并且逐渐融入我们的生活当中。人们开始习惯了在 Google 上输入一个词条马上就能返回上千万条信息，通过刷脸或者指纹识别来进行支付，在淘宝购物时获得智能商品推荐。图像识别、文本识别和语音识别的发展给我们的生活带来了颠覆式的影响。2016 年，Google 关于人工智能的一场秀将人工智能产业带到了一个新高度。机器智能战胜人类围棋选手一直以来被认为是不可能实现的任务，但是 AlphaGo 成功地实现了这一点。AlphaGo 的成功不仅仅验证了深度学习和蒙特卡洛搜索算法的实践性，更加再一次印证了这样的事实，即人类不再是产生智能的唯一载体。任何机器，只要能够进行信息的接收、存储和分析，都是可以产生智能的。而这里面的关键因素是信息的量级以及算法的深度。

人工智能的发展史，就是对于过往经验的收集和分析方法不断演绎的历史。在机器出现之前，人类只能通过别人的分享和自己的实践在很小的信息量级上来对事物进行判断，这种对于外界事物的认知受限于人的脑力和知识量。不同于人类的脑力，抽象意义上的机器可以被当成一个信息黑洞，吸收所有的信息，而且可以不分昼夜地对这些数据进行大维度的分析、归纳以及演绎，如果人类将这些机器学习后得到的认知进行分享，就形成了人工智能。于是，随着人类社会的发展，数据的积累以及算法的迭代将进一步推动整个人工智能的发展。

正如前面所提到的，人工智能的发展体现在机器带动人类进行经验归纳以及思考，那么人工智能背后的引擎就是本书要介绍的重点——机器学习算法。机器学习是一种多学科交织的研究型学科，涉及生物学、统计和计算机等多个学科。机器学习算法发展到目前阶段，做的事情主要是将生活中的场景抽象成为数学公式，并且依靠机器的超强计算能力，通过迭代和演绎生成模型，对于新的社会问题进行预测或者分类操作。人工智能的发展史其实伴随着机器学习算法的进化史，正是随着机器学习算法的不断发展以及计算能力的提升，人工智能产业才得到了发展，进而达到了目前这种火热的局面。下面将对于机器学习算法在目前阶段所取得的一些成就进行一个介绍，方便大家了解机器学习算法的用途。

1.2 发展现状

上一节中回顾了人工智能的发展历程，不考虑计算能力等硬件条件的限制，当今世界的人工智能可以总结为数据和智能算法的结合。通过对过往经验的分析得到实验模型，并且利用这种模型指导实际的业务。把人工智能看作一个人类大脑的话，里面的血液就是数据，而大脑里面的血管承载着数据的流转，可以看作是相关的机器学习算法。所以在介绍机器学习算法之前，大家不得不先了解一下大数据时代的特性，然后再针对当前数据爆炸的这种情况介绍机器学习算法的一些用途。

1.2.1 数据现状

21世纪注定是属于互联网的，在这个数字时代产生了很多新名词，这里边有云计算、电子商务和有共享经济。大数据也是互联网时代的产物，出现在报纸中、电视上、网页里。“大数据”已经成为信息时代的代名词，乃至于好多人还来不及认识它，就已经开始被它支配。什么是数据？客观世界存在的那一刻开始，数据就已经出现了，从宇宙中天体运动的速度、角度及天体的质量，到人类文明的产生、更迭和演进。数据无处不在，但是数据的价值在于如何采集和利用。

正是受到互联网的驱动，人类开始采集和利用数据。对于大数据时代，我最深切的感触是大数据未来的版图清晰又模糊。清晰的是人们已经开始意识到数据是有价值的，并且已经开始采集数据，看看人们都做了什么？根据存储市场调研的最新报告，目前世界全年的数据保存量约合 50EB，这些数据来源于互联网、医疗健康、通信、公共安全以及军工等行业。接下来，我们来看看这些数据是如何产生的。

以全球最大的 SNS 服务商 Facebook 为例。Facebook 现在的用户数达到 9.5 亿，这些用户的每一个行为，包括每一次通知、页面访问、查看朋友的页面，都会被 Facebook 的服务器追踪，并且产生历史行为数据。而全世界 9.5 亿用户平均每个月在 Facebook 上花费的时间超过 6.5 个小时，产生的数据量大小超出人们的想象。Facebook 上每天可以产生 500TB 左右的数据量，我们来看看这些数据具体包括什么。人们每天分享 25 亿个内容条目，包括状态更新、墙上的帖子、图片、视频和评论，每天有 27 亿个“like”操作，人们每天上传 3 亿张图片。

虽然诸如 Facebook、Google 和 Alibaba 这样的国际互联网巨头已经开始积累数据，并且将数据进行分析来反哺业务。但是截止到今天，全世界每年保存下来的数据只占到数据产生总量的百分之一不到，其中可以被标记并且分析的数据更是连百分之十都不到。这种现状造成了两方面的瓶颈，一方面是数据产生和数据收集的瓶颈，另一方面是采集到的数据和能被分析的数据之间的瓶颈。

针对数据产生和数据采集的瓶颈，其原因一方面是硬件存储成本的限制，但是随着硬盘技术的发展和产能的提升，这方面的缺陷正逐渐弱化。笔者认为，造成目前数据采集与数据生成失衡的主要原因是数据的采集缺乏标准。虽然，互联网公司对数据采集和标准制定方面已经形成了一套成熟的体系，如网站的点击行为、日志的收集等。但是对于更多行业，特别是传统行业来说，数据的采集方式还处于摸索当中，而且从目前来看，这样的摸索还将持续相当长的时间。尽管现在提倡互联网思维以及世界万物联网的思想，但是互联网对于采集数据的经验恐怕很难复制到传统行业。因为互联网行业对于数据采集存在天然的优势，互联网的数据都是托管在数据库里，以二进制的方式记录在硬盘中，只要稍作处理就可以形成一份质量较高的结构化数据。但是在传统行业，以建筑行业为例，数据产生于工地上一砖一瓦的堆砌，产生于工地的施工建设，这样的数据如何转成二进制来存储需要由新的标准来指定，而这种标准更多地受限于技术手段。如果我们的图像识别做得足够智能，拍一张照片就可以将工地的数据量化，这样可能就可以解决这种问题。对于传统行业的数据智能化进程可能还需要耐心的等待。

数据采集方面还需要制定更多的标准以及技术的支持，但是数据的应用方面也存在不小的缺陷。如果目前世界上采集到的数据能被充分利用是足够颠覆生活的，可惜的是目前可以供分析的数据还只占很小的比例。造成这样的困境主要有两方面因素，一个是目前比较主流的机器学习算法都是监督学习算法，监督学习需要的数据源是打标过的数据，打标数据很多时候是依赖于人工标记。比如我们需要一份数据来训练模型进行电影推荐，除了已知的电影的特征数据以外，还需要一份打标的数据来表示电影的好看程度，有点像豆瓣的电影分数，这种数据很难通过计算机的计算直接生成，需要依赖于人工打标。人工打标的影响就是，一方面很难生成大量的标本（上千万样本的数据），设想一下 1000 万人坐到一个地方一起看一部电影再进行评分是多么浩大的一项工程。另一方面，人工打标的成本太高，目前有很多负责打标的第三方公司，打标服务往往在市场上可以卖到很高的价格。

另一个导致可分析数据比例较低的因素是对于非结构化的数据处理能力较低。非结构化数据指的是文本或者图片、语音、视频这样的数据。这部分数据来自于用户在贴吧的评论、社交软件上的头像、直播平台上的视频展现等。虽然目前的科技水平已经具备了文本和图像方面的分析能力，但是在大批量处理和特征提取方面依然处于相对基础的阶段。以图像识别为例，目前比较成熟的包括人脸识别和指纹识别等，图像识别的特点是每种事物的识别需要训练相对应的模型，而这种模型需要大量的训练样本来提高精确率，一个成熟的模型通常需要千万级别的训练样例。人脸的数据是比较容易获取的，所以相应的模型比较容易训练，但是假如我们需要训练一个模型来识别某一款杯子，针对这一款杯子的训练数据是很难达到理想量级的，这也提高了特定场景下图像识别的门槛。

互联网在不断发展，数据的生成也不会停下脚步。目前被广泛引用的互联网数据中心（International Data Corporation，IDC）和 EMC 联合发布的“2020 年的数字宇宙”报告显示，到 2020 年全球数字宇宙将会膨胀到 40000EB，均摊每个人身上是 5200GB 以上，这个数据量的数据将会如何被有效存储和应用，目前我们还不敢想象。不过可以肯定的是，数据会成为重要的资源，就像是水电煤一样，在大数据时代，特别是未来的数据爆发时代，数据一定会展现出更大的潜能，人类社会也会进入数据处理技术（Data Technology，DT）时代。

1.2.2 机器学习算法现状

之前讲了大数据，这里再讲机器学习就变得容易理解了。传统的机器工作模式是程序员向机器输入一连串的指令，可以理解为是代码，然后机器按照这些指令一步一步执行下去，结果通常是我们可以事先预料的。这种逻辑在机器学习里是走不通的，机器学习是指我们向机器（更准确地说是机器学习算法）中输入数据，然后机器会根据数据返回结果，这些结果是通过数据自我学习得到的，学习的过程通过算法来完成。我们可以这样来定义，机器学习方法是计算机利用已有的数据（经验）得出了某种模型，并利用这些模型预测未来的一种方法。这个过程其实与人的学习过程极为相似，只不过机器是一个可以进行大维度数据分析而且可以不知疲倦地学习的"怪兽"而已（见图 1-3）。

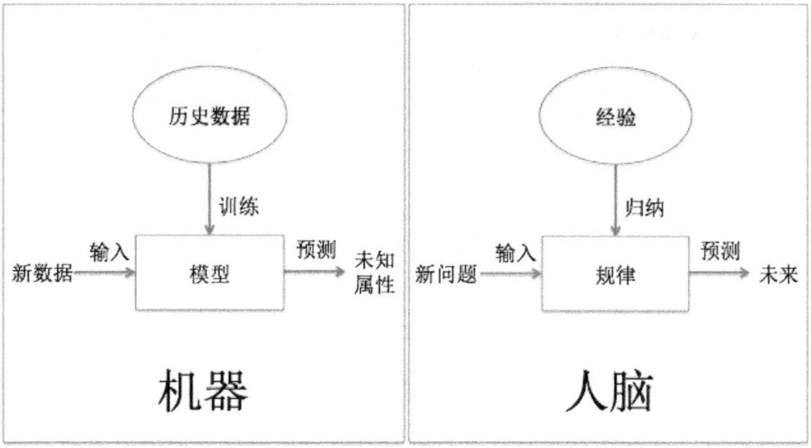

图 1-3 机器学习与人的不同

机器学习跟模式识别、统计学习、数据挖掘、计算机视觉、语音识别和自然语言处理等领域都有着很深的联系。如今生活在这样的 DT 时代，随时随地都是机器学习的影子，通过机器对大数据进行分析而带来的人工智能应用，正在一点一点地改变人们的生活方式和思维方式。看到这里很多人都会发问：机器学习究竟能做什么？其实机器学习已经服务了我们生活的各个方面，下面以一个简单的购物场景来介绍机器学习是如何应用在我们的日常生活中的。

现在是 2016 年，如果你还没有尝试过网上购物，那真的是落伍了。网上购物目前已经成了人们的生活方式。下面就简单地聊聊机器学习算法在购物行为中的应用。假设我们在餐厅吃饭，看到一个人的短袖体恤很漂亮，我们想买同款，但是又不好意思开口去问。那么我们可以先偷拍一张这个人的 T 恤的照片，然后拍立淘（见图 1-4）就会显示出这件衣服的同款。

图 1–4　拍立淘

这里就用到了机器学习中的图像识别技术。但是往往与这件衣服相近的款式又非常的多，因此我们需要把这些款式按照一定的规则进行排序，这就涉及了机器学习算法模型的训练，通过这个模型，我们把所有的类似款式进行一个排名，最后就得出了最终的展示顺序。

当然，更多的时候我们是通过键盘的输入来搜索商品的，但是如果犯懒，还可以选择通过语音的方式输入内容，这就是语音转文本的运用。在我们搜索一款产品之后，网页的边栏上会出现一些推荐列表，而且每个用户的推荐列表都是不同的，这就是所谓的千人千面。这个场景的实现依赖的是推荐系统后台的用户画像，而用户画像就是大数据和机器学习算法的典型应用，通过挖掘用户的特征，如性别、年龄、收入情况和爱好等特征，推荐用户可能购买的商品，做到个性化推荐。

到了这一步，我们终于把商品放到了购物车里，开始下单。下单之前我们发现网银账户中的钱不够用了，想申请一些贷款。这个时候，我们发现有一个贷款额度，这个额度是如何计算的呢？这里面涉及金融风控的问题，而金融风控也是根据机器学习的算法来训练模型并且计算出来的。

下单之后我们的商品就被安排配送了，目前除了少数边远地区，基本上 5 天之内就可以收到商品。这段时间包含了商品的包装、从库存发货到中转库存、从低级仓库到高级仓库配送、向下分发。这么多工序之所以能够在短时间内完成，是因为仓储在库存方面已经提前做了需求量预测，提前在可能的需求地附近备货，这套预测算法也是建立在机器学习算法基础之上的。

我们的快递员拿到货物，打开地图导航，系统已经为他设计了配送的路径，这个路径避免了拥堵而且尽量把路线设计到最短距离，这也是通过机器学习算法来计算的。快递员走进门，我们拿到货物后，发现衣服的尺码不合适怎么办？打开客服，输入问题，然后我们发现可以瞬间得到回复，因为这名客服人员可能并不是真的"客服人员"，只是一个客服机器人而已。智能客服系统利用文本的语意分析算法，可以精准地确定用户的问题，并且给予相应问题的解答。同时，智能客服还可以对用户问题的语境进行分析，如果问题很严重需要赔偿，如："你的产品害我坏肚子了"这样的问题会由客服机器人通过情感分析挑出来，交给专人处理。

如上所述，笔者简单列举了机器学习在网上购物中的几大应用，这里面涉及了很多智能算法，包括模型的训练和预测、语义分析、文本情感分析、图像识别技术以及语音识别技术。我们可以看到，在网购这种最常见的场景下，机器学习算法几乎贯穿了全部流程。

当然，我们还可以列举出非常多诸如上述例子，因为场景实在太多了，没有办法全部穷举出来，这里通过场景来切分把机器学习的一些高频场景列举如下。

- 聚类场景：人群划分和产品种类划分等。
- 分类场景：广告投放预测和网站用户点击预测等。
- 回归场景：降雨量预测、商品购买量预测和股票成交额预测等。
- 文本分析场景：新闻的标签提取、文本自动分类和文本关键信息抽取等。
- 关系图算法：社交网络关系（Social Network Site，SNS）网络关系挖掘和金融风险控制等。
- 模式识别：语音识别、图像识别和手写字识别等。

上面列举的应用只是机器学习算法应用场景中的一小部分，其实随着数据的积累，机器学习算法是可以渗透到各行各业当中，并且在行业中发生巨大的作用。随着数据智能、数据驱动等思想的传播，机器学习算法正在成为一种普世的基础能力向外输出。我们可以预见未来随着算法和计算能力的发展，机器学习应该会在金融、医疗、教育、安全等各个领域有更深层次的应用。笔者特别期待机器学习算法在破解基因密码以及癌症攻破方面可以取得突破，同时无人车、增强现实（Augmented Reality，AR）等新概念、新技术的发展也需要依赖于机器学习算法的发展。相信未来，机器学习算法会真正做到颠覆生活改变人类命运。

1.3 机器学习基本概念

在开始机器学习的算法流程介绍之前，因为机器学习是一个多学科交叉的学科，有很多类似于统计学的概念，但是在叫法上与传统的统计学又有一定的区别，我们需要了解一些机器学习相关的基本概念，因为如果不明确这些概念的话，对于一些文献的阅读和理解会构成障碍。下面通过这一节的介绍帮助大家对于基础的机器学习名词和概念进行了解，首先介绍一下机器学习的基本流程，然后针对机器学习涉及的数据、算法和评估这 3 个方面用到的基础概念进行介绍。

1.3.1 机器学习流程

机器学习的过程就是一个数据流转、分析以及得到结果的过程，在使用的过程中很多人花了很多时间在算法的选择或者调优上，但其实机器学习的每一个步骤都是至关重要的，介绍算法的具体实现的资料已经比较丰富了，笔者希望花更多的篇幅来介绍数据的处理和整个机器学习流程的串联。

机器学习的整个流程大致可以分为 6 个步骤，整个流程按照数据流自上而下的顺序排列，分别是场景解析、数据预处理、特征工程、模型训练、模型评估、离线/在线服务（见图 1-5），下面来逐一介绍下这些步骤的基本功能。

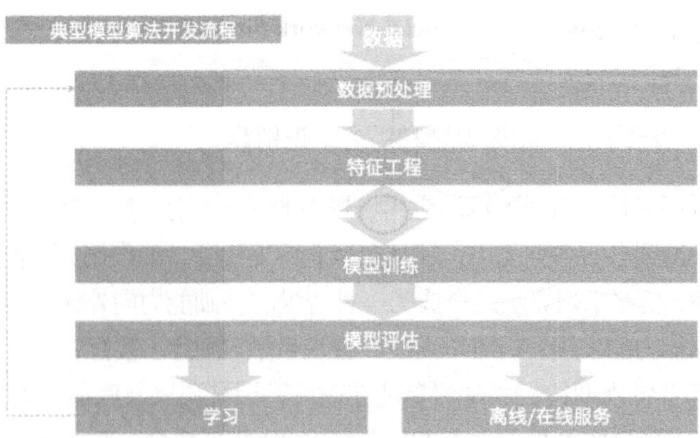

图 1–5 数据挖掘流程

（1）场景解析。场景解析就是先把整个业务逻辑想清楚，把自己的业务场景进行一个抽象，例如我们做一个广告点击预测，其实是判断一个用户看到广告是点击还是不点击，这就可以抽象成二分类问题。然后我们根据是不是监督学习以及二分类场景，就可以进行算法的选择。总的来说，场景抽象就是把业务逻辑和算法进行匹配。

（2）数据预处理。数据预处理主要进行数据的清洗工作，针对数据矩阵中的空值和乱码进行处理，同时也可以对整体数据进行拆分和采样等操作，也可以对单字段或者多字段进行归一化或者标准化的处理。数据预处理阶段的主要目标就是减少量纲和噪音数据对于训练数据集的影响。

（3）特征工程。特征工程是机器学习中最重要的一个步骤，这句话一点都没有错。特别是目前随着开源算法库的普及以及算法的不断成熟，算法质量并不一定是决定结果的最关键因素，特征工程的效果从某种意义上决定了最终模型的优劣。通过一个例子说明一下特征工程的作用，2014 年某互联网巨头举办了一场大数据竞赛，参赛队伍在 1000 个以上，到最后，这里面几乎所有的参赛队伍都用了相同的一套算法，因为算法的优劣是比较容易评判的，不同算法的特性是不一样的，而且可供选择的算法种类是有限的。但是特征的选取和衍生却有极大的不定性，100 个人眼中可能有 100 种不同的特征，所以这种大赛到了后期，往往大家比拼的就是特征选取的好坏。在算法相对固定的情况下，可以说好特征决定了好结果。

（4）模型训练。如图 1-6 所示的“逻辑回归二分类”组件表示的是算法训练过程，训练数据经过了数据预处理和特征工程之后进入算法训练模块，并且生成模型。在“预测”组件中，读取模型和预测集数据进行计算，生成预测结果。

（5）模型评估。机器学习算法的计算结果一般是一个模型，模型的质量直接影响接下来的数据业务。对于模型的成熟度的评估，其实就是对于整套机器学习流程的评估。

（6）离线/在线服务。在实际的业务运用过程中，机器学习通常需要配合调度系统来使用。具体的案例场景如下：每天用户将当日的增量数据流入数据库表里，通过调度系统启动机器学习的离线训练服务，生成最新的离线模型，然后通过在线预测服务（通常通过 Restful API，发送数据到服务器的算法模型进行计算，然后返回结果）进行实时的预测。具体架构如图 1-7 所示。

利用这种架构就实现了离线训练和在线预测的结合，串联了从离线到在线的整个业务逻辑。

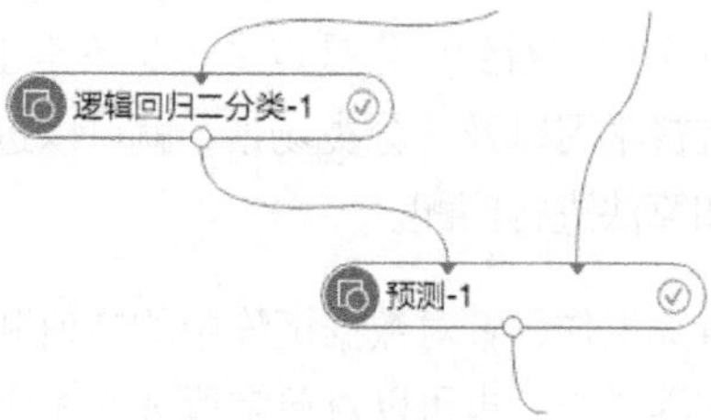

图 1–6　模型训练

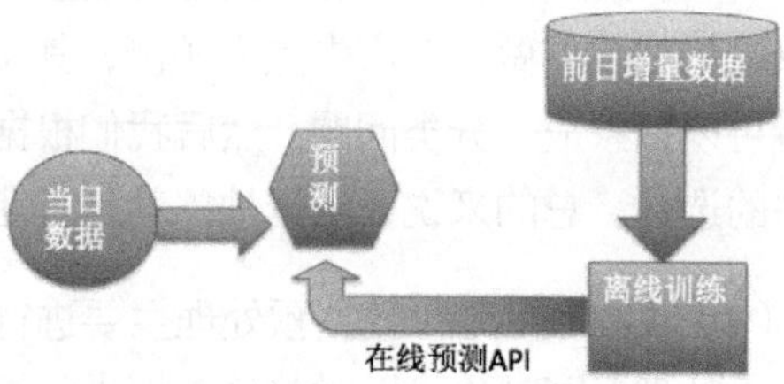

图 1–7　机器学习服务架构

1.3.2　数据源结构

前面已经介绍了机器学习的基本流程，下面将针对机器学习的数据结构进行介绍。如果把机器学习算法比作一个数据加工场，那么进入工厂的数据就是被算法用来加工的原材料，机器学习算法需要的数据是什么样结构的呢？如果经常关注大数据相关的文章，基本会听说过“结构化数据”和“非结构化数据”这两个词，当然这里面还能衍生出“半结构化数据”，下面分别介绍一下这几种数据的结构。

（1）结构化数据。结构化数据是指我们在日常数据库处理中经常看到的日志类数据结构，是以矩阵结构存储在数据库中的数据，可以通过二维表结构来显示，如图 1-8 所示。

age ▲	sex ▲	cp ▲	trestbps ▲	chol ▲	fbs ▲	restecg ▲
63.0	1	0	145.0	233.0	1	2
67.0	1	2	160.0	286.0	0	2
67.0	1	2	120.0	229.0	0	2
37.0	1	1	130.0	250.0	0	0
41.0	0	2	130.0	204.0	0	2
56.0	1	2	120.0	236.0	0	0
62.0	0	2	140.0	268.0	0	2
57.0	0	2	120.0	354.0	0	0
63.0	1	2	130.0	254.0	0	2
53.0	1	2	140.0	203.0	1	2

图 1–8　结构化数据示例

结构化数据主要由两个部分组成，一个部分是每个字段的含义，也就是图 1-8 中的 age、sex、cp 等字段头，另一个部分是每个字段的具体数值。通常来讲，机器学习算法处理的数据都是结构化的数据，因为机器学习需要把数据带入矩阵去做一些数学运算，结构化数据原生是以矩阵形态存储的，所以机器学习算法通常是只支持结构化数据的。

结构化数据中还有两个非常重要的概念需要介绍一下，即特征（Feature）和目标列（Label）。这是机器学习算法中最常出现的两个名词，其中特征表示的是数据所描述对象的属性，如用一组数据来形容人，那么这个人的身高、体重、性别和年龄都是特征。在结构化数据的数据集中，每一列数据通常就对应一个特征。

目标列表示的是每一份数据的打标结果，因为前面也介绍过，机器学习的原理其实是从历史数据中来学习经验，目标列表示的是这一组数据的结果。例如，我们想通过一份体检数据来预测对象是否有心脏病，需要先通过成千上万份的训练数据来生成模型，这成千上万份的训练数据需要打标，也就是说机器要事先知道什么样体检指标的人患病了，什么样的人没有患病，这样才能学习出预测模型。通过一个例子来说明，如图 1-9 所示为一份心脏病预测需要的数据结果，其中框起来的字段表示的是对象是否患病，这一列是目标列。其他 3 个字段 age、sex 和 cp 描述的是对象的特征，是特征列。

（2）半结构化数据。半结构化数据是指按照一定的结构存储，但不是二维的数据库行存储形态的数据。比较典型的半结构化数据就是 XML 扩展名的存储数据，如图 1-10 所示。

age ▲	sex ▲	cp ▲	ifhealth
63.0	1	0	0
67.0	1	2	1
67.0	1	2	1
37.0	1	1	0
41.0	0	2	0
56.0	1	2	0
62.0	0	2	1
57.0	0	2	0
63.0	1	2	1

图 1-9 目标列说明

```
<html>

<body>
<form action="saveForm.asp" method="post">
<h1>请输入您的联系信息: </h1>
<label>名字: </label>
<p><input type="text" id="firstName" name="firstName"></p>

<label>姓氏: </label>
<p><input type="text" id="lastName" name="lastName"></p>

<label>国家: </label>
<p><input type="text" id="country" name="country"></p>

<label>邮件: </label>
<p><input type="text" id="email" name="email"></p>

<p>
<input type="submit" id="btn_sub" name="btn_sub" value="Submit">
<input type="reset" id="btn_res" name="btn_res" value="Reset">
</p>
</form>
</body>

</html>
```

图 1-10 半结构化数据

另一种半结构化数据就是在数据表中，某些字段是文本型的，某些字段是数值型的。见表 1-1。

表 1-1 半结构化数据

ID	Occupation	Income
小李	老师	241
小王	厨师	521
小刘	司机	421
小方	运动员	23636

半结构化数据常用于一些数据的传递，但是在机器学习算法相关的应用方面还有一定距离，需要做数据转换把半结构化数据转为结构化数据来进行操作。

（3）非结构化数据。非结构化数据的数据挖掘一直以来是机器学习领域的热点话题，特别是随着深度学习的发展，目前对于非结构化数据的处理似乎找到了方向。典型的非结构化数据就是图像、文本或者是语音文件。这些数据不能以矩阵的结构存储，目前的做法也是通过把非结构化数据转为二进制存储格式，然后通过算法来挖掘其中的信息。第 6 章和第 7 章将详细介绍如何使用深度学习算法实现非结构化数据的处理。

以上就是对于真实业务场景下需要处理的 3 类数据结构的介绍。机器学习算法对于结构化数据的支持是比较好的，对于半结构化数据和非结构化数据，在真实的业务场景下，通常是先把这两类数据做转化，然后才通过算法来进行数据挖掘。关于非结构化数据转为结构化数据的方法在第 4 章也有相关介绍。

1.3.3 算法分类

上面对于机器学习的流程和数据源结构都进行了介绍，下面对于算法的分类进行一个简单的说明。机器学习算法包含了聚类、回归、分类和文本分析等几十种场景的算法，常用的算法种类为 30 种左右，而且还有很多的变形，我们将机器学习分为 4 种，分别是监督学习、无监督学习、半监督学习和增强学习。

（1）监督学习。监督学习（Supervised Learning），是指每个进入算法的训练数据样本都有对应的期望值也就是目标值，进行机器学习的过程实际上就是特征值和目标队列映射的过程。例如，我们已知一只股票的历史走势以及它的一些公司盈利、公司人数等信息，想要预测这只股票未来的走势。那么在训练算法模型的过程中，就是希望通过计算得到一个公式，可以反映公司盈利、公司人数这些信息对于股票走势的影响。通过过往的一些数据的特征以及最终结果来进行训练的方式就是监督学习法。监督学习算法的训练数据源需要由特征值以及目标队列两部分组成。

如图 1-11 所示，ifhealth 是目标队列，age、sex 和 cp 为特征队列，这就是一个典型的监督学习的训练数据集。因为监督学习依赖于每个样本的打标，可以得到每个特征序列映射到的确切的目标值是什么，所以常用于回归以及分类场景。常见的监督学习算法见表 1-2。

表 1-2 监督学习

分类算法	K 近邻、朴素贝叶斯、决策树、随机森林、GBDT 和支持向量机等
回归算法	逻辑回归、线性回归等

监督学习的一个问题就是获得目标值的成本比较高。例如，我们想预测一个电影的好坏，那么在生成训练集的时候要依赖于对大量电影的人工标注，这样的人力代价使得监督学习在一定程度上是一种成本比较高的学习方法。如何获得大量的标记数据一直是监督学习面临的一道难题。

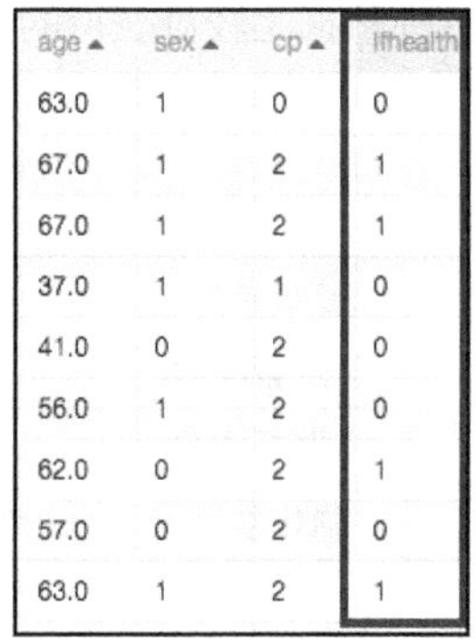

age	sex	cp	ifhealth
63.0	1	0	0
67.0	1	2	1
67.0	1	2	1
37.0	1	1	0
41.0	0	2	0
56.0	1	2	0
62.0	0	2	1
57.0	0	2	0
63.0	1	2	1

图 1-11 监督学习

（2）无监督学习。无监督学习（Unsupervised Learning），学习上面讲的监督学习的概念之后，其实无监督学习就比较好理解了。无监督学习就是指训练样本不依赖于打标数据的机器学习算法。既然是没有目标队列，也就缺少了特征环境下的最终结果，那么这样的数据可能对一些回归和分类的场景就不适合了。无监督学习主要是用来解决一些聚类场景的问题，因为当我们的训练数据缺失了目标值之后，能做的事情就只剩下比对不同样本间的距离关系。常见的无监督学习算法见表 1-3。

表 1-3 无监督学习

聚类算法	K-Means、DBSCAN 等
推荐算法	协同过滤等

相较于监督学习，无监督学习的一大好处就是不依赖于打标数据，在很多特定条件下，特别是打标数据需要依靠大量人工来获得的情况下可以尝试使用无监督学习或者半监督学习来解决问题。

（3）半监督学习。半监督学习（Semi-supervised Learning），是最近几年逐渐开始流行的一种机器学习种类。上文中也提到，在一些场景下获得打标数据是很耗费资源的，但是无监督学习对于解决分类和回归这样场景的问题又有一些难度。所以人们开始尝试通过对样本的部分打标来进行机器学习算法的使用，这种部分打标样本的训练数据的算法应用，就是半监督学习。目前很多半监督学习算法都是监督学习算法的变形，本书将介绍一种半监督学习算法——标签传播算法。其实目前半监督算法已经有很多的应用了，推荐大家去深入了解。

（4）强化学习。强化学习（Reinforcement Learning），是一种比较复杂的机器学习种类，强调的是系统与外界不断地交互，获得外界的反馈，然后决定自身的行为。强化学习目前是人工智能领域的一个热点算法种类，典型的案例包括无人汽车驾驶和阿尔法狗下围棋。本书介绍的分词算法隐马尔科夫就是一种强化学习的思想。

上面就是关于监督学习、无监督学习、半监督学习和强化学习的一些介绍。监督学习主要解决的是分类和回归的场景，无监督学习主要解决聚类场景，半监督学习解决的是一些打标数据比较难获得的分类场景，强化学习主要是针对流程中不断需要推理的场景。本书对于这 4 类机器学习算法都有介绍，具体的分类见表 1-4，方便大家有针对性的学习。

表 1-4　算法分类

监督学习	逻辑回归、K 近邻、朴素贝叶斯、随机森林、支持向量机
无监督学习	K-means、DBSCAN、协同过滤、LDA
半监督学习	标签传播
强化学习	隐马尔可夫

1.3.4　过拟合问题

机器学习模型训练的过程中会遇到非常多的问题，如参数或者梯度的设置不合理、数据的清洗不够彻底，但是如果问一个数据挖掘工程师什么问题是数据挖掘领域中最常见的问题，他的答案八成是“过拟合”，这也是为什么我们要单独拿出一小节来讲一下数据挖掘过程中的过拟合问题。

过拟合（Over-fitting），从字面的意义上理解的话就是过度拟合的意思，常发生在线性分类器或者线性模型的训练和预测当中。过拟合现象是在数据挖掘过程中经常会遇到的问题，如通过训练集训练了一个模型，这个模型对于训练集的预测准确率很高，可以达到 95%，但是我们换一份数据集进行预测，发现准确率只有 30%，出现这种情况的原因很有可能是训练的过拟合现象。

过拟合的原理就是机器学习算法过度学习了训练集数据，听上去有点难以理解，下面通过一个例子进行解释。假设我们有一组二维数据展示在坐标系当中，我们想对这个二维数据进行一个线性的回归训练。如果拟合出的曲线是如图 1-12 所示的虚线，其实是一种欠拟合（underfitting）的形式，曲线拟合的并不理想，因为并没有通过回归算法很好地拟合出一种符合数据分布的曲线。

我们再来看看图 1-13。

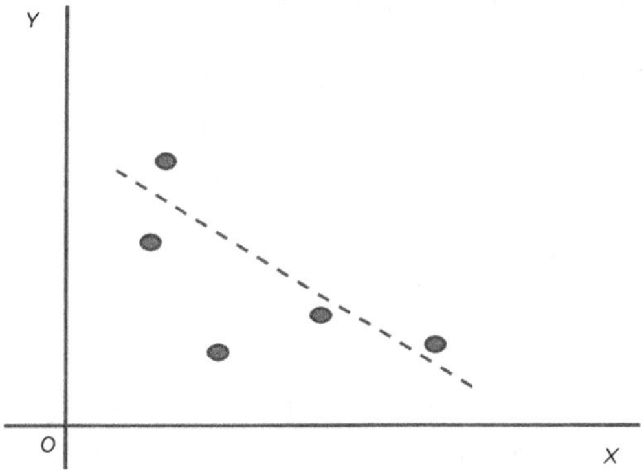

图 1–12 线性拟合曲线一

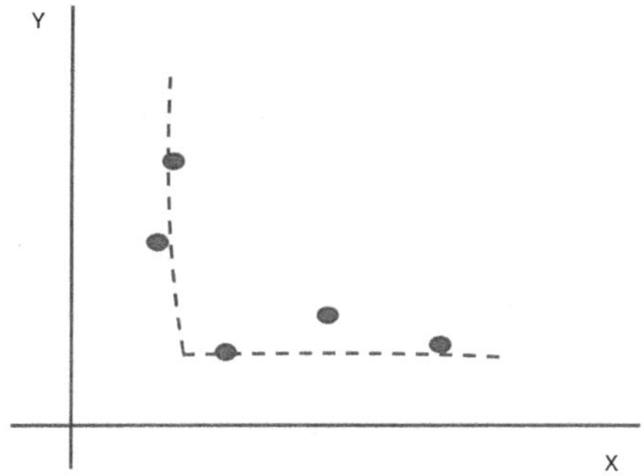

图 1–13 线性拟合曲线二

如果最终拟合出来的是如图 1-13 所示情况，就是一种比较理想的状况，我们看到最终的曲线走势已经几乎刻画了数据的分布，这种曲线是比较理想的。那么什么是过拟合呢？我们来看下图 1-14。

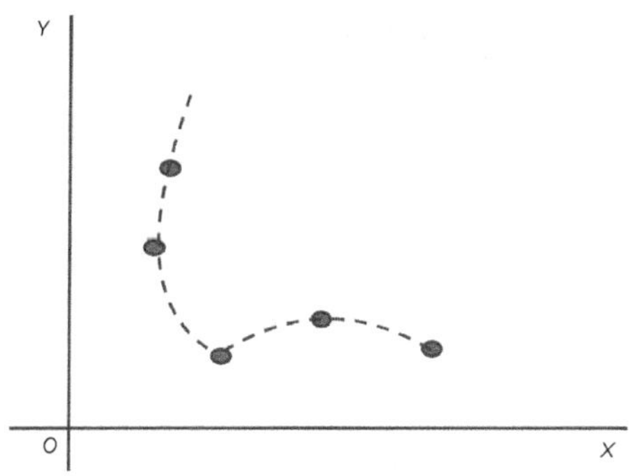

图 1–14 线性拟合曲线三

如图 1-14 所示这种情况是典型的过拟合，图中的曲线已经跟数据分布完全一致。那么有的人可能会问，做线性回归的目的不就是为了找到最符合数据走向的曲线么，为什么当我们拿到的结果跟数据走向完全匹配的时候反而不好呢？这是因为训练线性回归曲线或者线性分类器的目的是要对于其他数据集进行分类或者预测。如果在针对训练集做曲线拟合的时候做得过于“完美”，那么当我们针对于其他预测集进行预测的时候，这套模型很有可能会失准，因为这套模型在训练的时候过度地接近于训练集的特征，缺乏鲁棒性。所以在机器学习训练过程中，100%的拟合训练集数据并不一定是好的。

通过前面的介绍，我们已经明白了过拟合发生的现象和原理，那么究竟是什么原因导致了过拟合问题的出现呢？原因可以总结为以下几种。

- 训练数据集样本单一，如训练样本只有白色鸭子的数据，我们拿生成的模型去预测黑鸭子肯定是不对的。所以在做训练的过程中，要求训练样本要尽可能地全面，覆盖所有的数据类型。

- 训练样本噪音数据干扰过大，噪音数据是指数据集中的干扰数据。过多的噪音数据会导致模型记录了很多噪音特征，忽略了输入和输出之间的关系。
- 模型过于复杂，模型参数太多往往也是造成过拟合现象的一个重要因素。所以一个成熟的模型不一定是非常复杂的，而是要求模型对于不同的数据集都有稳定的输出表现。

针对过拟合这样的常见性问题，其实已经有了很多预防和解决的办法如下所示。

- 在训练和建立模型的时候，一定要从相对简单的模型开始，不要一上来就把模型调得非常复杂、特征非常多，这样很容易造成过拟合现象的发生。而且当模型过于复杂而造成过拟合现象发生之后，也比较难于排查具体的问题出在哪一部分特征。
- 数据的采样，一定要尽可能地覆盖全部数据种类。另外，数据需要经过清洗后再进行算法训练，否则如果混入了大量噪声数据，会加大过拟合问题发生的概率。
- 在模型的训练过程中，我们也可以利用数学手段预防过拟合现象的发生，可以在算法中添加惩罚函数来预防过拟合，这里如果想详细了解可以参考正则化 L1、L2 规范，本书就不对这部分内容展开来讲了。

以上对于过拟合问题进行了基本的描述，而且也介绍了问题发生的原因以及预防的方法。因为过拟合问题是在使用机器学习算法的过程中非常有可能碰到的问题，所以掌握这方面的知识以及应对手段是非常重要的。希望通过本节的学习，大家可以在模型训练当中有意识地避免过拟合问题的发生。

1.3.5 结果评估

前文介绍了一些机器学习算法在具体数据挖掘过程中可能会遇到的一些概念和名词，我们知道机器学习算法的最终目的是生成模型，模型的好坏需要通过一些指标来评估，现在就来介绍一下在机器学习算法中可能用到的一些关于结果评估的概念。常用到的概念可能包括精确率、召回率、F1 值、ROC 和 AUC 几种，看上去概念有点多，因为每个指标都是从不同维度来对结果进行评估，下面将分别介绍这几个概念的含义。

（1）精确率、召回率、F1 值。因为精确率（Precision）、召回率（Recall）和 F1（F-Measure）值常被放在一起作比较，所以把相关的这 3 个指标放在一起介绍。计算这 3 个指标还需要先了解下 TP、TN、FP 和 FN 这 4 个指标的含义。

- TP（True Positive）：本来是正样本，被模型预测为正样本。
- TN（True Negative）：本来是负样本，被模型预测为负样本。
- FP（False Positive）：本来是负样本，被模型预测为正样本。
- FN（False Negative）：本来是正样本，被模型预测为负样本。

上面这 4 个概念读上去有点难以理解，我们通过一个实际的案例讲解一下。例如有一个预测集，里面有 500 个女生和 100 个男生，需要通过机器学习生成模型，尽可能地区分数据集中的女生，所以女生是正样本，假如我们最终的预测结果是 70 个女生和 20 个男生。下面计算精确率、召回率以及 F1 值，首先要计算 TP、TN、FP 和 FN 这 4 个值。在这个案例里面，TP 为本来是女生又被预测为女生的人数，所以 TP 的值为 70；FP 表示本来是男生被预测为女生的人数，FP 的值为 20；FN 表示本来是女生但被预测为男生的人数，FN 的值为 500−70=430。

最终精确率、召回率、F1 值的公式如下。

$$\text{精确率}=\frac{\text{TP}}{\text{TP+FP}}=\frac{70}{70+20}=0.78$$

$$\text{召回率}=\frac{\text{TP}}{\text{TP+FN}}=\frac{70}{70+430}=0.14$$

$$\text{F1}=\frac{2\times\text{精确率}\times\text{召回率}}{\text{精确率}+\text{召回率}}=\frac{2\times0.78\times0.14}{0.78+0.14}=0.237$$

通过上面的公式可以看出，其实精确率的概念通俗来讲就是模型在预测的时候正确的比例。召回率表示的是在预测到的正样例占全部正样例的比例。这可以看到精确率和召回率是对模型的两个维度的评估，前者评估的是准确性，后者评估的是覆盖率。当然在实际的模型评估中，我们希望精确率和召回率都尽可能高，但是实际上这两个指标是相互矛盾的，为了更均衡的评估精确率和召回率，我们创建了 F1 值。F1 值表达的是精确率和召回率的综合评估，现在很多的模型评估都是通过 F1 值来做，就是考虑到了 F1 值可以把这两个指标结合在一起来评估。

（2）ROC 和 AUC。ROC（Receiver Operating Characteristic Curve）曲线是常用的二分类场景的模型评估算法曲线，ROC 曲线的样例如图 1-15 所示。

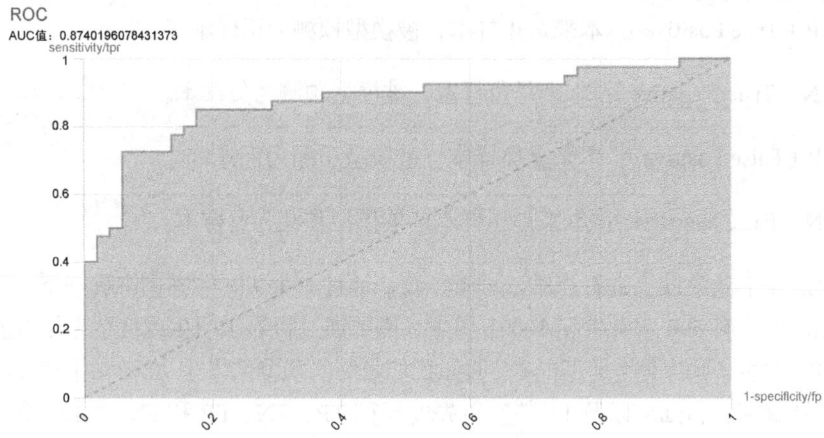

图 1-15　ROC 曲线

图 1-15 中的齿状弧形曲线就是 ROC 曲线，这个曲线的横轴为上面提到的 FP 值，TP 值是纵轴。如何来评估模型的好坏呢？通过 ROC 曲线可以清晰地展示出来，只要是模型曲线越接近于左上角就说明模型的效果越好。通过 AUC 值来表示 ROC 曲线与横轴围起来的面积（也就是图 1-15 中有颜色覆盖的部分），这个 AUC 值越大表示模型的效果越好。AUC 的取值是 0 到 1，通常大于 0.5，当 AUC 的取值达到 0.9 以上时，证明这个模型的效果是比较不错的。

上面介绍了 ROC 和 AUC 两个指标的概念，AUC 是通过 ROC 曲线计算出来的面积实现的。AUC 和 F1 值一样，都是通过一个数值来对于最终的结果进行评估的。ROC 的作用更多是通过对于曲线的光滑程度以及曲线的斜率来获取模型内包含的信息。

1.4　本章小结

本章作为全书的开篇章节，通过对于人工智能领域的发展历史引出了本书的主角——机器学习算法，其实机器学习算法已经贯穿了我们的日常生活，正是因为这些智能算法的普及，所以越来越多的人把目光瞄向了这一新生的技术。我们通过举例介绍了机器学习算法的发展现状，帮助读者梳理了这一学科的应用领域，另外通过对于一些基础概念的介绍，帮助初学者对于机器学习入门。有了上述背景，下面就正式开始对整个机器学习全流程的介绍。

第 2 部分

算法流程

第2章 场景解析

第1章介绍了一些机器学习的背景和基础概念，从这一章开始，我们会按照整个数据挖掘的流程来分模块进行介绍。本章其实是机器学习实验的准备阶段，笔者把这一阶段叫作场景解析阶段。场景解析是机器学习实验中很关键的一个步骤，需要做到对整个业务逻辑的抽象以及后续的算法选择。如果把搭建一套机器学习算法当作一篇话题作文题目的话，那么场景解析阶段就相当于审题阶段，如果考试的时候写作文出现审题错误，可能对接下来的写作会有非常大的影响，这也就是笔者把场景解析这一章单独拿出来介绍的原因。

2.1 数据探查

拿到一份数据，如果想从中分析出一些内容，首先要了解这份数据，也就是这一节中我们要介绍的数据探查。数据探查可以从很多维度来做，我们可以在这一阶段了解数据的类型、大小和分布等属性，为接下来的进一步场景抽象和算法选择做准备。下面从几个维度介绍一下数据探查工作。

（1）数据量的大小。人工智能建立在大数据的基础之上，是否有足够的数据量，对机器学习算法的效果有直接影响。这里的数据量更多的是指数据的条数，而不是数据占用的存储空间大小。因为通常来讲，机器学习算法的数据源都是矩阵形式的，如图2-1所示，绝大多数情况下数据大小跟条数是成正比的。

其实很多人都知道，在机器学习中，数据量越大效果越好的道理。但是具体的原因很多人都说不清楚。这里以机器学习的最优化算法之一梯度下降法为例简单地说明一下，梯度下降法通过递归的方式逐渐逼近最小偏差模型来实现模型的最优。梯度下降法（见图2-2）可以看作一个向终点（最优模型）逐渐逼近的过程，而这个逼近的过程就像是爬山，一开始我们在图 2-2 中的 x_0 位置，也就是山脚下。每向算法中灌入一部分数据，就向上前进一步，从 x_0 到 x_1 再到 x_2，直至到走到山顶达到最优效果。所以在数据探查阶段，我们要保证数据量可以实现算法收敛或者模型的最优。当然，不同算法需要的数据量也是不同的，这要看具体算法是线性的还是树形结构的。除此之外，这跟矩阵的维度也有很大的关系，维度越多则可能需要的数据量也越大，具体情况要具体分析。总体来看，我们还是希望机器学习的数据可以尽可能的大。

age ▲	workclass ▲	fnlwgt ▲	education ▲	education_num ▲
39	State-gov	77516	Bachelors	13
50	Self-emp-n...	83311	Bachelors	13
38	Private	215646	HS-grad	9
53	Private	234721	11th	7
28	Private	338409	Bachelors	13
37	Private	284582	Masters	14
49	Private	160187	9th	5
52	Self-emp-n...	209642	HS-grad	9
31	Private	45781	Masters	14

图 2–1 矩阵式存储数据源

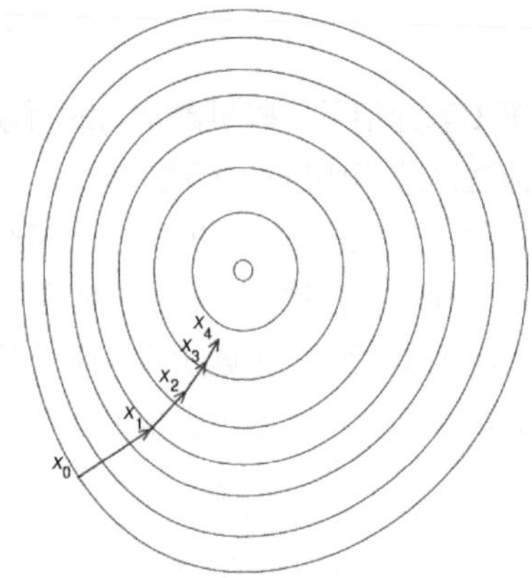

图 2–2 梯度下降法

（2）数据缺失或乱码。数据是否有缺失值或者乱码往往是评判数据质量的关键因素。因为机器学习算法在数据的流转过程中要进行数据的乘除或者是矩阵的分解等计算，如果数据的质量不高，里面有许多的缺失值或者乱码出现，我们会说这份数据很“脏”，需要进行很多的 ETL 操作（描述将数据从来源端经过抽取（Extract）、转换（Transform）、加载（Load）至目的端的过程），称为“数据清洗”。数据清洗是一项艰巨而复杂的工作，因为目前的互联网数据多数是通过用户的行为日志来采集的，数据在采集过程中或多或少地都会出现乱码或者是缺失值。对乱码和缺失值的数据预处理工作将会提高后期算法运作的效率，减少不必要的问题出现。

（3）字段类型。流入算法的数据通常是存储在数据库中的，数据库的字段分为以下几种类型，有整型（int）、字符型（string）、双精度浮点数（double）和单精度浮点数（float）等，不同算法对字符串类型的支持也是有要求的。例如文本分析，肯定是需要数据源是字符型的，逻辑回归需要数据源是数值型的，而随机森林这种树状结构的算法通常对字符型和数值型全部支持。

（4）是否含有目标队列。做机器学习训练的人，拿到数据之后都会去看一眼数据是否有目标队列，这关系到接下来的算法选择是有监督学习还是无监督学习。如果没有目标队列，需要考虑是否可以通过一些 ETL 操作来生成，这一环节对于接下来算法选择的意义非常重大。

以上 4 点是笔者根据工作经验总结出来的数据探查过程中的几点要素。数据探查可以帮助数据挖掘工程师更好地理解数据，提前掌握数据质量，规避风险。当然，数据探查还有很多工作可以做，如了解数据的方差、标准差、最大值、最小值和偏差等，这些指标都对后续的特征工程及算法的调试起指导作用。

2.2 场景抽象

平日里接触客户的时候总能听到这样的话："我知道机器学习很好，能对我的业务带来帮助，我也有数据，你能不能帮我设计下我的场景，告诉我怎么利用大数据。"所以，有了数据之后，不知道能用数据做什么，这是阻碍大多企业，特别是传统行业，向数据驱动转化的拦路虎。

场景抽象就是通过已有的数据，挖掘出可以应用的业务场景。目前来看，机器学习主要用来解决的场景包括二分类、多分类、聚类和回归。机器学习使用者需要具备把自己的业务逻辑抽象成以上几种场景的能力，这里举例说明。

（1）商品推荐。目前仅国内就有上千家电商平台，绝大多数电商平台都自己搭建或者使用第三方的商品推荐（见图 2-3）系统来提高自己商品的推荐命中率（命中率是指推荐商品被购买的概率）。其实推荐系统是一个典型的二分类问题。以常见的购买行为数据为例，通常电商网站的用户埋点数据见表 2-1。

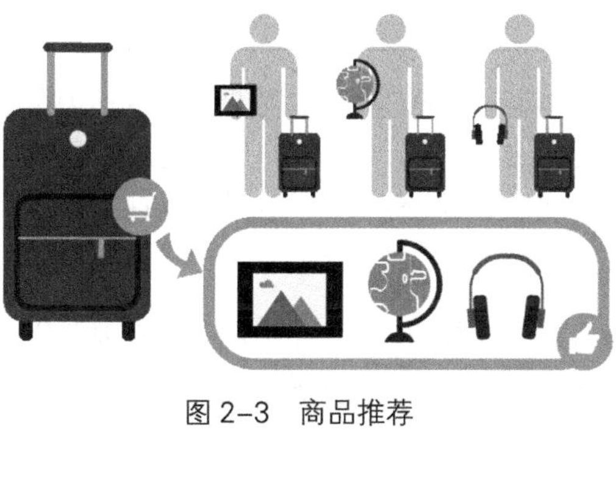

图 2–3 商品推荐

表 2-1 用户埋点数据

用户 ID	商品 ID	时 间	购 物 行 为	是 否 购 买
124124	12412412	1900-10-1	0	1

注："购物行为"中 0 表示点击，1 表示收藏，2 表示购物车；"是否购买"中 1 表示购买，0 表示不购买。

在场景抽象时，对于一个用户 A 和一个产品 B，我们只关心用户 A 是否会购买产品 B，这就把商品购买行为抽象成了"是"或者"否"这样的二分类问题。有了这样的抽象，接下来就可以选择相应的二分类算法，根据算法参数的具体需求可以确定数据 ETL 处理的流程，这样一来，一整套的机器学习算法构成的推荐引擎就搭建起来了。

（2）疾病预测。随着国内人口的逐步老龄化，健康问题得到了越来越多的关注，人们也在想，大数据是否可以帮助人们进行一些疾病的预防和治疗（见图 2-4）。疾病预测就是这样的一个典型案例。以癌症为例，癌症可以简单分为早期、中期和晚期 3 种发病期，每种发病期都有自己的对应症状，所以只要挖掘每个时期的不同病变特征，就可以实现预测，进而可以把癌症预测抽象成一个多分类的场景。有了这样的场景，就可以指导我们在算法选择方面的工作。

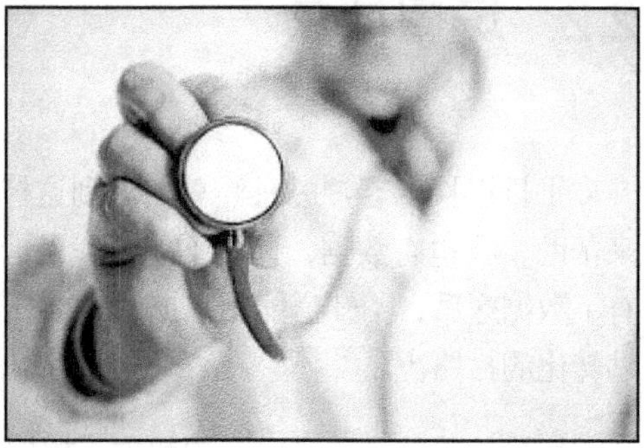

图 2–4 疾病预测

（3）人物关系挖掘。关系挖掘也是数据运营中经常会遇到的场景，如用户有一份通话数据，这份通话数据包含了 N 个用户和他们之间的通话记录数据，见表 2-2。

表 2-2 通话记录数据

拨号 ID	接话 ID	时 间	时长（小时）
124124	12412412	2009-10-1	3

关系挖掘是指用户希望通过数据挖掘算法挖掘这些通话关系中人和人的关系。因为在人物通话的关系图谱（见图 2-5）中，人和人之间通过通话这样的行为相互连接，连接的紧密程度可以通过通话的次数和时长来表示，这就可以抽象成数学里面的图论内容，图论包含点、边和权重的概念，进而可以选择图算法来分析这样的场景。

另外，如果有一份人群属性数据，需要把人群按照性别划分，这就是一个典型的聚类场景。如果有某股票的历史走向数据，需要预测股票下一阶段每一天的走势数值，这是一个回归问题。总之，场景抽象是数据挖掘的关键一步，只有明确了业务场景和需求，并且将其抽象成算法逻辑，才能正确地搭建整个实验的流程。场景抽象的时候需要具备下面两个能力：一是对于自身的业务有充分的认识；二是对算法逻辑有大概的了解。

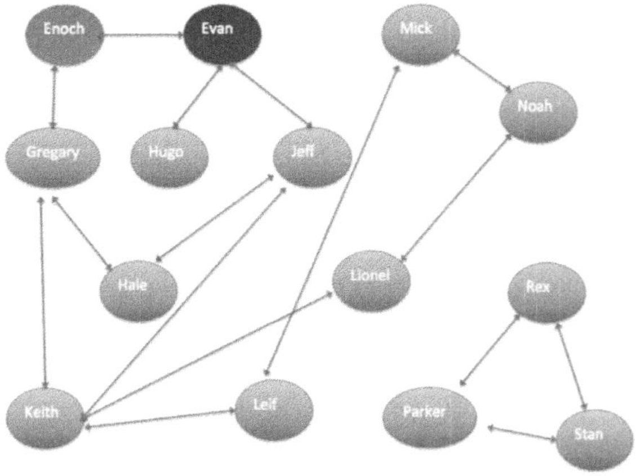

图 2-5 关系图谱

2.3 算法选择

2.2 节中介绍了如何将业务逻辑抽象成算法场景，这需要用户对自身的业务有一定的判断，到底是二分类、多分类还是聚类、回归等。另外，根据第 1 章的介绍我们也了解到，机器学习算法按照模型的训练方式可以划分为监督学习、半监督学习、无监督学习和强化学习 4 个种类，下面我们就来看一下如何选择算法来解决相应的业务场景中的问题。关于算法的选择方式，笔者总结了 3 点原则，分别是确定算法范围、多算法尝试和多视角分析。

（1）确定算法范围。我们先来介绍一下如何明确特定场景下的算法，这里以常规的结构化数据为例来说明。首先通过上文介绍的场景解析的第 1 步，也就是数据探查可以了解到数据的种类，如果是数值形式的数据会选择常规的基于数值运算的机器学习算法。第 2 步，判断数据是否存在目标队列，如果数据是有目标值的，那么可以选用监督学习的算法；如果不存在就只能选择无监督学习的算法。第 3 步，根据实际的业务场景，选择分类、聚类或者回归算法。这时候其实已经把算法的选择约束到一个比较小的范围了。如图 2-6 所示数据，需求是要做心脏病预测，是一个二分类场景，然后它又包含目标列，是监督学习算法。于是算法选择范围就限定到了逻辑回归、随机森林、朴素贝叶斯、支持向量机和 K 近邻（只列举了本书介绍的符合标准的算法）。

age ▲	sex ▲	cp ▲	trestbps ▲	chol ▲	fbs ▲	restecg ▲	thalach ▲	exang ▲	oldpeak ▲	slop ▲	ca ▲	thal ▲	ifhealth ▲
63.0	1	0	145.0	233.0	1	2	150.0	0	2.3	2	0.0	1	0
67.0	1	2	160.0	286.0	0	2	108.0	1	1.5	1	3.0	0	1
67.0	1	2	120.0	229.0	0	2	129.0	1	2.6	1	2.0	2	1
37.0	1	1	130.0	250.0	0	0	187.0	0	3.5	2	0.0	0	0
41.0	0	2	130.0	204.0	0	2	172.0	0	1.4	0	0.0	0	0
56.0	1	2	120.0	236.0	0	0	178.0	0	0.8	0	0.0	0	0
62.0	0	2	140.0	268.0	0	2	160.0	0	3.6	2	2.0	0	1
57.0	0	2	120.0	354.0	0	0	163.0	1	0.6	0	0.0	0	0
63.0	1	2	130.0	254.0	0	2	147.0	0	1.4	1	1.0	2	1
53.0	1	2	140.0	203.0	1	2	155.0	1	3.1	2	0.0	2	1

图 2-6　心脏病预测数据

（2）多算法尝试。通过确定算法范围，我们已经明确了选用算法的种类，那么具体要选择哪个算法呢？这里可以根据数据的分布来判断，根据数据是离散的还是线性的分布来选择线性的算法或是其他结构的算法。笔者认为比较好的方式是多尝试几种算法，选择效果比较好的一种应用到实际业务中去。因为不同的数据适用的算法不同，不存在明确的对应关系表明哪些算法对应哪种数据的效果一定是好的，所以在算法的选择上，当明确了范围之后，建议可以尽可能地多尝试不同算法的组合。图 2-7 所示为通过随机森林和逻辑回归两个算法同时处理一份数据，比较这两个算法最终结果的准确性，选择效果更优的算法部署上线。

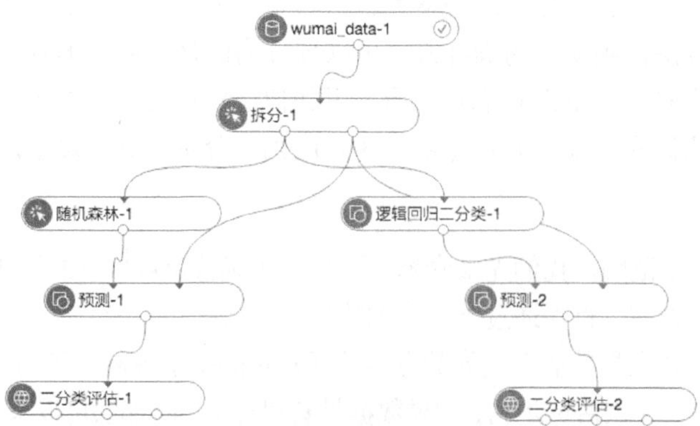

图 2-7　多算法尝试示例

（3）多视角分析。多视角分析是指当确定了特定业务场景下的算法之后，除了考虑算法的效果以外，还要从其他维度考察算法。例如，关心算法的鲁棒性，鲁棒性意味着即使预测集数据的大小和分布有一些变化，这个算法也要有比较稳定的效果。另外，如果这个算法需要周期性地调度使用，则还需要关心算法的复杂度以及资源消耗量。最后，算法的调参和优化成本也需要考虑进去，如果一个算法需要不断地调整参数才能保持比较好的效果，那么要考虑对算法使用者来讲，这种运维成本是否可以接受。

以上就是笔者总结的在算法选择方面可能用到的几条原则，对于一个业务场景下的算法选择问题，可以通过上文介绍的明确算法范围、多算法尝试及多视角分析 3 点原则出发，去寻找最适合自身业务的算法。

2.4 本章小结

本章介绍了数据挖掘的第一个阶段，也就是场景解析。其实场景解析就是一个对业务场景反思的过程，通过对业务场景进行抽象，将一些业务中的逻辑抽象成数学公式可以表达的形式，然后再通过这些形式去选择对应的算法。最后在准备阶段，除了确定算法以外，我们还需要对数据的质量进行一个探查，可以为下一步的分析提前暴露一些可能出现的问题。场景解析是数据挖掘的第 1 步，这一块主要考验的是数据挖掘工程师对业务的理解。

第3章 数据预处理

数据预处理是数据挖掘流程的第 2 步，如果把数据挖掘看成做一道菜的话，数据预处理就是选择和清洗蔬菜的过程，这一步没做好会影响整个菜品的口感。数据预处理的目的就是把整个数据集调整为对于算法干扰最小的结构，以便提高最终算法的训练效果。本章主要讲述采样、去噪、归一化和数据过滤。

3.1 采样

采样就是按照某种规则从数据集中挑选样本数据。通常的应用场景是数据样本过大，抽取少部分样本来训练或者验证，这样不仅会节约计算资源，在特定条件下也会提升实验效果。

3.1.1 随机采样

随机采样（Random Sampling）是所有采样中最常用的一种，也是最容易实现的采样方法。具体的实现形式是从被采样数据集中随机地抽取特定数量的数据，需要指定采样的个数。随机采样分为有放回采样和无放回采样两种。

（1）举例说明。这两种采样方法有什么区别呢？例如，在 1 个箱子里放了 100 个球，我们需要从中拿出 10 个，然后就闭着眼睛随便取 1 个出来，取出来之后记录一下取了哪个球，然后把取出来的球放回去，再重新取，如此累计 10 次，这就是有放回采样。而无放回采样就是直接随机取 10 个出来，并且不再放回。

（2）示例代码。随机采样的 Python2.7 示例代码如下，其中：

- dataMat 是数据集；

- number 是采样数；
- RandomSampling 是无放回采样；
- RepetitionRandomSampling 是放回采样。

```
import random
def RandomSampling(dataMat,number):
    try:
         slice = random.sample(dataMat, number)
         return slice
    except:
         print 'sample larger than population'

def RepetitionRandomSampling(dataMat,number):
    sample=[]
    for i in range(number):
         sample.append(dataMat[random.randint(0,len(dataMat)-1)])
    return sample
```

这里的代码只是一个示例，随机行为的实现采用了 Python 自带的 random 函数来执行。

（3）效果展示。输入分为两个字段，按照从 1 ~ 30 排列，如图 3-1 所示。

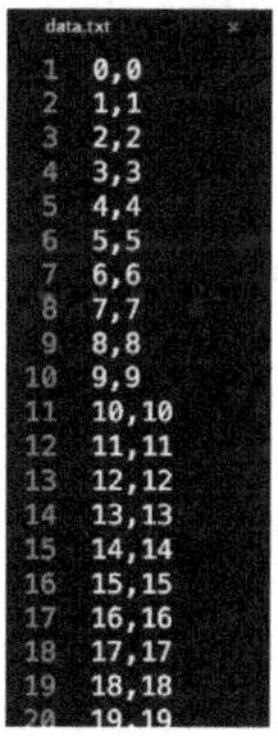

图 3-1　部分输入数据

- 无放回的采样结果 RandomSampling（dataMat,7）。因为是无放回式采样，所以采样数据不会出现重复的样本数据，结果如图 3-2 所示。

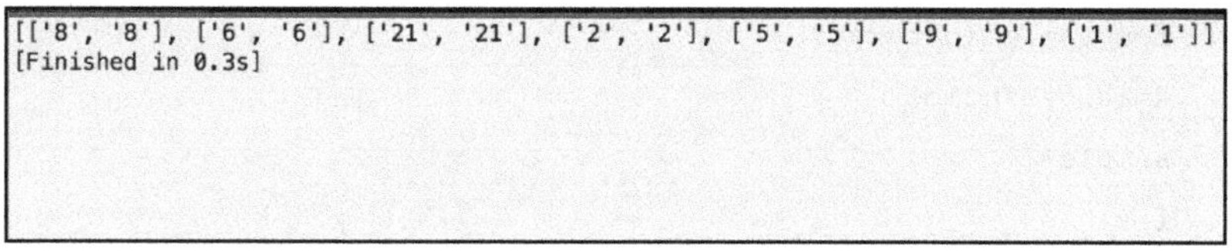

图 3-2　无放回式采样结果

- 有放回的采样结果 RandomSampling（dataMat,10），结果如图 3-3 所示。

```
[['4', '4'], ['4', '4'], ['5', '5'], ['23', '23'], ['11', '11'], ['12', '12'], ['22', '22'], ['20', '20'],
[Finished in 0.4s]
```

图 3-3 有放回式采样结果

因为是有放回的采样，所以可能会出现重复的样本。

3.1.2 系统采样

系统采样（Systematic Sampling）在一般情况下是无放回式抽样。系统采样又称为等距采样，即先将总体的观察单位按某一顺序号分成 n 个部分，再从第一部分随机抽取第 k 号观察单位，依次用相等间距，从每一部分中各抽取一个观察单位来组成样本。系统采样的使用场景主要是针对按照一定关系排列好的数据。

（1）举例说明。例如我们想调查一个年级每个班级学生的精神面貌，但时间有限，只能抽样几名同学来做调查。于是可以选取每个班的进门靠墙位置的第 1 名同学来做调研，这就是一种系统采样的场景。相比于随机采样法，系统采样法更照顾了数据集的每个小分类中的样本集。

（2）示例代码。系统采样的 Python 示例代码如下，其中：

- dataMat 是数据集；
- number 是采样数；
- SystematicSampling 是系统采样。

```
import random
def SystematicSampling(dataMat,number):

        length=len(dataMat)
        k=length/number
        sample=[]
        i=0
        if k>0 :
          while len(sample)!=number:
             sample.append(dataMat[0+i*k])
```

```
    i+=1
  return sample
else :
  return RandomSampling(dataMat,number)
```

（3）效果展示。

- 输入数据分为两个字段，按照从 1 ~ 30 排列，如图 3-4 所示。
- 系统采样的结果 SystematicSampling（dataMat,10），如图 3-5 所示。

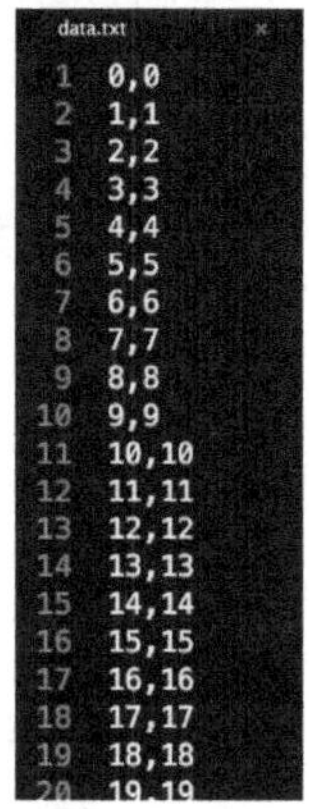

图 3-4　部分输入数据

因为是系统采样，结果按照相同的步长进行数据采样。系统采样在实际的应用中并不普遍，因为系统采样对于样本的限定过大，在实际的应用场景中，针对不同层级的采样需求往往通过分层采样来实现。

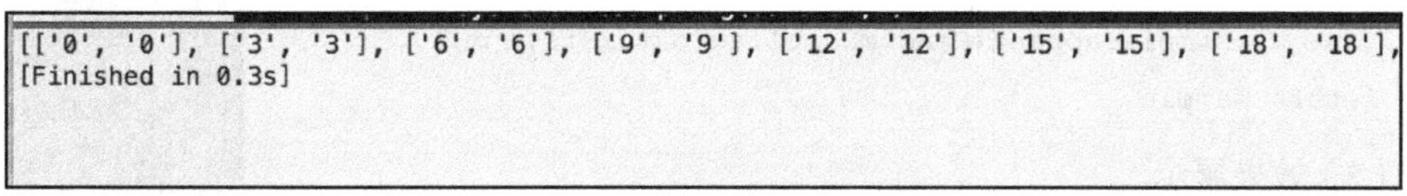

图 3-5　系统采样结果

3.1.3　分层采样

分层采样（Stratified Sampling）是先将数据分成若干个类别，再从每一层内随机抽取一定数量的观察样本，然后将这些抽取出来的样本组合起来。分层采样常常被用于在生成训练样本的场景中。因为在监督学习中，通常情况下正负样本的比例是不可控的，当正负样本的比例过大或者过小的时候，对于训练结果都是有影响的，所以往往我们需要用分层采样来控制训练样本的正负样本比例。

（1）举例说明。例如你想比较 3 家饭店中哪一家的菜品更好吃，可以分别去这 3 家饭店，然后随机点 5 道菜来试吃（选几道菜可以自定义），这就是分层采样的思想。如果是系统采样的话，需要有一个约定，如需要去 3 家饭店都点菜单上的前 5 道菜品尝。

（2）示例代码。假设我们有 3 层分类的数据，分别存储在 dataMat1、dataMat2 和 dataMat3 这 3 个数据空间中，我们的分层采样的比例为 1∶1∶1，通过对于每一层进行无放回的随机采样，然后合并采样结果就是最终需要的结果集。

分层采样的 Python 示例代码，其中：

- dataMat1、dataMat2 和 dataMat3 是 3 组数据集；
- number 是采样数；
- StratifiedSampling 是分层采样。

```
import random
def StratifiedSampling(dataMat1,dataMat2,dataMat3,number):


        length=len(dataMat)
        sample=[]
        num=number/3
        sample.append(RandomSampling(dataMat1,num))
        sample.append(RandomSampling(dataMat2,num))
        sample.append(RandomSampling(dataMat3,num))
return sample
```

（3）效果展示。

- 输入数据分为两个字段，按照从 1 ~ 30 排列，如图 3-6 所示。第 1 个字段表示数据数值。第 2 个字段表示层次的序号，本样例一共分成 3 层。

```
8  7,0
9  8,0
10 9,1
11 10,1
12 11,1
13 12,1
14 13,1
15 14,1
16 15,1
17 16,1
18 17,1
19 18,1
20 19,1
21 20,2
22 21,2
23 22,2
24 23,2
25 24,2
```

图 3-6　部分输入数据

- 分层采样的结果 StratifiedSampling(dataMat1,dataMat2,dataMat3,9)，如图 3-7 所示。

```
[['3', '0'], ['8', '0'], ['5', '0'], ['11', '1'], ['17', '1'], ['13', '1'], ['28', '2'], ['25', '2'], ['23', '2']]
[Finished in 0.1s]
```

图 3-7　分层采样结果

分层采样从每一个层级中随机抽取出特定的数据，每个层级抽取的比例是可以自定义的。

3.2　归一化

归一化是指一种简化计算的方式，将数据经过处理之后限定到一定的范围之内，一般都会将数据限定在[0,1]。数据归一化可以加快算法的收敛速度，而且在后续的数据处理上也会比较方便。另外，归一化算法是一种去量纲的行为，关于量纲对于计算的影响可以举这样一个例子：假设一组数据有 3 个字段，都表示 3 个小时的时间，但是量纲分别是小时、分钟和秒（见表 3-1）。

表 3-1 3 个小时

小 时	分 钟	秒
3	180	10800

当时间增加 1 个小时之后，见表 3-2。

表 3-2 增加 1 个小时

小 时	分 钟	秒
4	240	14400

对比以上两个表可以看出，仅从数字的角度来看，3 个字段的数据波动的幅度为秒>分钟>小时，但是从实际意义的角度出发，3 个字段在时间维度上的波动是相同的，都是改变了一个小时，但是在数字大小的波动却差别很大。归一化的作用就是去除这样的量纲给计算带来的影响。

归一化的具体计算方法可以用数学公式来表示：$y=(x\text{-MinValue})/(\text{MaxValue-MinValue})$，这里的 MaxValue 和 MinValue 分别是针对矩阵的每一个字段的最大值和最小值，x 是字段中的值，y 为最终归一化结果。

（1）示例代码。Python 示例代码如下，其中：

- width 函数用来获得矩阵的字段数量；
- AutoNorm 函数对矩阵执行归一化。

```
from __future__ import division

def width(lst):
    i=0
    for j in lst[0]:
        i=i+1
    return i
```

```
def AutoNorm(mat):
    n=len(mat)
    m= width(mat)
    MinNum=[9999999999]*m
    MaxNum = [0]*m
    for i in mat:
          for j in range(0,m):
                if i[j]>MaxNum[j]:
                      MaxNum[j]=i[j]

    for p in mat:
          for q in range(0,m):
                if p[q]<=MinNum[q]:
                          MinNum[q]=p[q]

    section=list(map(lambda x: x[0]-x[1], zip(MaxNum, MinNum)))
    print section
    NormMat=[]

    for k in mat:

            distance=list(map(lambda x: x[0]-x[1], zip(k, MinNum)))
            value=list(map(lambda x: x[0]/x[1], zip(distance,section)))
            NormMat.append(value)
return NormMat
```

（2）效果展示。输入数据（见图 3-8）是一组量纲各不相同的数据（数据只显示了一部分），如 age 字段的单位是“岁”，chol 字段的单位是“毫升”。通过归一化算法之后的数据呈现如图 3-9 所示（部分显示）。

在执行归一化的算法时有一个地方需要注意，因为公式 y=(x-MinValue)/(MaxValue-MinValue) 的分母是 MaxValue-MinValue，如果某一个字段的最大值和最小值是相同的，会出现分母为零的情况。所以对于字段数据全部相同的情况要加以判断，通常来讲如果当前字段全部相等且为非零数值，就转换为 1 来处理。如果当前字段全部数值都是 0，那就直接保留 0。

age ▲	trestbps ▲	chol ▲	thalach ▲	oldpeak ▲	ca ▲
63	145	233	150	2.3	0
67	160	286	108	1.5	3
67	120	229	129	2.6	2
37	130	250	187	3.5	0
41	130	204	172	1.4	0
56	120	236	178	0.8	0
62	140	268	160	3.6	2
57	120	354	163	0.6	0
63	130	254	147	1.4	1

图 3–8　输入数据

age ▲	trestbps ▲	chol ▲	thalach ▲	oldpeak ▲	ca ▲
0.70...	0.4811320...	0.244...	0.603053...	0.370967...	0
0.79...	0.6226415...	0.365...	0.282442...	0.241935...	1
0.79...	0.2452830...	0.235...	0.442748...	0.419354...	0.6666666666666666
0.16...	0.3396226...	0.283...	0.885496...	0.564516...	0
0.25	0.3396226...	0.178...	0.770992...	0.225806...	0
0.5625	0.2452830...	0.251...	0.816793...	0.129032...	0
0.6875	0.4339622...	0.324...	0.679389...	0.580645...	0.6666666666666666
0.58...	0.2452830...	0.520...	0.702290...	0.096774...	0
0.70...	0.3396226...	0.292...	0.580152...	0.225806...	0.3333333333333333

图 3–9　归一化之后的数据

3.3　去除噪声

数据挖掘领域有很多专有名词，“去噪”就是其中的一个。去噪在一般情况下是指去除数据集中有干扰的数据（对场景描述不准确的数据）。说到噪声数据，到底它是怎么产生的呢？这里有一个实际例子来说明：我们的手机信号都是来自于基站发射的电磁波，有的地方信号比较强，有的地方就会比较弱。运营商的工程师们会负责统计不同区域的信号强弱来进行网络规划，这些工程师们采集信号的方法就是将一个信号接收终端固定在车上，然后开车绕着基站转，信号终端就会自动采集不同区域的信号强度，生成一份数据。但是如果在车运行的过程中出现急刹车或者其他突发事件，可能就会对信号采集造成一定影响，生成一些噪声数据。当然，产生噪声的原因还有很多，这里只是举了一个简单的例子。

噪声数据究竟对于模型训练有什么影响呢？因为很多算法，特别是线性算法，都是通过迭代来获取最优解的，如果数据集中含有大量的噪声数据，将会大大影响数据的收敛速率，甚至对于训练所生成模型的准确度也会有很大的负面作用。

前面介绍了产生噪声的原因和噪声数据对于机器学习训练的影响，接下来会重点介绍常用的去噪方法。根据不同的业务场景，其实有不同的处理方法，这里介绍一种叫正态分布 3σ 原则。正态分布也叫常态分布，是连续随机变量概率分布的一种，自然界、人类社会、心理和教育中大量现象均按正态分布（见图 3-10），如能力的高低、学生成绩的好坏等都属于正态分布，我们可以把数据集的质量分布理解成一个正态分布。它会随着随机变量的平均数、标准差的大小与单位不同而有不同的分布形态。正态分布可以表示成一种概率密度函数，正态分布公式如下：

$$f(x)=\frac{1}{\sqrt{2\pi\sigma}}\exp\left(-\frac{(x-\mu)^2}{2\sigma^2}\right)$$

其中，σ 可以表示成数据集的方差，μ 代表数据集的均值，x 代表数据集的数据。相对于正常数据，噪声数据可以理解为小概率数据。

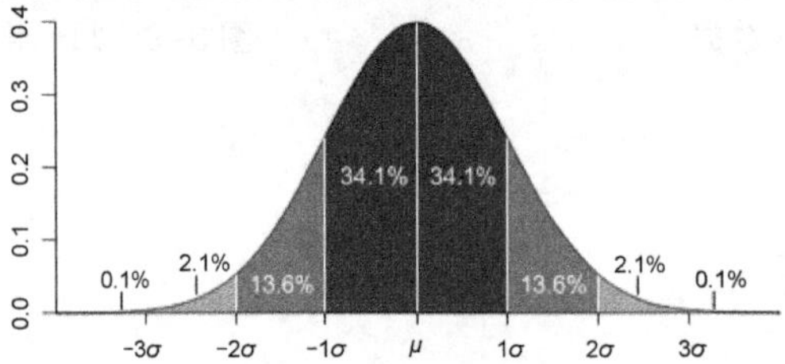

图 3-10　正态分布概率分布

正态分布具备这样的特点：x 落在（μ–3σ，μ+3σ）以外的概率小于千分之三。根据这种特点，我们可以通过计算数据集的方差，把 3 倍方差之外的点设想为噪声数据来排除，这是比较常规的去噪手段。

（1）示例代码。去噪的 Python 示例代码如下，其中：

- GetAverage 函数返回均值；
- width 函数获取矩阵的宽度；
- GetVar 函数获取方差；
- DenoisMat 函数用于去噪。

```
from __future__ import division
def GetAverage(mat):


    n=len(mat)
    m= width(mat)
    num = [0]*m
    for j in range(0,m):
            for i in mat:
```

```
                num[j]=num[j]+i[j]
            num[j]=num[j]/n
    return num

def width(lst):
    i=0
    for j in lst[0]:
        i=i+1
    return i

def GetVar(average,mat):
    ListMat=[]
    for i in mat:
        ListMat.append(list(map(lambda x: x[0]-x[1], zip(average, i))))

    n=len(ListMat)
    m= width(ListMat)
    num = [0]*m
    for j in range(0,m):
        for i in ListMat:
                num[j]=num[j]+ (i[j]*i[j])
        num[j]=num[j]/n
    return num

def DenoisMat(mat):
    average=GetAverage(mat)
    variance=GetVar(average,mat)
    section=list(map(lambda x: x[0]+x[1]*3, zip(average, variance)))

    n=len(mat)
    m= width(mat)
    num = [0]*m
    denoisMat=[]
    for i in mat:
        for j in range(0,m):
            if i[j]>section[j]:
```

```
                i[j]=section[j]
        denoisMat.append(i)
    return denoisMat
```

（2）结果如图 3-11 所示。

t1 ▲	t2 ▲	t3 ▲
19	26	63
13	62	65
16	69	15
14	56	17
19	6	15
11	42	15
18	58	36
12	77	33
10	75	47
15	54	70
10017	1421077	4169 噪音

图 3-11　去噪的结果

通过正态分布去除 3 倍方差的方法可以去除数据集中的噪声数据，图 3-11 中的最后这条偏差值较大的数据就会被过滤掉。

3.4　数据过滤

数据挖掘用到的数据来源于用户行为日志或是日常记录等，在很多时候不可以把全部数据进行训练。通常对于同一份数据，如果想做不同目的的挖掘，需要做不同方式的处理，数据过滤往往是数据前期处理的重要一环。例如我们有一组数据，里面有一个字段对于结果没有任何的意义（虽然理论上凡是数据就会有意义，但是某些时候可能对于单个字段的量化工作很难实现），见表 3-3。

表 3-3　用户数据

用户昵称	用户 ID	用户购买次数	用户性别	是否购买
星大大	4212	3	1	1
琪琪	2141	2	0	0

对于表 3-3 中的这一组数据，因为大部分的算法是需要对于数据字段进行求导和转置等数学运算的，于是很多时候需要数据是数值型的。第一个字段“用户昵称”是字符型的，虽然字符型数据经过特征抽象是可以量化的（见第 4 章），但是对于昵称这一类数据在处理上还是有一定难度，而且对于这个购物场景的影响并不大，所以往往需要过滤掉这样的字段。

“用户 ID”这样的字段，虽然已经是数值型的，貌似可以进行算法直接处理，但是这种数据的本质与昵称类似，只表示对于某种名称或者文本的唯一标识，并不具备描述行为特性的含义，所以也是需要过滤掉的。在数据过滤的过程中，除了需要对于某些字段进行去除，很多时候还需要对于一些数值型特征进行过滤，这样的过滤处理往往需要依靠 SQL 语句来实现，如表 3-3 中数据，假如只需要选择性别是男性的用户数据带入训练，就可以通过 SQL 语句的 where 功能实现。

3.5 本章小结

本章介绍了数据预处理的一些内容，我们这里只是选取了数据预处理中比较常用的几种方法：采样、归一化、去噪和过滤。其实在实际操作中还有许多其他手段，数据预处理作为机器学习整个流程中一道非常重要的工序，往往需要操作者根据自身的场景或者是数据特点做特定的一些处理方式，可能是一些简单的映射或者是非常复杂的 SQL 规则。在数据预处理阶段其实目的很简单：把数据集尽量优化成对于算法干扰最小的状态，尽可能地排除数据形式对于模型训练的影响。

第 4 章 特征工程

第 3 章介绍了数据预处理，主要是一些数据的 ETL——数据的抽取（Extract）、清洗（Cleaning）、转换（Transform）、装载（Load）工作。这一章将真正地进入数据挖掘流程比较核心的部分，之前也已经介绍过特征工程的工作将直接影响整个实验的质量。特征工程大概可以从几个方面来看，分别是特征抽象、特征重要性评估、特征衍生和特征降维几个方面，本章将逐一介绍。

4.1 特征抽象

特征抽象是指将源数据抽象成算法可以理解的数据。这个概念可能听起来比较难以理解，我们举一些例子来说明。首先思考一下什么样的数据是算法可以理解的。目前的机器学习算法主要是对一些数据进行矩阵运算或者概率运算来得到结论，也就是说算法的入参通常来讲应该是一组可以表达数据某类特性的数字，基于这个理论，我们期望的数据应该见表 4-1，所有属性都通过数字来表示。

表 4-1 理想数据

用户昵称	用户 ID	用户购买次数	用户性别	是否购买
星大大	4212	3	1	1
琪琪	2141	2	0	0

但是实际上，在真实的业务场景下，做数据采集的跟做分析的往往是不同的人，我们拿到手的数据很有可能是这样的，见表 4-2，是一串文本。

表 4-2 实际数据

用 户 昵 称	用户 ID	用户购买次数	用 户 性 别	是 否 购 买
星大大	4212	用户购买了好多次	好像是女的	忘了买没买
琪琪	2141	用户不怎么买	是女的	买了

这样的数据就给数据分析人员造成了很大的困惑，如何利用非结构化数据进行分析呢？如何从复杂的数据中挑选出特征？这就需要我们对数据进行抽象。抽象的过程没有现成的公式或者是工具，往往要根据用户的主观判断来实现。特征抽象需要具备两方面能力，一方面是需要进行大量的相关工作来积累经验，另一方面需要对特征抽象的数据的业务场景足够了解。下面来具体实践一下，看看如何从看似不可能量化的数据中抽象出特征。

（1）时间戳。时间戳数据是数据挖掘过程中最常见的数据种类。因为通常采集到的数据往往来自于系统日志，这些日志最鲜明的特点就是带有时间戳字段。时间序列是对结果影响很大的一部分特征，假设有这样一个场景，通过一份购物网站用户行为数据，我们想预测一名用户下一周的购买行为，是该选择这名用户去年的购物数据来训练，还是选择这名用户今年的数据来训练？答案肯定是后者。因为对购物这种强时效性的行为来讲，时间无疑是最重要的特征。但是时间数据要怎样处理？下面将讲解如何抽象这样的数据。假设我们有下面这一份数据集，见表 4-3。

表 4-3 数据集

ID	Time	Buy
小李	2015-9-12	1
小王	2016-9-12	1

其中，Time 字段表示的是时间戳，通常采集到的时间都是“年-月-日”这样的格式，虽然这样的时间是由数字表示的，但是因为这种年、月、日的计算并不符合十进制的计算原理，很难对这样结构的数据做加减乘除的处理，所以我们要做一定的处理之后才能供算法使用。具体的操作方法可以选定一天作为基准，然后取具体日期字段中的数据与这一天的差值。例如取 2016-9-13 号为基准，表 4-3 中的数据 2015-9-12 可以抽象成表 4-4 中的“365”，表示两个日期的差值。

表 4-4 处理后的数据集

ID	Time	Buy
小李	366	1
小王	1	1

（2）二值类问题。例如有一组数据见表4-5。

表4-5 数据集

用户名	性别	是否购买
小李	男	没买
小王	女	买了

这份数据看似由非结构化的文本构成，但是稍作调整就可以将数据量化。因为“性别”只有男和女两种，“购买”行为也只有买和不买两种。这两个字段都是二值型的，这种数据可以通过两个数值来表示，通常可以表示成0和1，因此上面的数据就可以抽象成见表4-6。

表4-6 处理后的数据集

用户名	性别	是否购买
小李	1	0
小王	0	1

至于对单个字段哪个是1、哪个是0，其实不用纠结，只要可以通过两个数值表示字段的具体含义就可以了。

（3）多值有序类问题。前面介绍了二值类的文本数据抽象的方法，但是当字段的数据出现多值的时候，问题就变得复杂了起来。多值类的字段数据分成两种，一种是有序的，一种是无序的。有序数据是指数据可以按照程度来分层，以下面这份数据（见表4-7）为例。

表4-7 有序数据

ID	Type	Sick
小李	重度疼痛	1
小王	中度疼痛	1
小刘	重度疼痛	0
小方	轻度疼痛	0

这是一份用户体检数据，Type表示用户的疼痛度，Sick表示用户是否患病。这里需要对Type字段进行特征的抽象化，我们看到这个字段是由“重度疼痛”“中度疼痛”“轻度疼痛”3个字符型数值组成，因此可以把这3个值表示成0、1、2。这里就涉及一个问题，哪个值对应0，哪个对应2呢？如果这些文本值表示的意义是可以按照严重程度排序的话，我们可以把字符对象按照从轻到重或者从重到轻两种方式与数值一一对应。在这个实例中，“重度疼痛”“中度疼痛”“轻度疼痛”可以分别对应到0、1、2或者2、1、0。在通常情况下，这两个顺序都是可以的，只要是按照病痛的程度来排序即可。

（4）多值无序类问题（信息阉割）。多值无序类的特征抽象是最难做的，有时候只能被迫对数据的信息熵（信息熵是数据信息的一种量化表示，用来表示信息量的大小）进行一定程度的阉割或者采用 One-hot 编码的方法，先介绍一种信息阉割的方式。这里有一份数据（见表 4-8）表示的是一些人的职业以及收入状况。

表 4-8 职业及收入状况数据

ID	Occupation	Income
小李	老师	241
小王	厨师	521
小刘	司机	421
小方	运动员	23636

在这份数据中，如果想对 Occupation 字段进行特征抽象，利用上面讲到的"多值有序类"抽象的方法似乎就走不通了，因为我们没办法分辨"老师""厨师""司机"和"运动员"这些职业是否存在程度的高低。这个时候要怎么办？如果在没有更好办法的情况下可能要牺牲一下这个字段的信息熵，原先这个字段信息描述的是 4 种可能，分别是"老师""厨师""司机"和"运动员"，现在可能要变为 2 种可能。如何把 4 种可能性浓缩成 2 种，这个要根据具体的情况来制定，如果这份数据是用来预测教育行业相关情况的话，那可以将"老师"设为 1，"厨师""司机""运动员"全都设置成 0。这样这个特征表示的意义就是：职业是否是老师对最终收入的影响。

（5）多值无序类问题（One-hot 编码）。前面提到了在特征工程中对无序类的数据处理是一个难点，下面介绍如何通过 One-hot 编码方式来把文本无序的字符串数据转换成数值。One-hot 编码方式的优点是保存了所有信息的信息量。下面还是通过一个例子来介绍。例如我们有一组数据集描述的是运动鞋，有 3 个特征分别是"品牌""地区"和"颜色"。3 个特征具体包含的类别如下。

- 品牌：["阿迪达斯""耐克""李宁"]。
- 地区：["中国""美国"]。
- 颜色：["黄色""蓝色"]。

这组数据描述是典型的无序数据，因为很难把"黄色"和"蓝色"按照某种属性数值化，也很难通过数值描述"阿迪达斯""耐克"和"李宁"的程度。如果我们拿到一组数据是["耐克","中国","蓝色"]，该如何把这组数据数值化。One-hot 编码的原则是通过唯一数值标识每个字符数据在其特征列中的位置属性来实现特征编码，“耐克”在“品牌”这个品种中处于中间位置，我们可以把“耐克”编码为[0,1,0]，其中“1”代表了“耐克”的中间位置，而且是唯一标识。同理我们可以把“中国”标识为[1,0]，把“蓝色”标识为[0,1]。然后把所有的数据编码拼接起来，[“耐克”,“中国”,“蓝色”]的最终编码结果就变为了[0,1,0,1,0,0,1]，这一组数据虽然很稀疏，但是可以带到算法中进行计算。以上就是如何用 One-hot 编码解决多值无序类数据的特征提取问题。

（6）文本类型。之前提到的一些特征抽象，其实都是建立在半结构化数据的基础上。半结构化数据是指数据已经存储到了矩阵结构的数据库中，但是实际的值是字符类型的。假设我们的数据就是一段文本，那么该怎么抽象特征呢？例如数据是“小王真聪明”。这种特征的抽象有很多方式，我们可以把文本先分词，如“小王/真/聪明”，然后可以按照词语出现的位置来提取特征，也可以按照每个词的词性来提取特征。如果是由多个文本组成的集合，还可以根据 TF-IDF 值来提取特征。当然，最简单的特征还是词的长度。前面这句话在特征抽象之后可以表示成见表 4-9 的形式。

表 4-9 特征抽象结果

词 语	是否是名词	词 长	单词出现位置
小王	1	2	1
真	0	1	3
聪明	0	2	4

（7）图像或语音数据。这里再简单介绍下基于语音或者图像这类非结构化数据的特征抽取。其实，目前在数据挖掘领域，对非结构化数据的处理还处于很基础的阶段，对图像和语音的特征抽取可能与上文介绍的方法不同。思路大体是首先将图像或者语音转化成矩阵结构。以图像为例，按照像素点切割的话，每个像素点可以表示成一个数值，特征的生成可以通过深度学习的自编码等方法来实现。关于深度学习的特征提取在深度学习章节有讲到，也可以参考本书第 7 章关于“Tensorflow”的介绍。

特征抽象其实有很多形式，这一小节只是针对几个比较典型的场景对特征抽象进行了简单的介绍，在大多数情况下特征抽象需要数据挖掘工程师根据实际的数据情况来分析。特征抽象的能力代表着一个人对大数据的认识，只有将更多精力投入到数据和业务的理解中，才可以做好这项工作。所以笔者认为，数据挖掘并不只是数学公式的推导和数据的流转，只有真正地理解业务，把数据和业务相结合起来才能真正地挖掘出数据的价值。

4.2 特征重要性评估

4.1 节介绍了如何抽象特征，特征是具备一定属性的字段，很多时候我们需要了解每个特征对目标列的影响程度，因为特征的权重往往会对业务的决策带来启示。例如一家服装售卖门店，它有一份数据显示的是不同款式衣服的品牌、颜色、长短以及最终的成交量，如果可以通过特征评估判断出品牌、颜色和长短 3 个特征中哪种对成交量的影响最大，就可以作为卖家的进货指导，这里面就涉及了如何评判特征重要性的问题，如果我们能对特征的权重有一个正确的评判和排序，就可以通过特征重要性排序来指导一些降维处理，同时也可以挖掘一下业务场景中哪些属性是比较重要的，这个信息对接下来的模型训练效果调优很有帮助。

特征评判的方法有很多，在本节笔者将介绍两种方法，一种是利用回归模型的参数来评判，另一种是根据信息熵。

下面分别介绍一下回归模型系数判断法和信息熵判断法。

1. 回归模型系数判断法，因为一些线性模型的训练结果是一个数学公式，类似于如下这样的式子。

$$y=a_1x_1+ a_2x_2+ a_3x_3+\cdots$$

其中，a_1，a_2，a_3 就是我们模型最终得到的系数，这些系数是通过最优化的一些数学手段迭代计算得到的，以逻辑回归算法为例（具体算法的推导可以参见第 5 章“逻辑回归算法”），我们最终得到的是一个线性的公式和这个公式中每个项式的系数。

下面通过一个例子说明如何通过逻辑回归的模型系数进行特征评估，这里有个前提，如果想通过逻辑回归的模型各特征参数来评估特征的重要性，需要数据在进行模型训练之前进行归一化的处理（归一化可以去除量纲对于数据的影响），另外需要我们的目标列是二值类型的，而且是以 0 和 1 来标注正负样本。以心脏病预测为例，整个案例流程如图 4-1 所示。

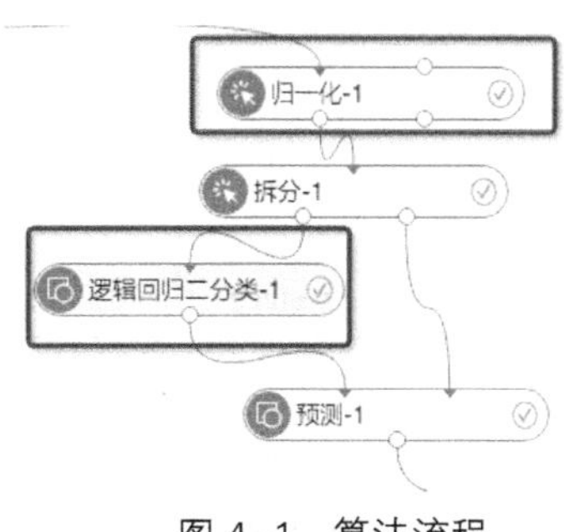

图 4–1 算法流程

生成的逻辑回归模型系数见表 4-10。

表 4-10 逻辑回归模型系数

sex	1.71424210499712	—
cp	1.774394143375927	—
fbs	−0.1075414216726791	—
restecg	0.2764986129790553	—
exang	1.257890719746616	—
slop	0.7171076435203158	—
thal	1.326847983060802	—
age	0.1623072055546696	—
trestbps	1.5804084957295	—
chol	2.786010616423301	—
thalach	−3.032703179673836	—
oldpeak	3.568019026681083	—
ca	3.998805924046494	—
常量	−5.092621256162691	0

表 4-11 中是逻辑回归每个特征的含义。

表 4-11 特征含义

字 段 名	含 义
age	年龄
sex	性别
cp	胸部疼痛类型
trestbps	血压
chol	胆固醇
fbs	空腹血糖
restecg	心电图结果
thalach	最大心跳数
exang	运动时是否心绞痛
oldpeak	运动相对休息的 ST depression

续表

字 段 名	含 义
Slop	心电图 ST segment 的倾斜度
ca	透视检查看到的血管数
thal	缺陷种类
status	是否患病

这是一份逻辑回归训练生成的结果模型和对应每个特征的含义，描述的场景是通过常规的体检数据来预测对象是否患有心脏病。除了“常量”以外，每个特征都有对应的系数，我们可以通过这些系数来判断特征的重要性。在逻辑回归中，系数绝对值越大的特征对结果的影响越大。从上面的案例来看：oldpeak（最大心跳数）、ca（透视检查看到的血管数）两个特征对是否患有心脏病的影响最大。同时，特征系数的正负符号对结果也是有影响的。假设这份数据的目标队列（即是否患有心脏病）：1 表示对象患病，0 表示不患病。那么以 oldpeak 这个特征为例，它的系数是 3.568019026681083，符号是正号，表示这个特征与患病正相关，oldpeak 数值越大表示患病的可能性越大。具体的推导公式如下：

$$y(0或1)=\frac{1}{1+\mathrm{e}^{-ax}}$$

其中，y 表示对象是否患病，x 是变量，是需要带入的特征值，a 是特征 x 的系数。以特征 oldpeak 为例：如果它的系数是正数，对应的 x（最大心跳数）的值越大，$-ax$ 就越小，y 就越趋于 1，目标对象患心脏病的概率就越大。同理，我们可以推出系数是负号的情况。

以上就是根据逻辑回归算法的特点，可以通过模型的系数推出每个特征的重要性，这一点在实际的应用中有很大的意义，通过这些特征系数可以判断每个特征对结果的影响。

2. 信息熵判断法，信息熵是一个信息量抽象的概念，对信息量的研究专门有一门学科叫做信息论。在 1948 年，信息论的鼻祖香农提出了“信息熵”的概念，真正地把信息这样一个抽象的东西量化。我们先来看下信息熵的具体计算方法：在信源中考虑的不是某一单个符号发生的不确定性，而是要考虑这个信源所有可能发生情况的平均不确定性。若信源符号有 n 种可能 U_1，U_2，U_3，$U_4\cdots$，每种可能对应的概率分别为 P_1，P_2，P_3，$P_4\cdots$，且各种符号的出现彼此独立。信源的平均不确定性应当为单个符号不确定性 $-\log P_i$ 的统计平均值 E，即 $H(U)=E[-\log P_i]=-\sum_{i=1}^{n} P_i \log P_i$。

我们可以举个例子来表示如何计算信息熵，例如有下面的这一组数据见表 4-12。

表 4-12 计算数据

喜好颜色（特征列）	性别（目标列）
红色	男
黄色	女
蓝色	男
红色	男
黄色	女

每行数据表示一个目标对象，特征列表示的是对象喜欢的颜色，目标列表示的是对象的性别。我们先来求特征列的信息熵，特征列一共 3 种颜色，有 5 组数据。其中红色出现的概率是 2/5，黄色出现的概率是 2/5，蓝色出现的概率是 1/5。最终的特征列信息熵计算公式：

$$H(U)=-\left[\frac{2}{5}\times\log\left(\frac{2}{5}\right)+\frac{2}{5}\times\log\left(\frac{2}{5}\right)+\frac{1}{5}\times\log\left(\frac{1}{5}\right)\right]$$

前面介绍了如何求信息熵，我们知道一个事物的不确定性越大，那么这个事件未来发展的可能性就越多，它的信息量就越大，信息熵也越大，但是该如何理解特征重要性和信息熵的概念呢？这里引出一个新的名词叫作信息增益（Information Gain）。在信息增益中，衡量标准是看特征能够为分类系统带来多少信息，带来的信息越多，则该特征越重要。对一个特征而言，系统有它和没它时的信息量将发生变化，而前后信息量的差直接是这个特征给系统带来的信息量。

对表 4-12 的这组数据而言，目标列减去特征列的信息增益代表着这个特征对结果的影响，具体计算公式：

$$G(\text{喜好颜色})=H(\text{性别})-H(\text{喜好颜色})$$

上述公式表示的是目标队列和特征对列信息熵之差，在实际的使用场景中我们通过遍历每个特征的信息增益来将特征排序。这个顺序既可以用来评判特征的重要性，也可以用来在决策树算法中排列树的顺序（参见随机森林算法）。

以上分别介绍了通过模型系数权重和信息增益两种方法来评估特征的重要性。两种方法的评估角度和计算方法不同，实际的用法需要根据具体的使用场景来确定。

4.3 特征衍生

特征衍生是指利用现有的特征进行某种组合，生成新的具有含义的特征。特征衍生其实是特征工程中很重要的一环，因为通常我们所采集到数据的特征维度不会很大，而且直接采集到的特征并不会完全体现出这份数据的全部信息，需要通过已有的数据组合来发现新的意义，新生成的特征对目标列的影响大小可以通过特征重要性评估方法来获得。

下面结合一个例子介绍如何从业务的视角进行特征衍生。业务视角是指通过数据挖掘工程师对数据的理解和业务场景的认识的层面来进行特征衍生。这里有一份天池大赛开源数据集（见表 4-13），这份数据表示的是用户在电商平台上的购物行为（购物行为 0 表示点击未购买，1 表示购买）。

表 4-13　用户购物行为

用户 ID	产品 ID	购 物 行 为	日　期
12028500	2999	0	6 月 5 日
13425642	4325	0	2 月 3 日
34653453	6353	1	7 月 8 日
41253232	4125	0	9 月 4 日
43663475	4364	1	8 月 2 日

表 4-13 中只采样了 5 个样本，这组数据一共有以下 4 个字段。

- 用户 ID：用户的唯一标识。
- 产品 ID：电商平台产品的唯一标识。
- 购物行为：0 表示点击但是未购买，1 表示购买。
- 日期：行为发生的日期。

通过这份数据（1 ~ 9 月的购物数据），需要解决的场景是预测接下来 3 个月（10 ~ 12 月）用户会购买哪些产品。这是一个典型的机器学习算法在购物推荐场景的应用，如果我们可以通过过往数据成功预测出用户接下来几个月的购物意向，就可以通过向这些用户推荐相应产品来提高成交概率。基础数据只有 4 个字段，真正可以用来作为特征的只有后两个（ID 列没法带入计算）。机器学习算法的特点是通过高维的特征数据来挖掘其中的最优模型，所以我们需要进行一定的特征衍生，增加相应特征量，从而挖掘更有价值的特征来提高算法的结果准确性。

首先我们可以分析出，这是一个购物行为预测，只有买或不买两种，所以是一个二分类场景。其次，购物这个行为包含两个对象（购物者和商品）和一种购买关系，所以可以从这两个对象和购买关系的角度分别去思考。在进行特征衍生的过程中，我们可以分别从 3 个角度去分析：购物者、商品、购物者和商品的关系。下面就详细介绍一下如何从这 3 个角度进行特征衍生。

（1）购物者。购物者是购买行为的发起者，在日常生活中，我们几乎每天都要进行不同次数的购物行为，每个独立的人都有自己的性格，都有自己的行为方式。在购物方面，可能有的人很喜欢买东西，有的人不喜欢买东西，有的人喜欢点击各种商品但是不买，有的人点了产品就一定会买等，这些行为特点都可以通过特征衍生来量化表示并且带入算法去计算。

首先我们想一下如何表示一个人是否是购物狂呢？最简单的方法就是计算这个人一共买了多少商品，对这份案例数据，可以通过统计每个用户过去的 2～9 月的总购买量，这里不单指某一款产品，而是指目标用户对所有产品的购买量，这样就可以抽象出一个特征叫历史购买量。数据就可以变成表 4-14。

表 4-14　增加历史购买量

用户 ID	历 史 购 买	购 物 行 为	日　　期	历史购买量
12028500	2999	0	6 月 5 日	234

但是，其实单纯通过总够买数表示用户的购物喜好程度是不准确的。假如一个用户 A，从 2 月份就开始网购，到了 9 月份一共只买了 10 个商品，用户 B 从 8 月份才刚开始学会网上购物，到了 9 月一共买了 8 件商品。如果通过购买量这样的数字来表示用户的购物喜好度，那么得出来的结论是 A 的购物热情比 B 大，因为 A 的总购物量更大。但是我们进一步分析，实际上 B 对购物的热情要大于 A，因为 B 只用了两个月时间就买了 A 差不多 7 个月的商品量。所以为了更精确地表示用户购物的热情，可以衍生出一个新特征叫购物频率，购物频率的公式如下：

$$\text{购物频率}=\frac{\text{用户总购买量}}{\text{用户最后购买时间}-\text{用户第一次购物时间}}$$

这里首先需要对时间进行特征抽象（详见 4.1 节特征抽象部分），然后通过购物频率公式求出用户的购物频率，最终结果见表 4-15。

表 4-15 求出购物频率

用户 ID	购物行为	日期	历史购买量	购物频率
12028500	0	6 月 5 日	234	0.823

在历史购买量和购物频率确定了之后，我们可以继续对这两个特征优化，因为最终需要预测的是 10～12 月的购物行为。假设一个用户只在 3～6 月进行了购物，后来换号了，或者因为不相信网购退出了，那么他在 10～12 月期间是不太可能有购物行为的。针对这种情况，我们可以通过添加时间序列的判断来强化已有的特征，可以按照每 3 个月计算一次历史购买量和购物频率来进行特征衍生见表 4-16。

表 4-16 添加时间序列

用户 ID	购物行为	日期	……	7～9 月购买量	历史购买量	……	7～9 月购物频率	购物频率
12028500	0	6 月 5 日		22	234		0.473	0.823

对用户的性格刻画还可以从其他的维度入手。我们可以衍生一种特征来区分这样两种人群，一种是“光看不买”，还有一种是“一看就买”，把这个特征叫作“点击购买率”，通过公式可以这样表示：

$$点击购买率=\frac{用户购物行为为0的次数}{用户购物行为为1的次数}$$

数据集变成表 4-17。

表 4-17 添加点击购买率

用户 ID	购物行为	日期	……	7～9 月购买量	历史购买量	……	7～9 月购物率	购物频率	点击购买率
12028500	0	6 月 5 日		22	234		0.473	0.823	0.532

当然，对用户行为的刻画还可以从更细的方面来看，其实可以把“点击购买率”也加入时间序列的判断，因为有时候人的购物果敢程度也是随着季节波动的。

前面我们分别从用户对购物的热情、用户购物的频率和用户点击购买率 3 个方面进行了特征衍生，通过加入时间序列的考虑，大致可以衍生出几十个新的特征，这些特征更详细地刻画了购物者的性格特点。下面笔者将介绍如何通过特征衍生来刻画商品的属性。

（2）商品。相较于人的个性多样性，商品的属性显得较为单一。商品的特点主要可以通过 3 方面来刻画，分别是产品的产品热度、季节因素和产品的消耗频率。

产品的热度该怎么理解呢？产品的热度可以看作产品的受欢迎程度。比如一款产品被点击的次数很多或者被购买了很多次，那么就可以通过一个特征来表示这个产品的受欢迎度。这个指标可以通过两种方式来获得，一种是计算这个商品的总被购买量，另一种就是首先算一下全部产品的总购买量然后求平均值，通过总购买量和平均值的对比进行打标。针对第二种方式的公式如下：

$$产品热度=\begin{cases}1,产品总购买量 \geqslant 平均值 \\ 0,产品总购买量 < 平均值\end{cases}$$

这里选择后一种方式，数据集变为表 4-18。

表 4-18　产品热度

产品 ID	购物行为	日　期	产品热度
2999	0	6 月 5 日	1

产品的季节因素比较好理解，因为很多商品如衣服和水果等，都是有季节限制的。比如一件商品是短袖，可能在夏天会卖得很好，在冬天可能就不会被购买。这里需要对产品的被购买行为加上时间序列的考虑，时间粒度根据场景自行判断，如果以月为单位来计算，这样数据变为表 4-19 的形式。

表 4-19　加上时间序列

产品 ID	购物行为	日期	产品 2 月被购买量	……	产品 9 月被购买量	产品热度
2999	0	6 月 5 日	235532		24352	1

对产品的刻画，我们还需要衍生产品消耗频率这样的特征，这个特征主要是用来区别低消品和高消品，因为每一款商品都是有自己的消耗频率。比方说卫生纸和手机的消耗频率就大不相同，一个人买了卫生纸，可能下个月还会再买，因为卫生纸用得很快。但是，如果对手机这样的产品，用户消费的频率可能就不会有卫生纸那样频繁。这个特征的计算会有一点复杂，需要跟踪每一个产品和特定用户间的消费间隔或者二次购买率。假设有商品 A，如果 A 分别被甲、乙、丙三个人购买过，且只有甲和乙买了两次，丙买了一次。甲和乙的两次购物间隔分别是 0.4 和 2.6 个月。那么 A 的消费间隔如下：

$$A产品的消费间隔=\frac{2.6+0.4}{2}=1.5$$

A 的被二次购买率为 2/3。通过这两个特征的抽象，数据变为表 4-20 所示的形式。

表 4-20 添加消费间隔和二次购买率

产品 ID	购物行为	日期	产品 2 月被购买量	……	产品 9 月被购买量	消费间隔（月）	二次购买率	产品热度
2999	0	6 月 5 日	235532		24352	1.5	2/3	1

（3）购物者和商品关系。购买者和商品之间的关系特征是最难被衍生出来的，这个特征主要表示的是特定用户对特定产品的喜爱程度。这里举一个简单的例子，假设小美看上了一条连衣裙，但是因为价格太贵，小美一直没有下定决心要买，于是小美就每周都会点击这条连衣裙的店铺，等待店铺促销或者这条连衣裙打折出售的时候入手。这种行为其实并不少见，我们可以通过一个特征来刻画。这个特征就是用户 A 对产品 B 的点击频率，可以统计每个月 A 对 B 的点击数量，这是一种用户和商品的对应属性特征。

到此为止，我们通过对用户购物数据这样一个常见的场景进行特征衍生，展示了如何从多个方面来刻画数据的特征，挖掘数据字段间的隐含信息以及如何从有限个特征衍生出十几个甚至上百个特征的方法。特征衍生是特征工程中的关键一环，能否挖掘出好的特征是决定整个机器学习学习实验的关键。在实际的应用场景中，针对不同的业务，会有不同的特征衍生方法，这都要求数据开发者真正地理解业务场景。特征衍生也印证了这样的观点：数据挖掘的工作永远不是单纯依靠数学公式来解决问题，一定要结合实际的行业经验来做。

4.4 特征降维

4.3 节中介绍了如何通过特征衍生的方法来挖掘更有价值的特征，在这一节要介绍一下特征降维的方法。

4.4.1 特征降维的基本概念

什么是特征降维呢？从字面意义来理解的话，如果输入的数据源是一个多字段的矩阵，特征降维就是挖掘出其中的关键字段，从而减少输入矩阵的维度。特征降维技术被广泛用到解决高维度数据问题的场景下，特别是针对图像识别或者是文本分析领域。下面再来介绍一下特征降维的主要目的。

（1）确保变量间的相互独立性。特征间的相互独立性要如何理解呢？就是减少特征值之间的关联，例如我们有下面的一份数据（见表 4-21）。

表 4-21　数据

字　段　1	字　段　2
4	$4\times a$
5	$5\times a$
6	$6\times a$

我们发现“字段 2”里的数据全部是“字段 1”中的数据乘上一个变量 a，通过信息熵的概念可以了解到“字段 2”并没有对这份数据集提供额外的信息量，针对这种情况，我们就可以通过特征降维技术排除掉这种对结果无影响的字段。

（2）减少计算量。在工业界，很多时候采集得到的矩阵维度会达到几十亿维，特别是稀疏矩阵。这样规模庞大的数据带入计算会给底层的计算引擎带来很大的压力，所以通过矩阵降维技术可以减少计算量，起到控制成本、增强效率的作用。

（3）去噪。特征降维可以把对结果没有意义或者说意义非常小的字段去除，减少不必要的干扰。4.2 节中介绍了特征重要性评估的方法，如果可以通过特征降维技术减少对结果影响较小的特征，将有效减少特征评估阶段的工作量。

既然特征降维有这么多的作用，因此很多统计学家早已对这个领域技术做了深入的研究，目前已经有几种较为成熟的特征降维技术。数据挖掘领域中常用的降维方法包括以下几种。

（1）主成分分析。主成分分析（Principal Component Analysis，PCA）是最常用的一种线性降维方法。PCA 通过线性映射投影的方法，把高维的数据映射到了低维的空间中。PCA 在投影过程中尽可能地保证投影维度上的数据方差最大，同时保留较多原数据点的属性。PCA 并不试图探索数据内在的结构，是一种信息损失较小的线性降维方式。

（2）线性判别式分析。线性判别式分析（Linear Discriminant Analysis，LDA）是一种经典的特征降维方法，线性鉴别分析的基本思想是将高维的模式样本投影到最佳鉴别矢量空间，以达到抽取分类信息和压缩特征空间维数的效果，投影后保证模式样本在新的子空间有最大的类间距离和最小的类内距离，即模式在该空间中有最佳的可分离性。通俗的解释就是通过线性判别式分析处理后的数据，同类间距会非常小，不同类的间距会非常大。

（注：线性判别式分析 LDA，不是文本分析中的主题模型 LDA。）

（3）局部线性嵌入。局部线性嵌入（Locally Linear Embedding，LLE）与上面的线性降维算法不同，这是一种非线性降维算法，特点是降维之后可以继续保持数据的流形结构。简单理解就是通过 LLE 降维算法之后，原来高维度上相近的数据点在低维上依旧距离相近。

4.4.2 主成分分析

前面简单介绍了特征降维的一些基本概念、目的以及常用的方法。下面会详细介绍一下主成分分析（Principal Component Analysis，PCA），PCA 是最常用的一种特征降维算法。PCA 的基本思路是旋转坐标轴到方差最大的方向。设 X 是一个变量，$E(X)$表示的是数据的平均值，$E\{[X-E(X)]^2\}$表示的是方差。在实际数据集中，方差表示的是数据变化可能性最大的方向，我们通过一组二维数据集来举例（见图 4-2）。

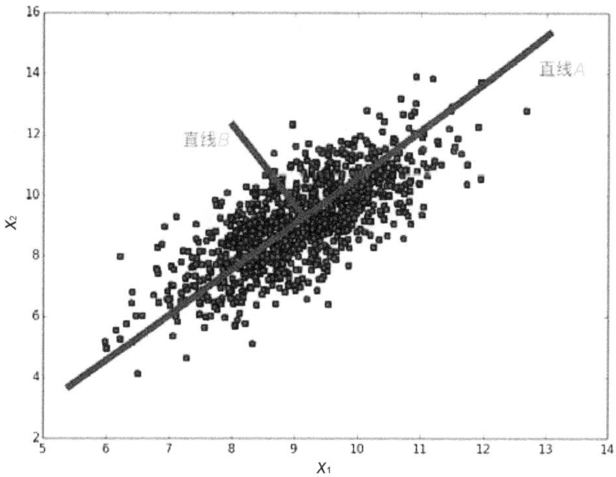

图 4–2　PCA 数据样例

图 4-2 中展示了二维数据的坐标，通过数据的分布不难看出来：直线 A 的发展方向是这组数据的方差最大方向，因为在直线 A 的发展方向上面分布的数据点是最多的，是数据变化可能性最大的方向，也就是信息量最大的方向。所以在降维的过程中我们尽可能地要保留直线 A 上面的信息量。那么在 PCA 的计算过程中是如何实现保留原始数据最大方差方向数据的呢？它主要是通过转换坐标系的方法，把源数据的最大方差方向变为新坐标系

的一个坐标轴，另一个轴选择与新坐标轴垂直的直线。一直重复这样的操作，就可以减小数据的维度。下面通过一个例子说明，将图 4-2 中的数据进行坐标系转化，把方差最大方向变为新坐标系的横轴（见图 4-3）。

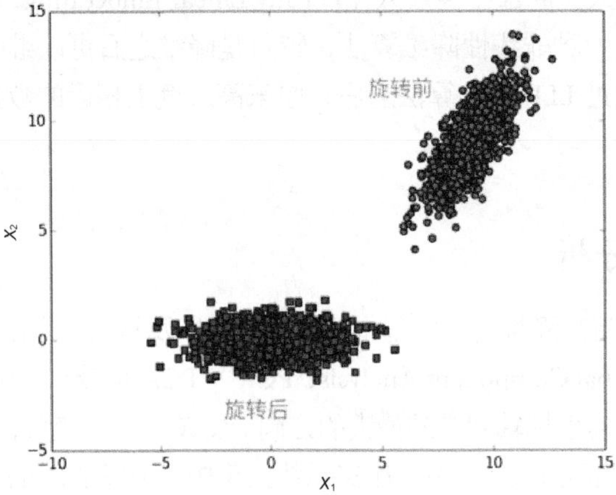

图 4–3　旋转对比

下面介绍如何通过 PCA 数学公式进行特征降维。

（1）求协方差矩阵。先来了解下什么是协方差，协方差是表示不同维度数据间关联的一种统计学算法。前面提到的方差是指针对单一维度的变化，这里协方差可以表示维度之间的信息。比如说有一份数据中的两个字段分别表示的是人喝饮料的数量、人体重的增长情况。我们想了解喝饮料是否与体重增长相关，就需要通过求协方差的方法来实现。

协方差的公式如下：

$$\operatorname{cov}(X,Y)=\frac{\sum_{i=1}^{n}(X_i-\overline{X})(Y_i-\overline{Y})}{n-1}$$

上式表示的是 X 和 Y 的协方差，沿用上面的例子，可以把 X 看成人喝饮料的数量，Y 看成是体重增长的数据。把上面公式计算的结果带入分析，如果结果是正值，表明 X 和 Y 正相关，喝的饮料越多体重增长越快；如果是负值，表示 X 和 Y 负相关，喝的饮料越少体重增长越快；如果结果是零，表示这两个属性没有关系。

前面的例子介绍了二维协方差的意义和求解方式。但是，我们的数据源矩阵通常都是多维数据，这就需要引用矩阵协方差的概念来解决多维数据的问题。协方差矩阵的定义如下：

$$C_{n\times n} = (C_{i,j},\ C_{i,j} = \mathrm{cov}(Dim_i, Dim_j))$$

假设有一个三维矩阵，字段分别是 X、Y、Z，则这个协方差矩阵可以表示为

$$C = \begin{pmatrix} \mathrm{cov}(x,x) & \mathrm{cov}(x,y) & \mathrm{cov}(x,z) \\ \mathrm{cov}(y,x) & \mathrm{cov}(y,y) & \mathrm{cov}(y,z) \\ \mathrm{cov}(z,x) & \mathrm{cov}(z,y) & \mathrm{cov}(z,z) \end{pmatrix}$$

矩阵协方差是对角线对称的，而且对角线上的点是每个特征的方差。

（2）提取特征值和特征向量。通过前面的介绍已经了解了如何求解协方差矩阵，接下来需要计算特征值和特征矩阵。特征值和特征矩阵的概念：设 $\boldsymbol{A}$ 是 n 阶矩阵，如果存在常数 m 和非零 n 维列向量 $\boldsymbol{x}$，使得 $\boldsymbol{Ax}=m\boldsymbol{x}$ 成立，则称 m 是 $\boldsymbol{A}$ 的一个特征值。非零 n 维列向量 $\boldsymbol{x}$ 称为矩阵 $\boldsymbol{A}$ 的属于特征值 m 的特征向量。

该如何理解特征值呢？特征值越大，说明矩阵在对应的特征向量上的方差越大，信息量越多，这跟上文所提到保留数据方差大的方向的思路是对应的，所以接下来要做的工作就是把特征向量和特征值全部求出来，将特征值按照从大到小的顺序排序，保留前 N 维的特征向量，就是将矩阵降维到 N 维。这样做的目的是，在降维的过程中尽量保证数据的信息量不受到损失。

（3）代码展示。通过 Python 的 Numpy 库简单实现以下 PCA 算法，整体的代码如下。

```
from numpy import *
def pca(dataMat, dimen):
     meanVals = mean(dataMat, axis=0)     #1
     meanRemoved = dataMat - meanVals  #2
     covMat = cov(meanRemoved, rowvar=0)  #3
     Vals,Vects = linalg.eig(mat(covMat))  #4
     ValInd = argsort(Vals)             #5
     ValInd = ValInd[:-(topNfeat+1):-1] #6
     redEigVects = Vects[:,ValInd]        #7
     lowDDataMat = meanRemoved * redEigVects  #8
     return lowDDataMat    #9
```

- 两个入参分别表示的是输入矩阵 dataMat，dimen 是需要降维到的维度（不可以超过矩阵维度）。

- 第 1 步和第 2 步是对每个字段求平均数并且对平均数求减法。
- 第 3 步利用 numpy 的求协方差函数对矩阵求方差。
- 第 4 步求特征值和特征向量。
- 第 5 步把特征值按照从大到小排序，第 6 步去掉矩阵的额外维度的特征值，保留前 dimen 个特征值。
- 第 7 步保留前 dimen 个特征值的对应特征向量。
- 第 8 步和第 9 步将矩阵映射到 dimen 个上文求得的特征向量空间上，并且返回。

以上就是主成分分析的基本概念以及算法推导和代码实现。通过对特征值进行降维操作可以为特征分析和矩阵计算提供便利。特征降维作为重要的特征工程算法需要更进一步的理解和研究，本章只是一个简单的概念介绍和实现，具体深入的学习请查阅相关的论文或者刊物。

4.5 本章小结

这一章介绍了特征工程的内容，笔者一直认为特征工程这一部分对整个机器学习的模型训练都是至关重要的一步，我们通过这一章可以了解特征抽象、特征重要性评估、特征衍生和特征降维等概念，如何把这些概念灵活地应用到实际的场景解决方案中还需要大量的数据挖掘经验。相比于对算法理论知识的掌握，特征工程这一块更考验的是算法工程师的功底和经验。对一个需要不断优化的模型来讲，特征工程往往是一个漫长的工程，需要依赖数据的积累以及对业务的理解不断加深。

第5章 机器学习算法——常规算法

机器学习可以处理的业务场景非常丰富，从基础的回归、聚类和分类等场景到图片识别、语音识别和文本分析等。不同的业务场景也需要使用不同的算法，所以如果想对机器学习在业务的解决方案上有一定认识，则需要掌握多种场景的不同种类的算法，了解不同算法的属性、优势和缺陷，对之后的算法应用会有很大的帮助。在这一章，笔者会针对不同种类的典型算法进行介绍。希望各位读者在学习了本章之后，对每一种算法有一个基础的认识。

5.1 分类算法

分类算法是用来解决分类问题的算法，关于场景的抽象方法在前面章节中已经介绍了，分类算法是场景最丰富的一类算法，广告的投放和疾病预测等都可以抽象成分类问题。分类算法一般都是监督学习算法，因为需要通过已有的打标数据来生成分类模型。在这一部分选取了几种比较典型的分类算法进行介绍，分别是K近邻（KNN）、朴素贝叶斯（NBM）、逻辑回归（LR）（注：这里LR作为二分类算法，LR也是回归算法的一种）、随机森林（RF）和线性支持向量机（SVM）。

5.1.1 K近邻

很多人在刚接触机器学习算法的时候，都会觉得这些算法很难理解，有很多公式需要记、需要推导，为了防止大家对学习机器学习算法的学习产生抗拒心理，我们先从最简单的算法（K近邻）入手学习。K近邻算法主要解决的是分类问题，而且原理非常好理解，只要有一点数学基础，差不多用20分钟就可以进行推导，稍微有一些代码能力的话，半个小时就可以实现一版简单的 K 近邻程序。下面具体来看一下 K 近邻。

1．基础概要

K 近邻（K-Nearest Neighbor，KNN）是一种非常简单的机器学习算法，主要用来解决分类问题，KNN 是监督学习分类算法，在分类前需要有打标数据。从字面意思来理解，KNN 是一种 Lazy Learning（也可称为“惰性学习”，可理解为考虑问题的最简化情况）模式的算法，因为它的分类只考虑距离目标点最临近的 *K* 个点的类别，具体是怎么实现的呢？我们通过引用 KNN 在维基百科中的一张图（见图 5-1）来讲解。

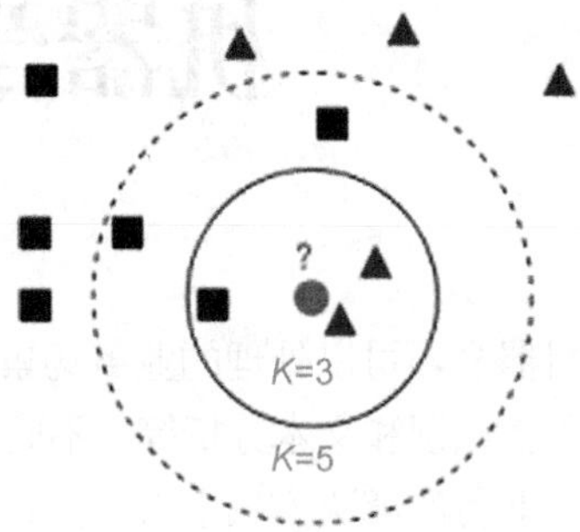

图 5–1　KNN 算法模型

图 5-1 表示在二维空间中的一个分类场景，三角形和正方形的图形代表已经打标过的两种数据的分布，打问号的圆形数据是我们需要进行分类的预测对象。首先在算法推导之前需要先设置 *K* 值。

1）当 *K*=3 时，我们找出距离预测集，也就是圆形数据最近的 3 个数据，这 3 个数据中有 2 个三角形、1 个正方形。所以圆形数据会被分到跟三角形数据一类，因为在 *K*=3 的半径区间中三角形的数量占优。

2）当 *K*=5 时，找出距离圆形数据最近的 5 个数据点，分别是 3 个正方形和 2 个三角形，那么预测点会被分到属于正方形的这一类。

通过上面的这个例子我们可以了解到，*K* 值对预测对象的最终预测结果的影响是很大的。*K* 值取得太小可能会造成参与评估的样本集太小，结果没有说服力；*K* 值取得过大，会把距离目标队列距离过远的一些噪音数据也考虑进去，造成结果的不准确性。所以在实际的算法使用过程中，需要对 *K* 这个参数进行反复的调试，才可以达到一个比较理想的效果。

下面来了解 KNN 算法的一些特性。首先，KNN 不同于其他一些算法的地方是 KNN 不光可以解决二分类场景的问题，同时也可以解决多分类的问题，因为无论需要分类的目标列有几种可能，KNN 只考虑与目标的距离最近的 *K* 个点的集合中哪个类别的点数量最占优势。另外，因为 KNN 的原理和实现都较为简单，所以后期调优过程中的工作量相对来讲比较小。KNN 比较大的问题就是对样本分布比例不均衡的情况可能会造成结果的不准确性，如图 5-2 所示。

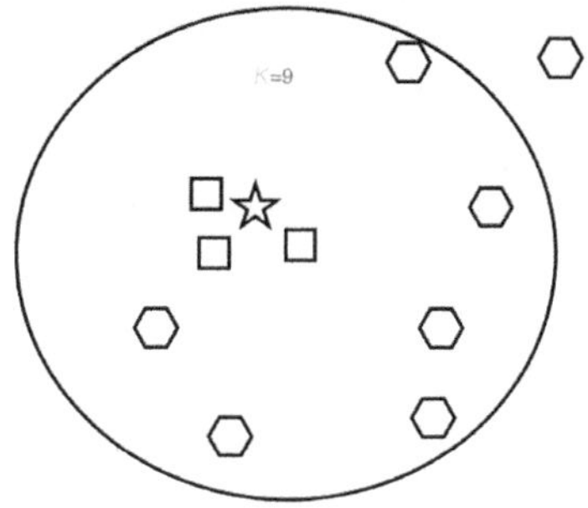

图 5-2　KNN 特性展示

在上面的这个二维空间中，正方形和六边形表示已经打标好的数据集，我们需要对五角星进行分类。通过上图的数据分布，从距离的角度直观来看，五角星应该属于正方形这一类，因为五角星的周围都是正方形。但是由于整个数据集的分布不平衡，六边形的数量远多于正方形的数量，所以当 K=9 或者更大的时候，预测集会被错误分类。所以 KNN 在目标数据集数量比例分布不平衡的情况下，可能会造成预测结果的不准确。KNN 的另外一个问题就是计算成本很高，因为每个预测点都需要对全量数据集进行一次距离的计算和排序，这样就会造成非常大的计算资源开销。上面我们介绍了 KNN 的一些基本概念和特性，下面来看一下具体的算法推导过程。

2．算法推导

通过上面的介绍，我们可以了解到 KNN 的算法原理，下面来看具体的推导过程。

1）因为 KNN 是监督学习，所以首先要加载打标好的数据集（多分类或者二分类数据），然后需要设定一个 K 值。

2）在预测的过程中，需要针对每一个预测对象计算它与所有数据集的距离，这个距离的计算一般通过求欧式距离来实现，欧式距离可以描述两点在 n 维空间的真实距离（物理距离）。求解方法比较简单，已知两个 n 维向量 $\boldsymbol{x}=(x_1,x_2,x_3,\cdots,x_n)$和 $\boldsymbol{y}=(y_1,y_2,y_3\cdots,y_n)$，那么这两个向量的欧式距离公式可以表示为

$$d(x,y)=\sqrt{\sum_{i=1}^{n}(x_i-y_i)^2}$$

将结果进行排序，选取跟预测数据距离最近的 K 个点组成决策集合。

在决策集中，比较各个类别数据点的个数，选取个数最多的类别作为预测数据点的最终类别。

整个 KNN 的推导过程比较简单，主要涉及距离计算和排序两个功能点。这里只是针对最简单的 KNN 情况进行介绍，具体的实现可以有很多的优化方式，如可以在计算前先

排除掉与预测集数据距离较大的一些噪音点，从而提高计算效率。

3. 工程实现

上面介绍了整个算法的推导，现在看一下如何通过工程来实现 KNN。

```
import math
import operator

def euclideanDistance(inst1, inst2, length):
    distance = 0
    for x in range(length):
        distance += pow((inst1[x] - inst2[x]), 2)
    return math.sqrt(distance)


def getNeighbors(trainingSet, testInstance, k):
    distances = []
    length = len(testInstance) - 1
    for x in range(len(trainingSet)):
        dist = euclideanDistance(testInstance, trainingSet[x], length)
        distances.append((trainingSet[x], dist))
    distances.sort(key = operator.itemgetter(1))
    neighbors = []
    for x in range(k):
        neighbors.append(distances[x][0])
    return neighbors

def getResponse(neighbors):
    classVotes = {}
    for x in range(len(neighbors)):

        response = neighbors[x][-1]
        if response in classVotes:
            classVotes[response] += 1
```

```
            else:
                classVotes[response] = 1

        sortedVotes=sorted(classVotes.iteritems(),key= operator.itemgetter(1),
reverse=True)
        return sortedVotes[0][0]
```

使用的 Python 版本为 Python 2.7，这里引入了 Python 的 numpy 和 operator 两个库，下面看一下代码中几个函数的输入和输出。

- euclideanDistance：这个函数主要是求两个向量的欧式距离，输入的 3 个参数分别是向量 1、向量 2 和向量的维度。
- getNeighbors：在数据集中找到所需要预测数据的 *K* 个最临近点并返回，输入的 3 个参数分别是数据集、预测集以及 *K* 值。
- getResponse：返回对目标值的预测结果，输入的是 getNeighbors 函数的返回值。

下面通过一个实例，来看看上面代码的运行结果。输入打标好的数据集：

```
trainSet = [[1, 1, 1, 'a'],[2, 2, 2, 'a'], [1, 1, 3, 'a'],[4, 4, 4, 'b'],[0, 0,
0, 'a'],[4, 4.5, 4, 'b']]
```

trainSet 是一个 4 维数据集，最后一个字段是目标列，一共有 6 个点，分为 a 和 b 两种类别。预测集是 testInstance=[5, 5, 5]。

把这两组数据带入上面的函数中可得

```
def main():
    trainSet = [[1, 1, 1, 'a'],[2, 2, 2, 'a'], [1, 1, 3, 'a'],[4, 4, 4, 'b'],
[0, 0, 0, 'a'],[4, 4.5, 4, 'b']]
    testInstance = [5, 5, 5]
    k=5
    neighbors = getNeighbors(trainSet, testInstance, k)
    response = getResponse(neighbors)
    print "\nNeighbors Are: ",
    print (neighbors)
```

```
    print "\nResponse is: ",
    print repr(response)
```

1）当 K=3 时，返回结果如图 5-3 所示。

```
Neighbors Are:  [[4, 4.5, 4, 'b'], [4, 4, 4, 'b'], [2, 2, 2, 'a']]

Response is:  'b'
[Finished in 0.2s]
```

图 5–3　K=3 时的返回结果

我们看到在最近的 K 个点里，类别是 b 的点有 2 个，类别是 a 的点只有 1 个，所以 testInstance 的预测值是 b。

2）当 K=5 时，返回结果如图 5-4 所示。

```
Neighbors Are:  [[4, 4.5, 4, 'b'], [4, 4, 4, 'b'], [2, 2, 2, 'a'], [1, 1, 1, 'a'], [1, 1, 3, 'a']]

Response is:  'a'
[Finished in 0.2s]
```

图 5–4　K=5 时的返回结果

这时候预测集的 neighbor 中类别是 a 的点的数量占优，所以最终 testInstance 的预测结果是属于类别 a。

以上介绍了 KNN 的算法原理以及推导，并且通过 Python 代码进行了实现。KNN 作为最简单的机器学习算法比较适合新手入门了解，所以作为算法章节的第一个算法进行介绍。KNN 算法在文本分类和图像分类等场景有许多的应用，常常作为业务场景下的重要分类模块来使用。KNN 在性能上有许多可以优化的方法，本节只是从最基础的实现角度来介绍，如果想对 KNN 有更深刻的了解，请查看相关资料并且通过大数据集进行实验。

5.1.2　朴素贝叶斯

如果你是一个计算机相关专业毕业的学生，那么一定听说过贝叶斯这个人。贝叶斯（Bayes）定理是由英国数学家贝叶斯发明的，用来描述两个条件概率的关系。朴素贝叶斯是贝叶斯定理的简单实现，是常见的一种利用先验概率进行分类的分类器。朴素贝叶斯的基础建立在一个假设条件之上，即所有特征的条件之间相互独立。下面来详细介绍下朴素贝叶斯分类算法。

1．基础概要

朴素贝叶斯模型（Naive Bayesian Model，NBM）作为以条件概率为基础的分类器，是一种监督学习算法，常被用于文本分类和垃圾邮件过滤等场景中。为了更好地帮助大家理解贝叶斯理论，下面摘选一段维基百科上的介绍。贝叶斯理论解决的是逆向概率问题。假设一个袋子里有 N 个白球，M 个黑球，计算从这个袋子摸出黑球的概率是很容易的，这是一个正向概率求解的问题。但是如果我们把问题反过来，如果我们事先不知道袋子里有多少个黑球、多少个白球，我们摸一个球出来，通过所摸出球的颜色对袋子里的黑白球比例进行推测，这就是逆向概率问题。贝叶斯定理主要是通过已知的正向概率求解逆向概率。

下面来了解贝叶斯理论是如何应用到实际的分类场景中去的。朴素贝叶斯分类是一种机器学习的监督学习算法，监督学习意味着我们已经有了一份打标好的数据作为训练样本，可以把训练样本的数据分为两类，特征列和目标列。特征列表示的是那些特征字段的数据，目标列是打标字段。贝叶斯理论在分类场景中解决的问题就是：当我们已知目标列和特征列各自分布的概率情况下，特征列概率已知，求解目标列每个值的概率。

这里涉及几个概率论中的知识点，首先是朴素贝叶斯中“朴素”两个字的概念，朴素”表示的是一种比较理想的环境，就是特征数据之间彼此独立。例如有两个特征分别是 m 和 n，$P(m)$表示 m 发生的概率，那么 $P(mn)$表示 m 和 n 同时发生的概率，当 m 和 n 独立的情况下：$P(mn)= P(m)\times P(n)$。下面再看下“条件概率”的含义，$P(\mathbf{A}|\mathbf{B})$（见图 5-5）是指当事件 **B** 发生的情况下，事件 **A** 发生的概率。

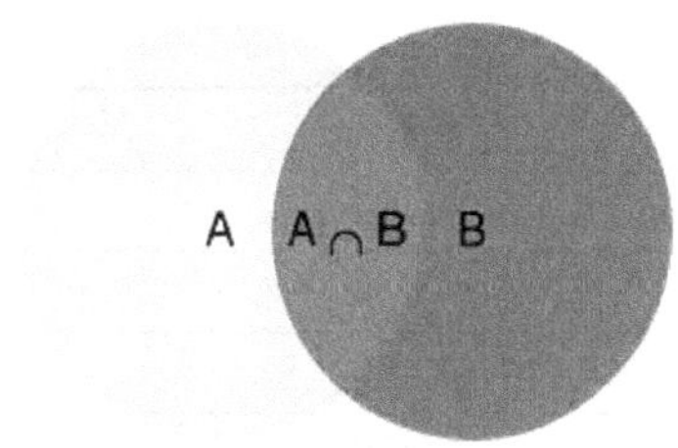

图 5-5　条件概率

根据概率论的概念可得

$$P(\mathbf{A}\mid\mathbf{B})=\frac{P(\mathbf{A}\cap\mathbf{B})}{P(\mathbf{B})}$$

其实根据图 5-5 可以得出如下公式也是成立的。

$$P(\mathbf{B}\mid\mathbf{A})=\frac{P(\mathbf{A}\cap\mathbf{B})}{P(\mathbf{A})}$$

也就是说通过 $P(\mathbf{A}\cap\mathbf{B})$ 这个两个概率图交叉的媒介，可得到

$$P(\mathbf{B}\mid\mathbf{A})P(\mathbf{A})=P(\mathbf{A}\mid\mathbf{B})P(\mathbf{B})$$

贝叶斯定理的最终公式为

$$P(\mathbf{A}\mid\mathbf{B})=\frac{P(\mathbf{B}\mid\mathbf{A})P(\mathbf{A})}{P(\mathbf{B})}$$

其中，$P(\mathbf{A})$是 **A** 的先验概率，因为在计算 $P(\mathbf{A})$的时候不考虑 **B** 的影响。$P(\mathbf{A}|\mathbf{B})$称为 **A** 的后验概率，因为这个概率中 **A** 的概率计算是在 **B** 已经发生了的基础上。实际上在做分类的时候，场景可以抽象为已知一条数据的特征，预测这条数据的目标结果概率，P（目标结果概率|特征）。下面通过一个案例对朴素贝叶斯进行推导。

2．算法推导

前面介绍了贝叶斯公式是如何推导的，得到

$$P(\mathbf{A}\mid\mathbf{B})=\frac{P(\mathbf{B}\mid\mathbf{A})P(\mathbf{A})}{P(\mathbf{B})}$$

看一下如何通过这个公式进行分类，用一个生活中的例子来描述贝叶斯算法分类的过程，我们的场景是判断一个女生是否接受男生约会的邀请，前提是女生知道男生的身高以及男生是否拥有房产。这个场景下的数据集见表 5-1。

表 5-1　数据集

身高/cm	是否有房	是否约会
180	有	约会
160	没有	不约会
160	有	不约会
170	有	约会
180	没房	约会

在这个数据集中，“身高”和“是否有房”是两个特征项，“是否约会”是目标列。我们希望通过贝叶斯算法，当已知一个男士的“身高”和“是否有房”这两个特征数据之后判断他约会成功的概率。假设有一个男士 M 的身高是 180，没有房产，现在来预测 M 约会成功的概率。根据贝叶斯公式，最终要计算的是男士 M 的后验概率，这个后验概率是通过他的“身高”和“是否有房”两个前提条件得到的。公式为

$$P(\mathbf{A}\mid\mathbf{B})=\frac{P(\mathbf{B}\mid\mathbf{A})P(\mathbf{A})}{P(\mathbf{B})}$$

把 **A** 看作“约会”，**B** 看作“身高 180”和“没有房”。通过公式表示为

$$P(约会 \mid 身高180 \times 没有房) = \frac{P(身高180 \times 没有房 \mid 约会)P(约会)}{P(身高180 \times 没有房)}$$

在朴素贝叶斯定理中，前提条件是特征彼此独立。根据上面一个小节所介绍的特征独立的公式 $P(mn)= P(m)\times P(n)$，可以将公式变形为

$$P(约会 \mid 身高180 \times 没有房) = \frac{P(身高180 \mid 约会)P(没有房 \mid 约会)P(约会)}{P(身高180)\,P(没有房)}$$

这时可以发现，上面的式子中的右侧所有乘机因子都是可以通过历史数据求解得到的。下面来逐个求解这些因子。

- P（身高 180 | 约会）：表示的是在成功约会的人中，身高 180cm 的人占的比例。我们从总的数据集中提取成功约会人员的数据（见表 5-2）。

表 5-2　成功约会人员的数据

身高/cm	是否有房	是否约会
180	有	约会
170	有	约会
180	没房	约会

从上面的表格里看到，约会成功的人中身高 180cm 的比例是 2/3。

- P（没有房 | 约会）：跟上面同样的道理，约会成功的人中没有房的概率是 1/3。
- P（约会）：一共 5 个人，3 个人约会成功，所以 P(约会)=3/5。
- P（身高 180）：身高是 180cm 的概率为 2/5。
- P（没有房）：没有房的概率为 2/5。

把上面这些求解的概率因子带入可得

$$P(约会 \mid 身高180 \times 没有房) = \frac{(2/3)\times(1/3)\times(3/5)}{(2/5)\times(2/5)} =5/6$$

通过上面的结果，我们就可以推断出身高 180cm 的男士即使没有房产，约会成功的概率也是非常高的，这就解决了一个“约会成功”或“约会不成功”这样的二分类问题。通过这个例子的推导，我们就了解了如何通过朴素贝叶斯定理来进行分类。

3. 工程实现

前面介绍了朴素贝叶斯分类器的实现原理以及推导过程，这一小节将介绍如何在工程上实现朴素贝叶斯分类器。朴素贝叶斯常被用作对文本类的数据进行分类，常见的有新闻分类或是垃圾邮件过滤。在处理文本数据的时候，其主要原理是通过发现每一个类别的文本可能出现的关键词的概率，然后通过这种概率计算后验概率。

在这里采用开源的一款朴素贝叶斯分类器来实现，具体的源码可以参考 https://github.com/muatik/naive-bayes-classifier，代码可读性非常好，建议充分阅读一遍，可以加深对贝叶斯算法的认识。

1）安装贝叶斯分类器。本实验的实验环境是 Mac OS 系统，Python 2.7 的环境下，首先安装贝叶斯分类器的代码包：

```
sudo pip install naiveBayesClassifier
```

2）文本数据集。这里有一组数据集，为了文本分词方便起见，使用的是英文语料（中文分词原理可以参考下文马尔科夫的实现）。数据集有两类文本，分别是“health”和“politics”两种。数据源包含两个字段，特征列是“text”，目标列是“category”。

```
newsSet =[
    {'text': 'not to eat too much is not enough to lose weight','category':'health'},
    {'text': 'Russia try to invade Ukraine', 'category': 'politics'},
    {'text': 'do not neglect exercise', 'category': 'health'},
    {'text': 'Syria is the main issue, Obama says', 'category': 'politics'},
    {'text': 'eat to lose weight', 'category': 'health'},
    {'text': 'you should not eat much', 'category': 'health'}
]
```

3）利用贝叶斯算法分类。

```
from naiveBayesClassifier import tokenizer
from naiveBayesClassifier.trainer import Trainer
from naiveBayesClassifier.classifier import Classifier

newsTrainer = Trainer(tokenizer)

newsSet =[
```

```
        {'text': 'not to eat too much is not enough to lose weight', 'category': 'health'},
        {'text': 'Russia try to invade Ukraine', 'category': 'politics'},
        {'text': 'do not neglect exercise', 'category': 'health'},
        {'text': 'Syria is the main issue, Obama says', 'category': 'politics'},
        {'text': 'eat to lose weight', 'category': 'health'},
        {'text': 'you should not eat much', 'category': 'health'}
    ]
    for news in newsSet:
        newsTrainer.train(news['text'], news['category'])

    newsClassifier = Classifier(newsTrainer.data, tokenizer)

    classification = newsClassifier.classify("eat more, you will become fatter")

    print(classification)
```

因为贝叶斯分类算法是监督学习，所以首先通过 train 函数输入特征列和目标列，训练生成分类模型 newsClassifier，接着就可以通过这个分类模型对预测样本“eat more，you will become fatter”进行预测，最终得到的预测结果是这句话归于“health”或是“politics”。

我们可以打印下最终的分类结果（见图 5-6）。

```
[('health', 0.28125), ('politics', 3.0000000000000002e-18)]
[Finished in 0.3s]
```

图 5–6 贝叶斯分类结果

通过图 5-6 的结果可以看出，贝叶斯分类理论是基于概率的一种分类算法。最终结果返回了预测集属于“health”或是“politics”两种类别各自的概率。结果已经表明了“eat more，you will become fatter”这句话属于“health”类别的概率较大。具体的算法流程是通过比对预测集每个词在不同种类的训练样本中出现的频率大小来综合判断的。正是基于这种条件概率的算法推导方式，使得贝叶斯分类在文本分类场景下得到了广泛的应用，在处理垃圾软件过滤和黄色文本过滤方面都有着不错的效果。

以上主要是对朴素贝叶斯分类的算法理论进行了介绍。通过上文的介绍，我们可以了解朴素贝叶斯的分类原理是基于概率论的条件概率公式，比较容易理解，而且在很多场景下具有比较好的性能。同时，因为输出结果是概率值，朴素贝叶斯可以很容易地从二分类场景扩展到多分类场景中去，这个特性也是贝叶斯分类算法比较好的特性。如果想更深入地了解贝叶斯算法的更多场景和其他扩展算法，可以多浏览相关的论文文献，建议阅读一些比较成熟的开源项目源码。

5.1.3 逻辑回归

逻辑回归（Logistic Regression，LR）是一种广义的线性回归分析模型，属于监督学习算法。逻辑回归可以用在回归、二分类和多分类等问题上，但是最常用的还是二分类。LR 作为机器学习算法中的“明星算法”，无论对大数据量的问题或是小数据量的问题都有很好的性能和计算结果，而且在参数设计上也比较利于调参。同时，逻辑回归还具备特征评估的作用（在之前的特征重要性评估章节有详细介绍）。正是因为逻辑回归具备这样多的优势，所以目前不夸张地说，在机器学习领域，有不少于一半的场景是通过逻辑回归算法来解决的，所以学会逻辑回归等于学会了机器学习的“半壁江山”。

1. 基础概要

我们先来看下逻辑回归是如何分类的，作为线性模型，顾名思义，线性回归就是通过一条曲线来区分不同的数据集。这里以最直观的二分类问题为例，假如我们的数据是二维的，可以通过一个平面坐标轴来表示（见图 5-7）。

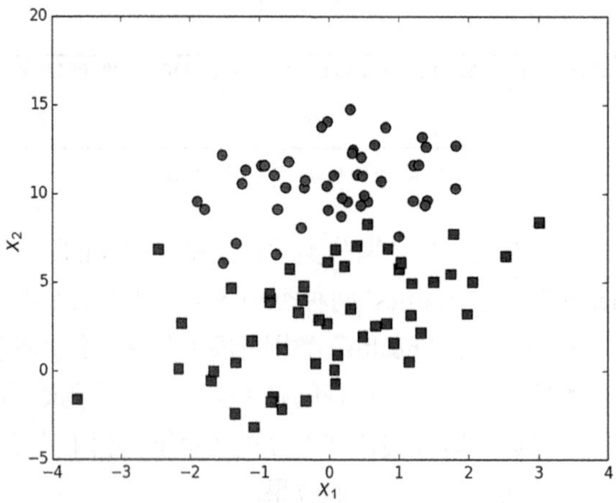

图 5–7 数据

图 5-7 中的数据分为两种，一种通过方形表示，一种通过圆形表示，通过逻辑回归算法进行训练，最终生成的模型会是一条二元一次直线（因为本例只有两个特征），这条直

线会用来对两种不同的数据集进行分类，即

$$y=ax+c$$

其中，y 和 x 是变量，系数 a 和 c 就是我们训练得到的模型结果，二分类结果如图 5-8 所示。

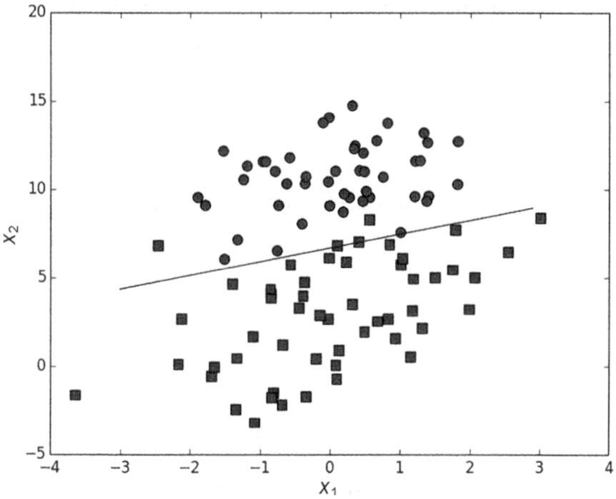

图 5–8　二分类结果

理解完线性模型的含义后，接下来介绍逻辑回归对输入数据的要求。逻辑回归需要对数据进行一些矩阵运算，所以入参矩阵的每个数据都需要是数值型的。同时，逻辑回归是一种监督学习算法，需要数据是打标好的。如果是二分类问题，通常目标序列都是表示成 0 和 1 的形式。图 5-9 是一份标准的逻辑回归算法输入，其中，age、sex、duration 和 place 是特征值（id 是 string 型的，表示数据的唯一标识，不参与矩阵计算），都是通过数值类型来表示的。ctr 是目标队列，通过 0 和 1 表示，还要注意输入数据要尽可能避免空值或者乱码的出现。

id ▲	age ▲	sex ▲	duration ▲	place ▲	ctr ▲
0	49	1	9	0	0
1	17	1	3	1	1
2	44	0	4	0	0
3	14	1	9	1	0
4	44	1	5	4	0
5	10	1	9	3	1
6	42	1	7	3	0
7	51	1	3	1	1
8	18	0	3	3	0
9	39	0	8	4	1

图 5–9　逻辑回归输入样例

2．算法推导

前一部分介绍了一些关于逻辑回归算法的基础概要，包括线性模型的意义和对输入参数的要求，这一部分将重点介绍一下关于逻辑回归算法的推导过程。首先来了解逻辑回归算法最终求得的模型是怎样的？逻辑回归的最终结果是一组特征的系数，每个特征有一个系数相乘，还以上面小节中的样例数据为例，因为输入数据的特征包括 age、sex、duration 和 place，生成的线性模型为

$$y=w_1\times \text{age}+ w_2\times \text{sex}+ w_3\times \text{duration}+ w_4\times \text{place}+C$$

其中，w_1，w_2，w_3，w_4，C 是通过算法的模型训练得到的模型系数，C 是常数项。最终的训练结果是一个模型（见图 5-10）。

图 5-10 表示的是每个特征对应的系数 w_1，w_2，w_3，w_4，C。确定了模型系数后，我们就可以利用模型来进行预测了。

对于整个逻辑回归算法从训练到预测的过程有 3 个地方是要具体说明的，一个是如何把结果区间表示到[0,1]，另一个是如何求解每个特征的系数，最后是如何利用模型进行预测。于是这里就引出了逻辑回归最关键的 3 个步骤，Sigmoid 函数、最优化算法以及预测。

（1）Sigmoid 函数。Sigmoid 函数是一个成 S 型分布的函数，Sigmoid 函数的公式表示为

$$S(t)=\frac{1}{1+\mathrm{e}^{-t}}$$

其中，t 为变量，Sigmoid 函数如图 5-11 所示。

字段名▲	1▲
age	-0.1120802417019083
sex	-0.07912885954163844
duration	-0.2127786610864285
place	-0.1798984207832452
常量	0.3235088185180696

图 5-10 逻辑回归模型样例

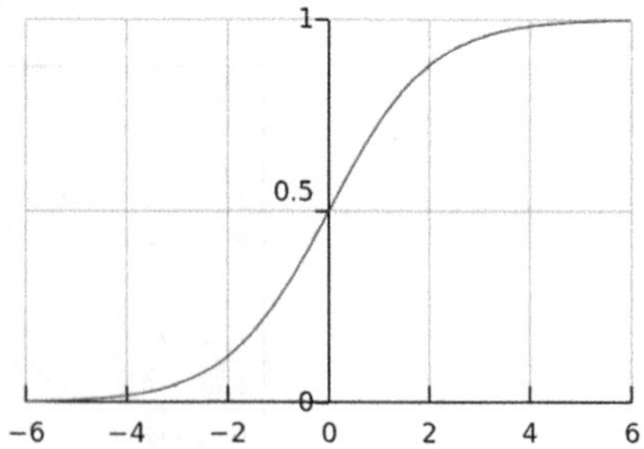

图 5-11 Sigmoid 函数

通过图像可以更直观地了解到，Sigmoid 函数可以把结果区间均匀地表示在[0,1]的范围中。如果把上面的案例的模型带进去，就表示为

$$S(t)=\frac{1}{1+e^{-(w_1\times age+w_2\times sex+w_3\times duration+w_4\times place+C)}}$$

这样的话，结果就控制在[0，1]了。

（2）最优化算法。最优化算法是统计学中研究各种系统最优化途径的方案。从数学意义上来讲，最优化方法是一种求极值的方法，即在一组约束为等式或不等式的条件下，使系统目标函数达到极值，即最大值或最小值。我们可以举一个例子来说明最优化算法在逻辑回归中的作用，还是以逻辑回归章节开篇的那个二维数据分类的例子来讲。我们有圆形和方形两组数据，什么样的线性模型才能更好地对两组数据进行分类呢？需要分类直线尽可能地区分不同的数据集，直线上面是一种类别，下面是另一种类别。如图 5-12 所示，中间那条直线显然是我们需要的效果，最优化算法在逻辑回归中的作用就是计算出这条直线。

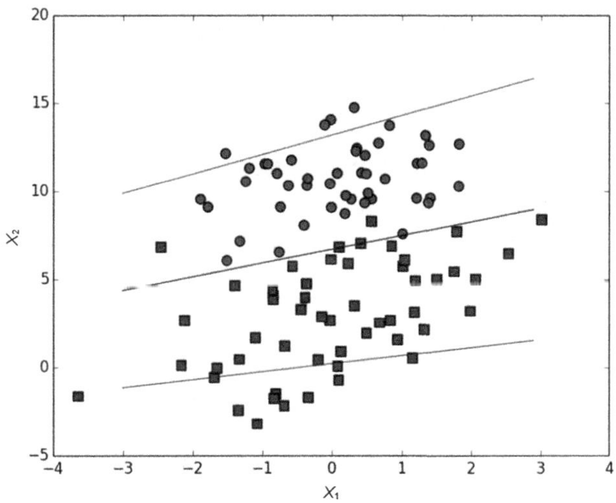

图 5-12　二维数据分类示例

有多种最优化算法都适用于逻辑回归，常见的如梯度下降法或者是 Newton 法。这里选用梯度下降方法进行介绍。

梯度下降法（Gradient Descent），是利用一阶梯度信息找到函数局部最优解的一种方法，是机器学习算法中常用的一种最优化解法。梯度下降法的思路很简单，就是每一步都向最终的结果前进一点，通过迭代的方式计算直到收敛，得到最优解。梯度下降法有点像爬山的问题，一步一步逼近终点，在维基百科上有一张图可以清楚地表示这个方法的思想，如图 5-13 所示。

梯度下降的实现方式有很多，而且包含很多衍生方式，这里以最基础的版本来介绍。我们要求的最终模型实际上是一个向量，向量的长度跟数据的特征数是一致的，可以把这个向量用 $\boldsymbol{W}_t$ 来表示，t 是一个变量，表示的是梯度下降法迭代的次数。通常可以把原始的特征系数向量，也就是 $\boldsymbol{W}_0$ 设置成初始值全是 1，初始特征系数向量可以表示为 $\boldsymbol{W}_0=(1,1,1,\cdots,1)$。

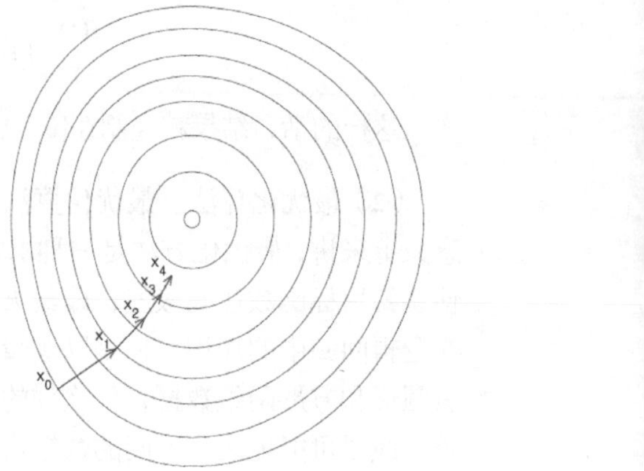

图 5-13　梯度下降法

这里还要设置一个步长 ∂ 和收敛条件，步长是指梯度下降法每次学习的速率，就相当于爬山中每步的跨度。如果步长太长，在训练过程中可能一下子就迈过了最合适的点，失去了最优解；如果步长太短，则会发现达到终点的速率会非常慢，容易造成过拟合。收敛条件比较好理解，就是设置一个条件来判断什么情况下达到了最优解，失去这个收敛条件后函数就会一直迭代，没有终点。例如，设 m 是判断收敛条件的阈值，m 一般是一个比较小的数值（根据实际要求而定），通常的判定方法是通过 $\boldsymbol{W}_{t+1}$ 和 $\boldsymbol{W}_t$ 的向量距离来判断，如果 $|\boldsymbol{W}_{t+1}-\boldsymbol{W}_t|$ 向量距离 $<m$，就判定迭代到第 t 次的时候已经是最优解，可以停止计算了，$\boldsymbol{W}_t$ 就是我们要的值。其实对算法终结点的限制还可以通过限制迭代次数来做，具体选用何种方式就需要根据具体的需求来判断。梯度下降的公式为

$$\boldsymbol{W}_{t+1}=\boldsymbol{W}_t-\partial\times\boldsymbol{X}^{\mathrm{T}}\times\text{error}$$

其中，∂ 在计算中通常作为梯度的乘积系数，$\boldsymbol{X}^{\mathrm{T}}$ 表示训练特征数据矩阵的转置，error 表示的每一次迭代的梯度。下面通过一个例子介绍如何通过梯度下降的方法进行模型的计算。

- 首先看下训练数据。这是一个包含 3 组输入数据的矩阵，其中矩阵的前 3 个字段是特征列，第 4 个字段是目标列。

$$\begin{pmatrix}7&3&5&1\\6&6&7&0\\3&2&7&1\end{pmatrix}$$

- 设置 ∂ 的数值为 0.001，作为每次迭代的步长。

- $\boldsymbol{X}^{\mathrm{T}}$ 表示输入特征矩阵的转置，特征矩阵 $\boldsymbol{X}$ 可以表示为

$$\begin{pmatrix}7 & 3 & 5\\6 & 6 & 7\\3 & 2 & 7\end{pmatrix}$$

转置之后，行和列位置对调，$\boldsymbol{X}^{\mathrm{T}}$为

$$\begin{pmatrix}7 & 6 & 3\\3 & 6 & 2\\5 & 7 & 7\end{pmatrix}$$

- 下面计算 error。error 表示的是每一次迭代计算的梯度，计算公式为

$$\text{error}=\boldsymbol{Y}\text{-Sigmoid}(\boldsymbol{XW}_t)$$

$\boldsymbol{Y}$表示的是目标列，在本例中是指向量

$$\begin{pmatrix}1\\0\\1\end{pmatrix}$$

Sigmoid($\boldsymbol{XW}_t$)是把第 t 次的模型权重和特征矩阵的乘积带入 Sigmoid 函数计算，在本案例中设 $\boldsymbol{W}_t$=(1,1,1)，Sigmoid($\boldsymbol{XW}_t$)的计算方式为

$$\text{Sigmoid}(\boldsymbol{XW}_t)=\begin{pmatrix}\dfrac{1}{1+\mathrm{e}^{-(1\times7+1\times3+1\times5)}}\\\dfrac{1}{1+\mathrm{e}^{-(1\times6+1\times6+1\times7)}}\\\dfrac{1}{1+\mathrm{e}^{-(1\times3+1\times2+1\times7)}}\end{pmatrix}$$

- 通过以上方式不断迭代$\boldsymbol{W}_{t+1}=\boldsymbol{W}_t-\partial\times\boldsymbol{X}^{\mathrm{T}}\times\text{error}$，直到达到收敛条件即可。

（3）预测。

通过 Sigmoid 函数以及最优化算法可以得到一个模型，下面通过举例说明如何通过这个模型进行预测。假设最终生成的模型$\boldsymbol{W}_t=(0.1,0.2,0.3)$，常数项 C=0.18，当我们有一条预测集数据为 $\boldsymbol{A}$=(5,6,7)时，该如何对 $\boldsymbol{A}$ 进行预测呢？预测函数式为

$$y=\frac{1}{1+\mathrm{e}^{-(w_1\times x_1+w_2\times x_2+w_3\times x_3+w_4\times x_4+\cdots+C)}}$$

把 $\boldsymbol{A}$ 和 $\boldsymbol{W}_t$带入，y 的计算公式变为

$$y_A = \frac{1}{1+e^{-(0.1\times5+0.2\times6+0.3\times7+0.18)}}$$

其中，y_A被Sigmoid函数限制在[0,1]的区间中，预测的时候通常会设置一个阈值Z=0.5。当$y_A<Z$时，就把A的预测结果设成0；当$y_A>Z$时，A的预测结果为1。这样整个逻辑回归的预测过程就完成了。

以上通过介绍Sigmoid函数、梯度下降以及模型预测介绍了整个逻辑回归算法的推导流程。这里还需要强调一个机器学习的线性算法中经常会发生的问题，就是过拟合问题。在线性回归算法中，往往可能会出现线性模型过拟合训练数据的情况。如果训练中出现过拟合问题，表现的特性是针对训练数据的预测结果会非常理想，但是针对其他的数据，效果就会差很多。过拟合问题的出现通常是因为训练的特征量过多，可以通过适当减少特征来解决这样的问题，也可以通过L1范数正则化和L2范数正则化等方法来防止过拟合的问题发生。在逻辑回归的模型训练过程中一定要注意避免过拟合现象的发生。具体介绍详见第1章关于过拟合的介绍。

3. 工程实现

通过Python的numpy库来实现逻辑回归算法，以下分别是sigmoid和梯度下降方法的实现。

Sigmoid函数的实现如下。

```
def sigmoid(x):
    return 1.0/(1+exp(-x))
```

梯度下降函数gradAscent的实现如下。

```
def gradAscent(dataMat, classLabel,alpha,maxCycles):
     dataMatrix = mat(dataMat)
     labelMat = mat(classLabel).transpose()
     m,n = shape(dataMatrix)
     weights = ones((n,1))
     for i in range(maxCycles):
           h = sigmoid(dataMatrix*weights)
           error = (labelMat - h)
           weights = weights + alpha * dataMatrix.transpose()* error
     return weights
```

- 4 个入参从左到右分别是特征矩阵列、目标列、步长和循环次数。
- error 是代价函数。
- weights 是最终的生成模型。

以上介绍了逻辑回归的基本原理、算法推导以及工程上的实现，其实逻辑回归算法的运用是非常广泛的，特别是在天气预测和广告推荐等行业，而且逻辑回归的变种也非常多，最终的最优化算法也有很多选择。所以想真正地了解并且熟练使用逻辑回归算法需要阅读大量的文献，了解各种变型情况之间的差异。本文只是一个引导性的介绍，希望各位读者有兴趣可以多阅读相关源码和论文。

5.1.4 支持向量机

1. 基础概要

支持向量机（Support Vector Machine，SVM）是一种有监督的分类算法，通过探求风险最小来提高学习机的泛化能力，实现经验风险和置信度范围的最小化。通俗来说就是找到能区分特征空间最大间隔的分类器，把问题转化成一个凸二次规划问题的求解。SVM 的原理听上去可能比较难以理解，首先通过对支持向量机的名字进行拆解，详细介绍一下它的具体算法概念，如图 5-14 所示。

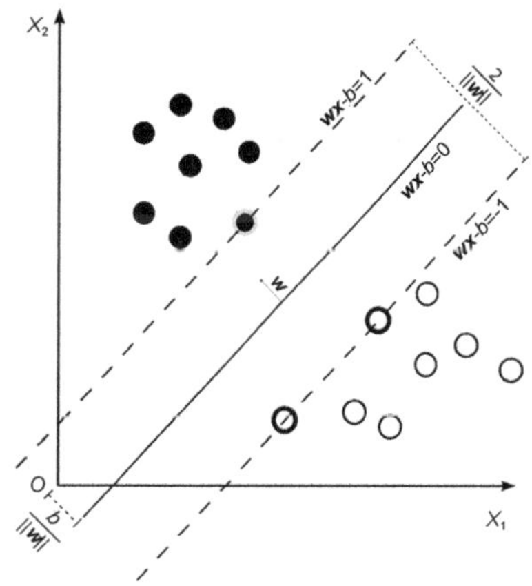

图 5-14　支持向量

以二维数据为例，我们看图 5-14 的这组数据中，实心和空心的两组数据可以通过一条直线进行分类。这条用于分类的直线就叫作分类机。这个分类机就是支持向量机中这个“机”的含义。下面再来了解什么是支持向量，我们看到在二分类的这条线上下，都有每个类别跟分类器间隔最近的一些点，这些点被标记出来。如果这些点的位置发生了变化，那么分类机的位置也相应地会发生变化，也就是说这些间隔点支持了分类机，这些间隔点就是“支持向量”。到了这一步，我们通过名字已经知道了这个算法的组成和含义，就是支持向量和分类机。下面只要保证每一个类别的这些支持向量跟分类机的几何距离最大，就可以保证分类的准确度。

下面介绍支持向量机的分类，支持向量机可以分为两种：一种是线性支持向量机

（Linear Support Vector Machine），另外一种是非线性支持向量机（Non-linear Support Vector Machine）。线性支持向量机主要是解决的线性可分的场景，与之前介绍的逻辑回归的实现场景是一样的，线性可分表示的是通过一条线可以进行分类的场景，如图 5-15 所示。

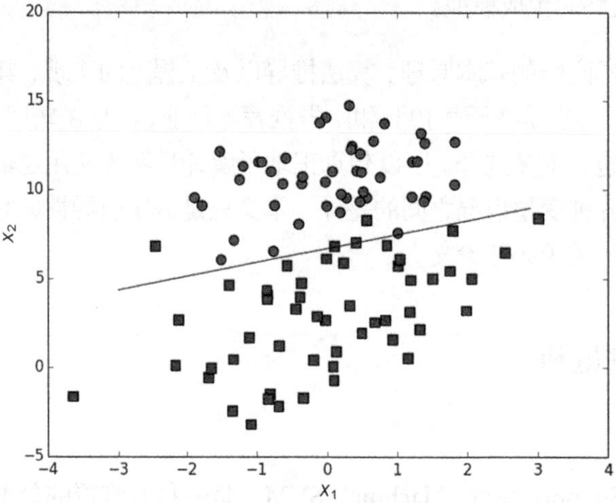

图 5-15 线性可分示意

线性可分又分为近似线性可分和绝对线性可分，绝对线性可分就是一条线可以完全把数据进行分类。近似可分需要借助软间隔最大化的方法，学习出一个线性的分类器。下面来看下非线性可分的场景，图 5-16 是典型的线性不可分场景。

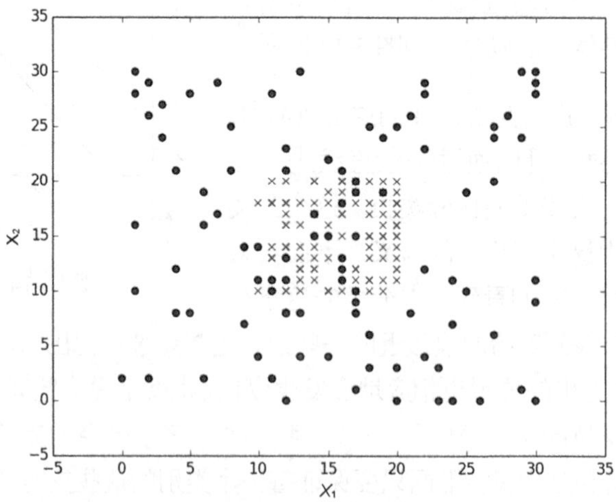

图 5-16 线性不可分

在这个二维空间中有两种数据集，分别用圆圈和叉来表示，我们无法通过线来把这两组数据进行分类。这种场景要如何来解决呢？在非线性支持向量机算法中，可以利用核函数的方法先将数据映射到高维度空间中去，然后在更高的维度中把数据进行分类，这里借用图 5-17 来表示。

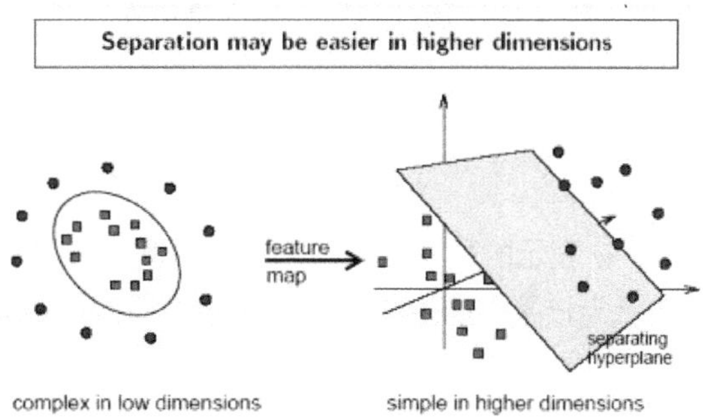

图 5–17 维度映射

图 5-17 中左半边表示的是在低维度空间里很难进行分类的一组数据，当我们通过算法把数据映射到高维度时（该图中是将二维空间数据映射到三维空间上），就可以通过一个超平面对数据进行分类。这里涉及空间维度转化的理论，以及平衡分类效果和置信度的软间隔最大化的方法。

以上介绍了支持向量机的基本概念和分类，下面谈一下这个算法的一些特性。

1）SVM 的理论比较新颖的地方在于它是一种基于小样本学习的算法，在 SVM 算法中，我们的核心点是通过找到支持向量来进行分类，跟传统的逻辑回归算法这种利用历史全样本经验来归纳演绎的思想有所不同。

2）SVM 在分类的时候引入了最大边界的思想，这个也比较好理解，当确定了支持向量后，只需要找到一个超平面使得正负两类的支持向量到这个平面的距离最大即可。

3）SVM 还提供了一种处理非线性可分场景的思路，就是将低维数据映射到高维空间去求解的方法，并且已经衍生出多种核函数算法来支撑这种思想。

4）SVM 的最终分类效果实际上是通过少数的支持向量来决定的，这就给模型本身带来了很大的鲁棒性，如果只是增删数据集中的数据而没有涉及支持向量，那么分类器对这种改变并不敏感。

5）SVM 的缺陷就是对多分类问题的处理上不如逻辑回归或者树状结构的算法那样灵活，SVM 主要还是处理有监督的二分类场景的问题。

2. 算法推导

以上介绍了支持向量机的一些概念和特性，已经明确了 SVM 的几个概念：支持向量、分类超平面、支持向量要与分类超平面的距离最大。下面通过拆解上面的这几个概念来具体看一下 SVM 的公式推导过程（这里通过线性支持向量机在二维空间的分类来举例）。

（1）几何超平面概念。我们可以设超平面方程为

$$\mathbf{wx}+b=0$$

其中，$\mathbf{w}$ 和 b 并不是系数，$\mathbf{w}$ 表示的是一组法向量（法向量是空间解析几何的概念，垂直于平面的直线所表示的向量为该平面的法向量，在空间中可以用来确定平面倾斜的角度），b 表示的是截距，我们只要确定了 $\mathbf{w}$ 和 b 的值，就得到了对数据可以进行二分类的几何超平面。

（2）几何间隔。假设我们有一组数据集 $\mathrm{T}=\{(x_1,y_1),(x_2,y_2),(x_3,y_3),(x_4,y_4),\cdots\}$，在监督学习场景下，其中 $\mathbf{x}_n$ 表示的是特征向量，y_n 表示的是目标值，y_n 的取值有两种{−1，+1}（这里为什么是+1 和−1，而不用 0 和 1 来打标，下面通过推导可以看到这样的打标更容易通过求点到平面的距离来进行分类）。假设已经确定了分类超平面为（$\mathbf{w},b$）。那么数据点 T 到超平面（$\mathbf{w},b$）的距离为

$$D=y_n(\mathbf{w}\times\mathbf{x}_n+b)$$

通过几何间隔 D（见图 5-18）可以确定支持向量到超平面的距离，保证分隔距离最大，从而就确定了超平面的参数（$\mathbf{w},b$）。

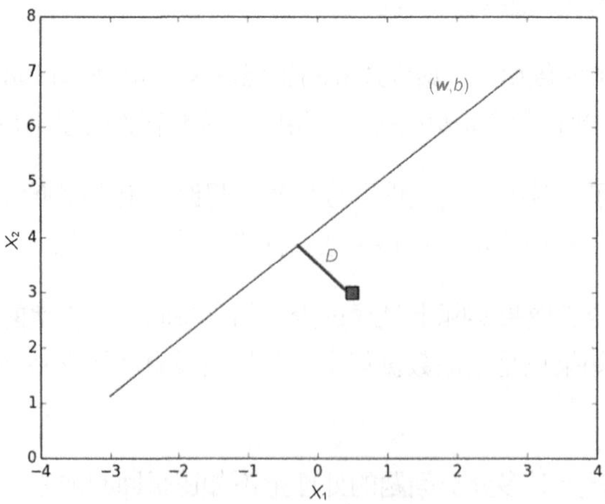

图 5–18　几何间隔

图 5-18 表示的是一个点到平面（**w**,b）的几何间隔 D。通过图 5-18 也可以看出，对于一组数据，它的最优分隔超平面有且只有一个。同时，因为数据的目标值 y_n 的值是通过+1 和−1 的正负号区分，y_n 决定了几何间隔 D 的系数符号，在计算结果的时候会方便对数据进行预测，因为可以把间隔距离是正数的归为一类，间隔距离为负数的是另外一类，而且间隔距离越大说明置信度越高。所以在实际的预测过程中，我们只需要计算每个点的特征向量与分隔几何超平面的距离就可以得到这个点的分类以及相关的程度。

（3）支持向量求解。了解了几何超平面以及几何间隔的求解方法之后，接下来就剩向量机的解法了，这一部分也是支持向量机最难理解的一部分。这里要引入拉格朗日函数和拉格朗日乘子的概念。拉格朗日乘子法是在约束条件下求极值的方法，在 SVM 的问题中可以理解成通过数据点找到支持向量和分隔超平面，而这两项都受一些条件约束，如要确定支持向量和分隔平面的距离最大。具体的拉格朗日函数式为

$$L = \frac{1}{2}|\mathbf{w}|^2 - \sum_{n=1}^{N} a_n y_n \left(\mathbf{w}\mathbf{x}_n + b\right) + \sum_{n=1}^{N} a_n$$

其中，a_n 是拉格朗日乘子，$a_n \geqslant 0$。（**w**，b）表示的是分类超平面，x_n 表示的是训练集特征数据，y_n 是训练集的目标值。把数据带入后可以用求二次偏导的方法对最优化问题求极值。因为这是在 SVM 中，存在正负样本对偶性的问题，有两步优化解法：

$$\boldsymbol{w} = \sum_{n=1}^{N} a_n y_n \boldsymbol{x}_n$$

$$b = y_m - \sum_{n=1}^{N} a_n y_n \left(x_n \times x_m\right)$$

其实通过拉格朗日乘子的算法，就可以通过求极值的方法直接求得支持向量是哪些点、分隔超平面的（**w**,b）参数的具体的值是什么。

3．工程实现

以上介绍的是支持向量机的基本概念和算法的公式推导，下面介绍 SVM 在工程上的实现，因为 SVM 的代码实现起来比较复杂，这里介绍一下 SVM 最著名的开源库 LIBSVM 以及其在 Python 环境下的使用方法。

LIBSVM 是台湾大学林智仁教授等人开发的一个简单、易于使用和快速有效的 SVM 模式识别与回归的软件包，提供了全套的源代码，而且可以在 Windows、Linux、Mac OS 这几种系统下运行，目前 LIBSVM 还拥有 C、Java、Matlab、C#、Ruby、Python 等数十种语

言的版本，LIBSVM 是支持向量机在开源领域比较权威的一款工具包。官网地址是 http://www.csie.ntu.edu.tw/ ~ cjlin/libsvm/。

（1）环境配置。本文以系统 Mac OS 10.11，Python2.7 作为实验环境。

首先下载并且解压 LIBSVM 的源码包，并且在包的根目录下编译。

```
$ tar xzfv libsvm-3.17.tar.gz
$ cd libsvm-3.17
$ make
```

如果想通过 Python 调用的话，用户还需要到目录下面的 Python 目录中，再次用 make 编译一下。

（2）代码解析。进入 Python 目录后，用户可以看到 svm.py 和 svmutil.py 两个文件。这两个文件是支持向量机算法的 Python 实现，代码写的很简练而且性能非常高。以下是几个关键的函数。

- svm_train()：训练 SVM 模型。
- svm_predict()：对数据做预测。
- svm_read_problem()：读 LIBSVM 格式的数据。
- svm_load_model()：读取模型。
- svm_save_model()：存模型。
- evaluations()：结果评估。

（3）实验。调用 LIBSVM 库来实现一个案例，首先需要介绍的就是 LIBSVM 的数据格式跟之前算法使用的数据格式不同，是通过 $k:v$ 这样的形式表示的。我们先来看数据截图如图 5-19 所示。

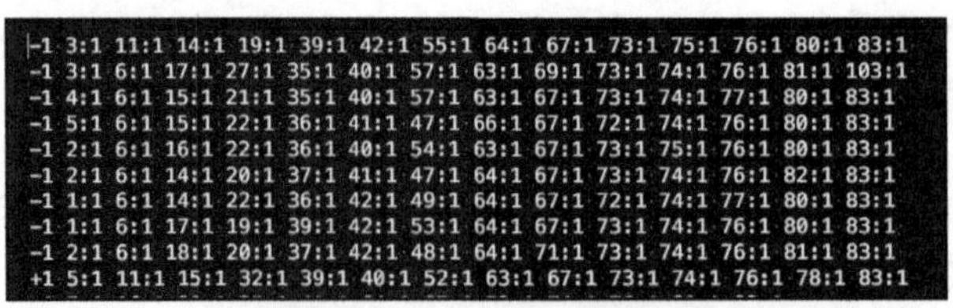

```
-1 3:1 11:1 14:1 19:1 39:1 42:1 55:1 64:1 67:1 73:1 75:1 76:1 80:1 83:1
-1 3:1 6:1 17:1 27:1 35:1 40:1 57:1 63:1 69:1 73:1 74:1 76:1 81:1 103:1
-1 4:1 6:1 15:1 21:1 35:1 40:1 57:1 63:1 67:1 73:1 74:1 77:1 80:1 83:1
-1 5:1 6:1 15:1 22:1 36:1 41:1 47:1 66:1 67:1 72:1 74:1 76:1 80:1 83:1
-1 2:1 6:1 16:1 22:1 36:1 40:1 54:1 63:1 67:1 73:1 75:1 76:1 80:1 83:1
-1 2:1 6:1 14:1 20:1 37:1 41:1 47:1 64:1 67:1 73:1 74:1 76:1 82:1 83:1
-1 1:1 6:1 14:1 22:1 36:1 42:1 49:1 64:1 67:1 72:1 74:1 77:1 80:1 83:1
-1 1:1 6:1 17:1 19:1 39:1 42:1 53:1 64:1 67:1 73:1 74:1 76:1 80:1 83:1
-1 2:1 6:1 18:1 20:1 37:1 42:1 48:1 64:1 71:1 73:1 74:1 76:1 81:1 83:1
+1 5:1 11:1 15:1 32:1 39:1 40:1 52:1 63:1 67:1 73:1 74:1 76:1 78:1 83:1
```

图 5-19 LIBSVM 数据截图

第一列是目标列，通过+1 和−1 表示正反两种对象。除了第一列都是训练数据，数据之间用空格隔开，通过 k：v 来表示，k 是索引（第几列），v 表示具体数据值，如果 v 是 0 的话可以不连续，这是一种稀疏数据的表现方式。LIBSVM 的数据格式可以通过脚本生成，也可以通过链接 https://www.csie.ntu.edu.tw/ ~ cjlin/libsvmtools/datasets/直接下载一些样例数据。

下面介绍 LIBSVM 的调用。

```
from svmutil import *


y, x = svm_read_problem('a1a.txt')
yt, xt = svm_read_problem('a1a.t.txt')
m = svm_train(y, x )
svm_predict(yt,xt,m)
```

通过对 a1a.txt 数据进行训练，对 a1a.t.txt 进行预测，输出结果如图 5-20 所示。

```
*
optimization finished, #iter = 537
nu = 0.460270
obj = -673.031415, rho = 0.628337
nSV = 754, nBSV = 722
Total nSV = 754
Accuracy = 83.5864% (25875/30956) (classification)
[Finished in 4.6s]
```

图 5-20 结果展示

通过上面的结果展示可以了解到，我们通过 SVM 算法包生成了模型，并且对预测集进行了预测，最终准确率达到 83.5864%。如果想详细地了解 SVM 算法，建议自己试验一下，如果能推一遍算法的源代码那就更好了。

SVM 一直以良好的分类效果著称，通过向量机进行分类以及把低维数据映射到高维的思路体现了 SVM 的独特性，也让 SVM 成为每个算法研究者的必修课。本节只是对 SVM 的理论和推导进行了最基础的介绍，因为 SVM 的算法是一个非常复杂的逻辑，所以如果想完全理解 SVM 需要花费非常多的时间。在工程实现部分使用的 LIBSVM 开源包是一款非常出色的开源项目，也是一个非常好的学习工具，如果有对 SVM 非常感兴趣的同学，建议从 LIBSVM 项目学起。

5.1.5 随机森林

5.1 节主要介绍的是分类场景的算法，通过之前的分类算法介绍，仿佛每个分类算法模型都是一个神通广大的分类专家，可以精准地区分每个对象的归属类别。有时候笔者在想，如果没有这种分类大师怎么办？可不可以只通过几个分类小白的聚思广议帮我来做判断呢？有句谚语叫“三个臭皮匠，顶一个诸葛亮”，这句话用在随机森林算法上最为贴切，随机森林可以根据几个弱分类器的结果来综合评估，最终帮助我们得到想要的分类结果。每个分类器可以看作一颗树，这样的树多了就构成了森林。

1. 基础概要

随机森林（Random Forests，RF），是 1995 年贝尔实验室 Tin Kam Ho 创立的一种由多个决策树组成的分类器，是一种监督学习算法。随机森林刚一提出，很快就在业内引起了比较大的关注度，因为随机森林对分类问题有着非常好的效率和精确度。随机森林由许多决策树组成，每个决策树都是一个弱分类器，最终的结果由这些弱分类器投票决定。

首先我们来认识一下决策树（Decision Tree），决策树是一种十分常见的监督学习方法，决策树呈树形结构，每一个节点都表示一个属性（节点就是特征），每一个分支代表着一种输出，最终的叶节点表示的是类别。下面通过一个例子看一下决策树是如何构建的。我们有一组数据，这组数据包含了每个男士的一些特征，这些特征包括身高、是否有车、是否有房，以及他们是否得到了心仪的女士的约会机会。我们就可以通过上面的这个数据集进行训练，生成一个决策树模型用来预测（“身高 175”，“有车”，“没房”）的男士是否有约会机会。我们通过历史数据训练可以生成以下的这个分类模型（见图 5-21）。

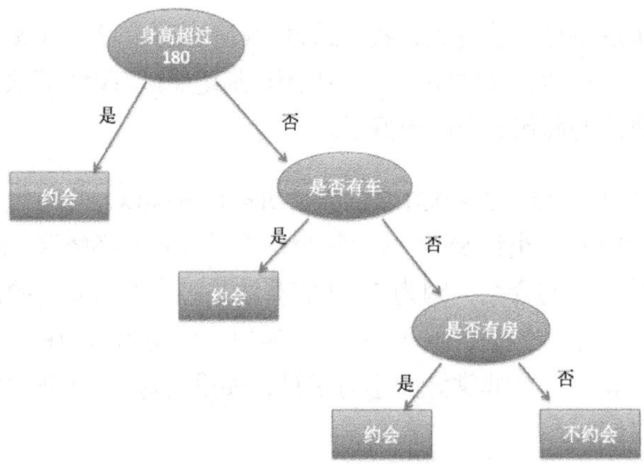

图 5-21　决策树示例

这是一个典型的树状模型，在这个模型中椭圆形的节点表示特征，模型训练过程中通过对象数据是否满足特征条件，引导最终的分类走向是往左子叶走还是右子叶走，我们看到每一个节点都会做一次强制二分类的操作，长方形的子叶代表分类结果。

下面介绍如何通过决策树来对（“身高 175”“有车”“没房”）的男士是否有机会约会来进行预测。首先通过树的第一个节点做判断（见图 5-22）。

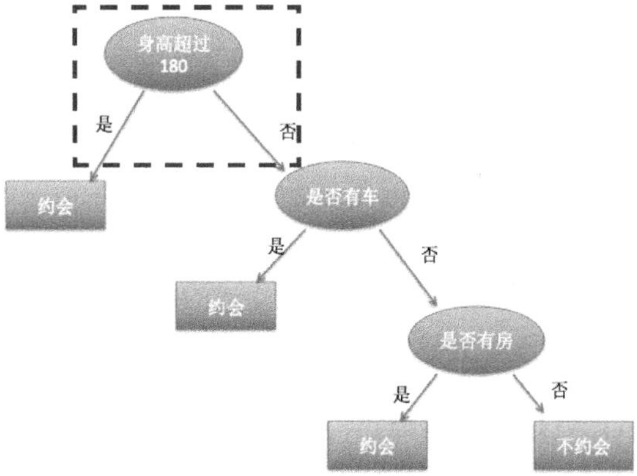

图 5-22　第一节点示例

通过树状模型可以看出，如果身高超过 180cm，就会走向左分支，反之走右分支。我们的预测对象的身高是 175cm，所以要走右分支。接着判断是否有车，预测对象数据中显示对象是有车的，所以在树状模型的第二个节点处直接走左分支并且得到结论。于是通过模型就成功的对样例数据（“身高 175”“有车”“没房”）进行了预测，最终拿到的结果是预测对象可以得到约会机会。

以上简单介绍了如何通过决策树进行预测，决策树通常都是由二叉树或者多叉树组成（二分类问题多用二叉树），其实通过上面的例子我们也可以推断出来越先分裂的特征节点对决定结果的话语权就越大（通过上面的模型其实可以看出来，“身高是否 180”对结果的影响是大于“是否有房”这个特征，因为“身高是否 180”这个特征率先出现并对结果产生影响）。那么我们该把哪些特征排在树的顶端，哪些特征排在树的下方呢？这个取决于每个特征与目标队列之间的信息增益大小的计算。根据特征的分裂方式不同，决策树也被分为 ID3、C4.5 和 C5.0 等多个不同的种类（这三种决策树的具体区别，可以通过查阅论文去了解）。

介绍了决策树的一些基本概念，理解了这些概念之后，下面就可以开始对于随机森林的介绍。随机森林就是由很多个彼此独立的决策树组成，通过这些决策树的综合意见，进而决定每个对象的分类结果（见图 5-23）。

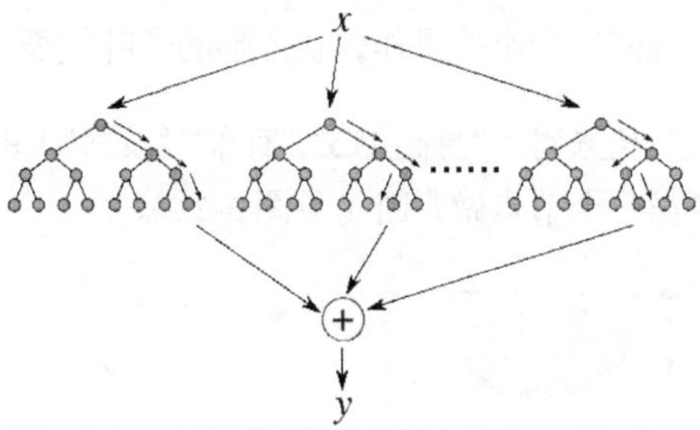

图 5-23 随机森林

这里有以下几个地方需要注意。

- 首先，每个决策树的特征选取是通过抽样生成的。例如训练集一共有 M 个特征，那么每次有放回地抽取 m 个特征作为决策树的训练特征集，并且 $m<M$。
- 每棵树的训练数据也是抽样生成的，如果训练集有 N 个训练数据，那么每棵树在训练模型的时候会抽样 n 个样例数据进行训练，这个抽样是有放回的抽样。
- 决策树一般都选用二叉决策树，最终的结果通过所有的决策树投票来决定。投票的方式有很多种，通常可以通过比对不同分类结果的树的数量，选取数量多的一方作为最终的分类结果。

以上是对随机森林的一个基础概要的介绍，随机森林通过对特征和和训练样本的随机采样训练，生成多个决策树模型从而实现预测，充分诠释了机器学习分类领域里的“多个臭皮匠，顶个诸葛亮”。

2. 算法推导

这一部分将通过一个实际的案例讲解随机森林是如何进行模型训练并且实现预测。假设我们有一组数据集表示一个贷款用户的特征，它由 9 个特征、1 个目标值组成，这份训练集一共有 10000 条数据，现在要通过随机森林预测这个用户是否有还贷能力。截取的部分数据如表 5-3 所示。

表 5-3 贷款用户数据集

ID	年龄	是否有房	是否有车	是否有孩子	年收入/万	贷款金额/万	工作年限	是否已婚	体重/斤	是否还款
1	35	0	1	1	53	400	15	1	130	1
2	45	1	0	1	14	200	20	1	156	1
3	21	1	1	0	9	85	2	0	200	0

表 5-3 是案例数据，第一列“ID”表示每个用户的主键，主键是用户的唯一标识，第 2 ~ 10 个字段表示特征，最后一个“是否还款”为目标队列（随机森林是监督学习方法，依赖打标数据）。通过训练这 10000 条数据生成模型，我们要预测表 5-4 中这名借贷人是否有还款能力。

表 5-4 预测人员数据

ID	年龄	是否有房	是否有车	是否有孩子	年收入/万	贷款金额/万	工作年限	是否已婚	体重/斤
45	27	1	1	1	13	140	5	1	160

下面介绍具体的推导步骤。

（1）抽取特征。上面的这组数据有 9 个特征，我们需要有放回地抽取特征来构建每颗树的特征组，每个树的特征数是可以自定义的，假设定义每棵树的特征数是 sqrt(9)（sqrt 表示平方根），也就是每棵树有 3 个特征，一共有 3 棵树。特征抽取采用随机采样的方法，假设构成的 3 棵树的特征分别如下。

- cart 树 1：（“年龄”,“工作年限”,“体重”）。
- cart 树 2：（“是否有车”,“年收入”,“贷款金额”）。
- cart 树 3：（“是否有房”,“是否有孩子”,“是否已婚”）。

（2）构建决策树。我们从 10000 份训练数据中有放回地随机采样 3 次，每次采样 5000 份数据，构成 3 棵决策树的训练数据。具体每棵树的训练过程在这里不详细的介绍（可以查看 cart 树相关论文），假设最终生成的 3 棵树是如图 5-24 所示的结构。

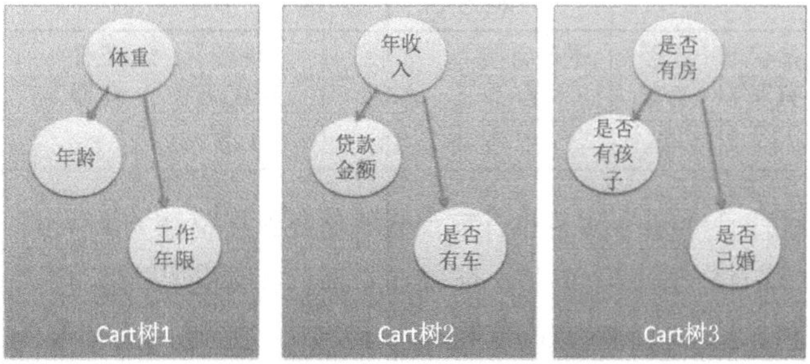

图 5-24 随机森林组成

假设每棵树的预测概率结果见表 5-5 ~ 表 5-7。

表 5-5　Cart 树 1

Cart 树 1 组成	预测结果（是否有还贷能力）
体重>=150，年龄>=30	是
体重>=150，年龄<30	否
体重<150，工作年限<10	否
体重<150，工作年限>=10	是

表 5-6　Cart 树 2

Cart 树 2 组成	预测结果（是否有还贷能力）
年收入>=20，贷款金额>=500	否
年收入>=20，贷款金额<500	是
年收入<20，是否有车>=1	是
年收入<20，是否有车<1	否

表 5-7　Cart 树 3

Cart 树 3 组成	预测结果（是否有还贷能力）
是否有房>=1，是否有孩子>=1	是
是否有房>=1，是否有孩子<1	否
是否有房<1，是否已婚>=1	否
是否有房<1，是否已婚<1	否

（3）预测。根据上面所构建随机森林中每棵决策树的模型对下面的预测集进行预测（见表 5-8）。

表 5-8　预测集

ID	年龄	是否有房	是否有车	是否有孩子	年收入/万	贷款金额/万	工作年限	是否已婚	体重/斤
45	27	1	1	1	13	140	5	1	160

表 5-8 中预测集通过决策树 Cart1 计算得到的结果是还贷能力为“否”，因为预测对象的体重大于 150 斤，而且年龄小于 30 岁，所以在 Cart1 中预测结果是“否”；通过 Cart2 计算得到的结果为“是”，虽然预测对象的年收入小于 20 万，但是因为有车，所以通过 Cart2 计算的结果为“是”；通过 Cart3 计算得到的结果为“是”，因为预测对象有房并且有孩子，所以通过 Cart3 计算的结果为“是”。综合 3 个树的预测结果，有 1 个否定票和 2 个肯定票，最终对上面的这个预测集的预测结果是他具备还款能力，因为预测他能还贷的决策树更多。

以上通过一个实例讲解了如何通过随机森林进行模型的训练和预测，这个例子只是把大体框架通过最简单、直白的方式进行了呈现，如果想提高整个算法的准确率，在预防过拟合（决策树剪枝）、每个决策树的预测权重计算等方面都需要做大量的优化，下面介绍具体的工程实现。

3. 工程实现

前面对随机森林的基础概念和算法进行了介绍，下面介绍如何通过工程来实现随机森林这个算法。这里使用的环境是 Python2.7、Max OS 系统，使用的机器学习库是著名的 Sklearn。

目前在 Python 环境下好像没有能可视化显示出树状模型的库，笔者一直希望找到如图 5-25 所示以可视化展现每个决策树模型的开源库。

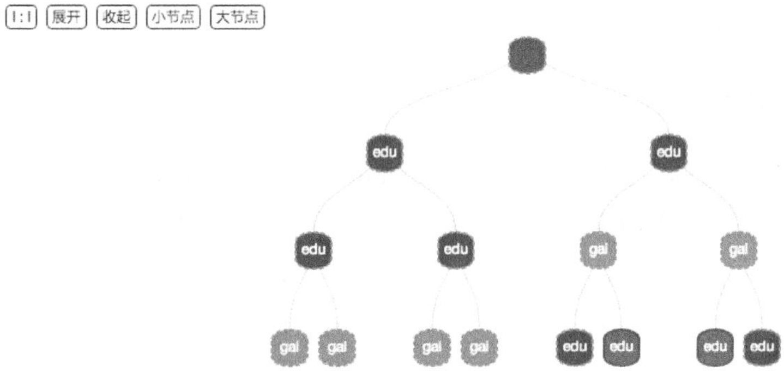

图 5-25 决策树模型可视化展示

其实如果可以把随机森林中的每个决策树如图 5-25 所示打印出来,对理解算法逻辑和算法模型调试都是非常方便的。既然没有可视化的 Python 库可以调用，只能调用 Sklearn 里的 randomforest 黑盒来介绍。具体的调用代码如下。

```
#coding=utf-8
from sklearn.tree import DecisionTreeRegressor
from sklearn.ensemble import RandomForestRegressor
import numpy as np
from sklearn.datasets import load_iris
iris=load_iris()
rf=RandomForestRegressor()
```

```
rf.fit(iris.data[:350],iris.target[:350])
instance=iris.data[50]
print instance
print 'prediction score:'+str(iris.target[50])
print 'real score:'+str(rf.predict(instance))
```

- 通过调用 load_iris()函数拿到开源数据集 iris，iris 由 4 个字段和 1 个目标队列组成，想了解详细的数据组成可以通过 print 函数打印生成。
- 通过 RandomForestRegressor()的 fit 函数训练，fit 函数的第 1 个字段存储的是特征列，第 2 个字段存储的是目标列。
- 预测集是 iris.data[50]，即 iris 数据集中的第 51 个数据。
- 最后通过 rf.predict(instance)对预测集进行预测，并且把结果打印出来。

最终的预测结果如图 5-26 所示。

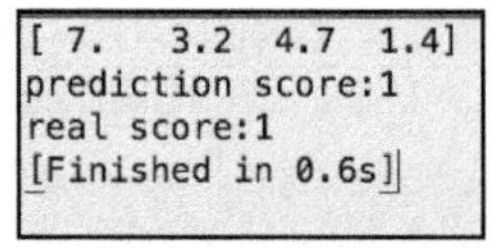

图 5-26　预测结果截图

在这个实验中，通过调用 Sklearn 的 randomforest 算法对 iris 数据集训练，通过随机森林预测模型对数据（7,3.2,4.7,1.4）实现预测，预测值与真实值相同，说明预测准确。

随机森林作为树状的分类算法，是近年来比较受关注的一种机器学习算法，在处理大规模数据方面比较有优势。总体来看随机森林的原理较容易理解，而且执行效率比较高，但是在实际应用中可能涉及的参数调试工作量会比较大，如树的深度和树的树量等参数都要不断地调试和实验才能达到比较理想的效果。通过简单描述随机森林的原理、算法推导以及通过 Sklearn 库进行实验，希望可以帮助读者对随机森林算法有一定的初步了解。

5.2　聚类算法

聚类算法是机器学习算法中较常用的一类算法，顾名思义，就是将一组数据聚类，具有相似属性的一组数据归为一类。这里以比较直观的二维平面坐标轴数据来举例。如果我们有一组随机分布的点数据，就可以通过聚类算法把这些杂乱的点按照坐标分布情况分为两部分，具体的聚类原则可以通过距离来判断，如图 5-27 所示，将一组数据在二维空间上分为两类。

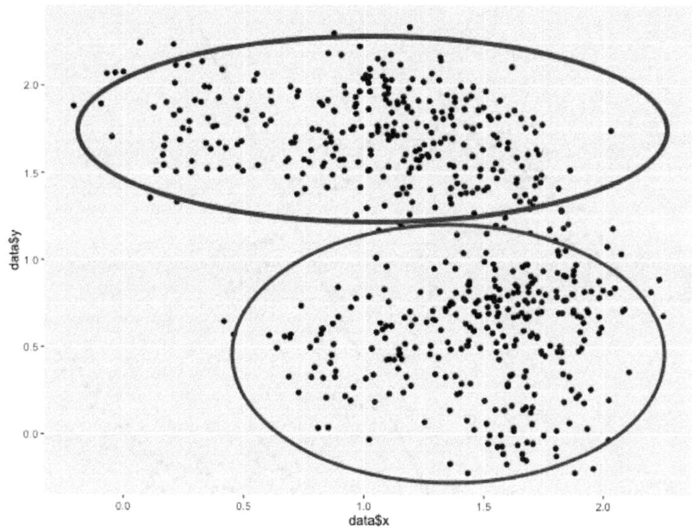

图 5–27 聚类示意

聚类与分类看似都是将数据按照一定标准做区分，那两者到底有什么区别呢？分类一般解决的是有监督学习的场景，往往是根据历史的经验数据或者是打标好的数据训练模型，然后通过这个模型对未知的数据进行预测。分类比较典型的场景是疾病的预测和天气预报等。而聚类解决的是无监督学习的场景，就是没有打标好的数据的场景，如在用户画像的时候，我们有一组数据表示的是用户的年龄、收入和兴趣等数据，这样就可以通过聚类算法把相似度高的用户分到同一个类别中。

聚类的算法很多，根据计算方式不同可以分为基于距离的聚类算法和基于密度的聚类算法。下面通过一副经典的图片对比解释基于距离聚类和基于密度聚类的不同。

如图 5-28 所示为两个余弦曲线的点拼接而成的图形。如果我们想把上面的这些点通过距离聚类的方式分为两类，需要找到两个簇，其中每个簇都有一个中心点，簇里的点到各自簇的中心点的距离都小于到其他簇的中心点的距离。图 5-28 中通过中间的这条斜线将数据切割成左右两份。距离聚类的特点就是每一个类别的点都是跟自己的中心簇距离比较近的点。

下面介绍按照密度聚类的具体聚类方法。依然通过上面这组二维数据集举例子，按照密度聚类更多的考虑的是点和点之间的连接关系。如果有一连串的点是彼此相邻的，它们之间的密度就是相近的，我们就可以把这种点看成相同类别。按照密度分类的情况如图 5-29 所示。

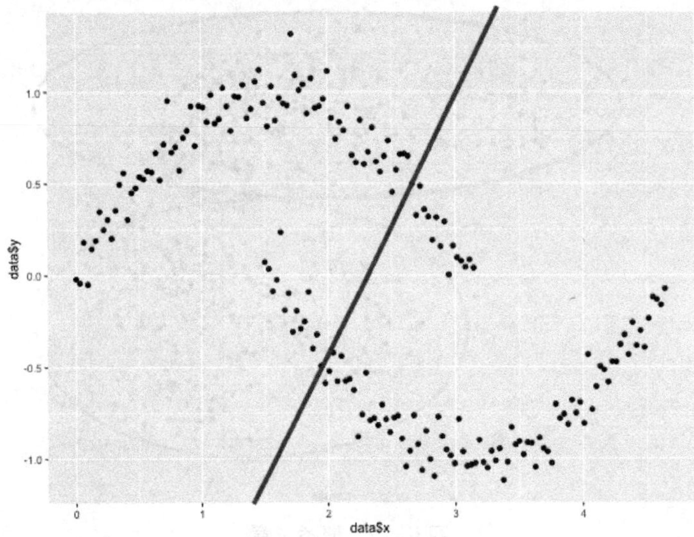

图 5–28　基于距离聚类

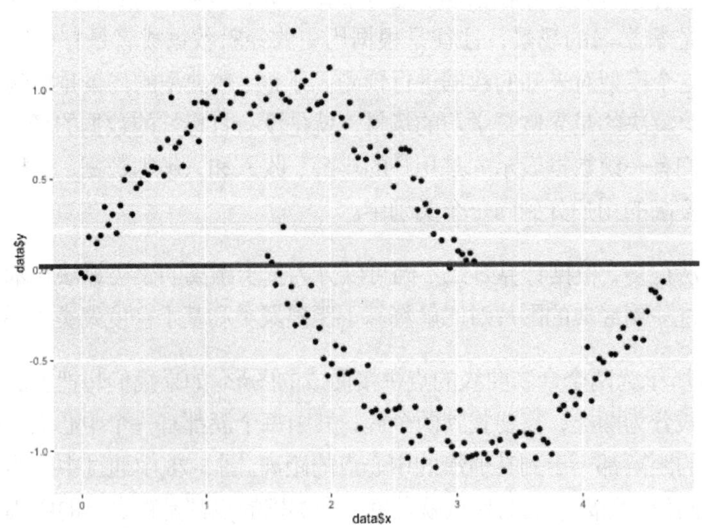

图 5–29　基于密度聚类

图 5-29 中是点集合按照密度分类的场景，通过中间的直线把数据点分为两部分，每个

部分都是彼此紧密相连，我们把这种按照数据点是否相连作为判别依据的聚类方法称为密度聚类法。

K-means 和 DBScan 是最常见的两种聚类算法，其中 K-means 是根据距离聚类，DBScan 是根据密度聚类。两个算法各有特点，下面详细地介绍一下。

5.2.1 K-means

K-means 是机器学习领域中最经典的几个算法之一，也是几乎所有学习聚类相关算法的用户必须了解的一种聚类算法。K-means 最大的特点是要在计算之前确定聚类簇心数量。

1. 基础概要

K-means 是一种无监督的，基于距离聚类的机器学习算法。K-means 需要提前设置参数 K 值，这个值表示最终需要生成 K 个簇，也就是聚类生成的类别数量。因为入参和算法的逻辑相对简单，K-means 在数据挖掘领域有广泛的应用。例如在用户画像领域，通过人群的多维属性对人群的类别进行划分，在文本分析中对生成的词向量进行聚类可以挖掘出相似语义的词语。

K-means 算法也存在一定的缺陷。其一，K-means 在聚类的过程中采用了复杂度相对比较高的方法，通过一次次迭代遍历每个点到簇的中心点的距离实现分类，同时在计算结果的过程中，任何一个点都会被分到一个类别当中，会导致噪音点（噪声是指干扰数据）不能及时被排查的问题。其二，K-means 需要预设聚类的数量，但是在实际的应用场景中，每组数据合适的聚类数是比较难以预先判断的。其三，K-means 需要设置初始质心位置，通常初始质心都会通过系统随机来生成，这种初始的质心位置会对最终的结果构成一定影响。

2. 算法推导

前面介绍了 K-means 算法的一些基础概念，下面介绍算法的推导过程。K-means 算法是一个不断迭代求向量距离的过程。首先我们来看下如何计算两点间的距离，在数学方法中，求向量间的距离的方法有很多种，这里选择比较常见的三种来进行介绍：欧式距离（Euclidean Distance）、曼哈顿距离（Manhattan Distance）和夹角余弦（Cosine）。

（1）欧氏距离。欧氏距离是数学中表示向量距离的最常用的计算方法，在二维空间表示的是两个向量连线的直线长度。二维空间欧氏距离的数学公式为

$$d=\sqrt{(x_1-x_2)^2+(y_1-y_2)^2}$$

其中，(x_1, y_1) 和 (x_2, y_2) 是空间中两个点。欧氏距离是用 K-means 算法求距离的最常用方法，下文的距离计算默认使用欧氏距离。

（2）曼哈顿距离。曼哈顿距离（Manhattan Distance），又称为城市街区距离（City Block Distance）。这个名字的由来与曼哈顿有关，设想下如果从曼哈顿的一个十字路口开车到另一个十字路口，距离是两个十字路口的直线距离吗？显然不是，实际距离是马路的距离。我们还是通过二维空间来举例，两点间的曼哈顿距离公式为

$$d = |x_1 - x_2| + |y_1 - y_2|$$

（3）余弦夹角。向量夹角（Cosine），向量夹角是用来衡量两个向量方向的差异的一种计量方式。二维空间中的两个向量的夹角公式为

$$\cos\theta = \frac{x_1 x_2 + y_1 y_2}{\sqrt{x_1^2 + y_1^2}\sqrt{x_2^2 + y_2^2}}$$

余弦夹角的范围是[–1,1]，夹角余弦越大表示两个向量的夹角越小，夹角余弦越小表示两个向量的夹角越大。当两个向量的方向重合的时余弦夹角取值最大为 1。当两个向量的方向相反的时候，余弦夹角的取值最小为–1。

以上是 K-means 算法中 3 种常用的距离求解方法。下面介绍如何推导聚类的过程。为了更好理解算法，还是以二维空间的数据为例，数据分布如图 5-30 所示。现在要对该图中数据进行聚类。

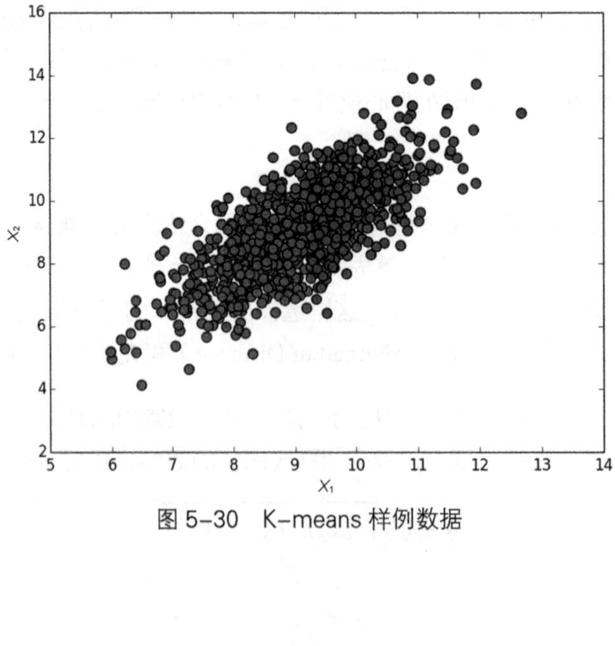

图 5–30　K–means 样例数据

（1）设置 K 值。先设置一个 K 值，这个 K 值表示的是最终数据集聚类的个数，为了方便理解，设置 $K=2$，表明最终这份数据会被聚类成两份。

（2）初始数据簇中心点。K-means 一般是通过代码随机生成初始数据簇，这里可以看到随机生成的初始质心位置如图 5-31 中的两个×所示。

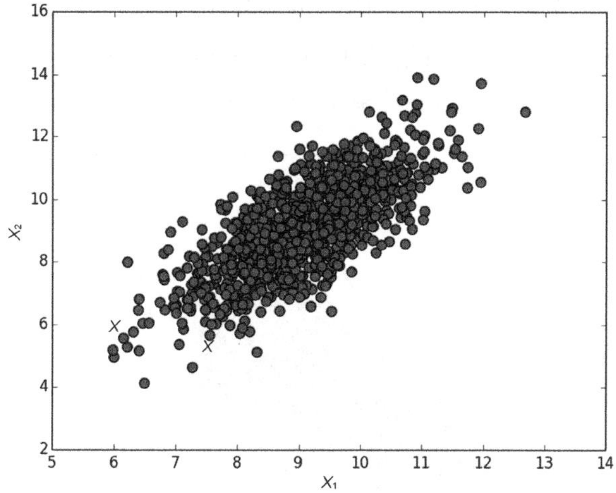

图 5–31 初始质心点

有了初始质心，算法会做第一次遍历，将所有的数据做第一次分类，甄选出与两个质心距离各自最相近的两类数据点作为第一次迭代的聚类结果。第一次结果可以通过一条直线进行区分，如图 5-32 所示。

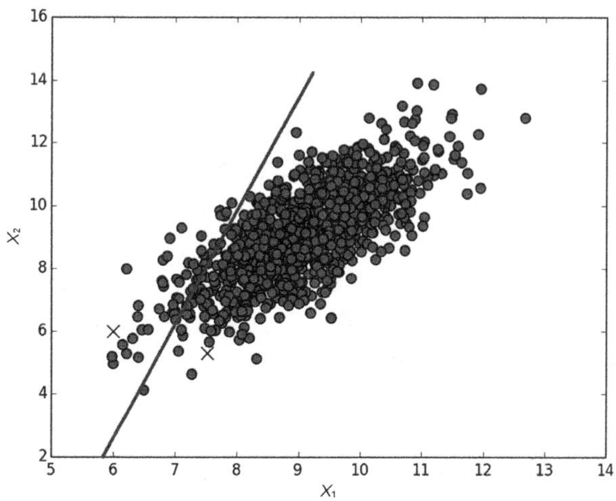

图 5–32 K–means 第 1 次聚类结果

图 5-32 中展示了根据初始质心生成的第 1 次聚类结果，为了更清晰地表达聚类效果，通过一条直线将第一次迭代的聚类点作区分，直线左边表示跟第一个质心同类的聚类点，直线右边是跟第二个质心一类的聚类点。通过肉眼可以看出，如果这就是最终的聚类结果的话，显然是不够理想的。Kmeans 算法是通过不断地迭代来调优效果的。

（3）不断的迭代。在第 2 步中，数据集合已经被区分成了两类。这时候算法需要重新定义质心点，进行下一次的聚类，新的质心点的定义就是上一次聚类结果每个类别的中心点，如图 5-33 所示，第 2 次迭代生成了新的质心点的位置（用小方块表示）。

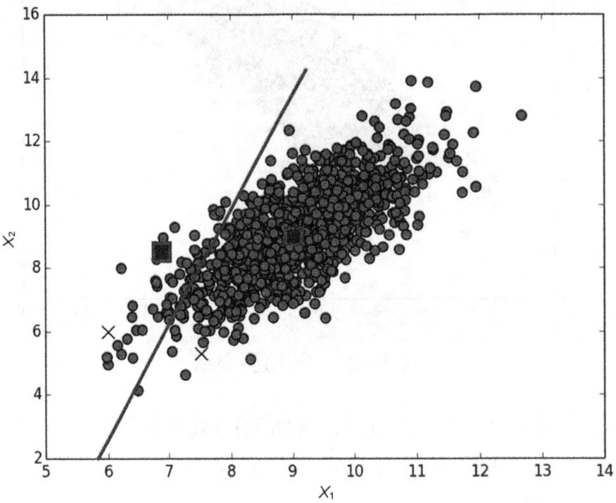

图 5–33　新的质心位置

通过新的质心点就可以重复聚类操作，用新的质心计算新的聚类，依次迭代下去，直到质心点不再变化。

（4）最终结果。最终通过上百次到上万次数量不等的迭代，生成了相对比较稳定的聚类。最终的聚类结果如图 5-34 所示。

通过 K-means 的结果图我们可以看出来，数据集被自动分成了两种，从数据的分布来看，这两种数据点的分布相对比较均匀。用户并且可以通过 K-means 算法拿到每组数据的最终分类结果以及每个质心的具体位置。

K-means 算法在实际的使用过程中有多种非常灵活的应用场景。例如已经有了两组聚类好的数据集，当有新的数据进来之后，可以通过 K-means 算法把新的数据进行分类，这样的场景常常可以用在对数据打标，因为监督学习需要依赖打标好的数据。我们可以先人肉打标一部分，然后通过 K-means 把其他的数据自动打标。另一种场景是我们可以通过 K-means 这样的算法找到每个类别的中心点，这些中心点在很多场景下都具备很重要的意义，因为中心点往往代表着每个类别的最突出的属性。

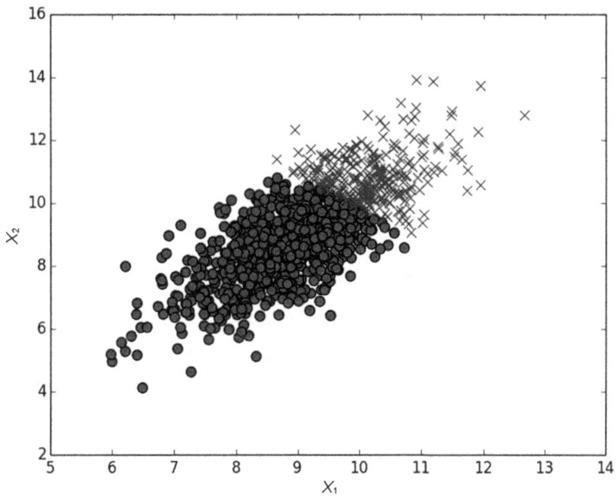

图 5-34　K-means 结果

3. 工程实现

上面已经详细介绍了 K-means 算法的推导过程，现在简单地通过 Python 的 Numpy 矩阵库对 K-means 算法中的重要步骤进行实现。

（1）求向量距离。下面先介绍向量距离的实现方法，这个函数是 K-means 中使用量最大的函数。这里选择欧拉距离作为求向量距离的方法。

假如我们有两个向量 vector_t1 和 vector_t2，那么距离为

```
sqrt(sum(power(vector_t1 - vector_t2, 2)))
```

对应的公式为

$$d = \sqrt{(x_1 - x_2)^2 - (y_1 - y_2)^2}$$

（2）具体的代码如下（代码参考了《机器学习实战》中的实现）。

```
def kMeans(dataSet, k):
    m = shape(dataSet)[0]
```

```
        n = shape(dataSet)[1]
        clusterAssment = mat(zeros((m,2)))
        centroids=mat(zeros((k,n)))
        for index in range(k):
            centroids[:,index]=mat(5+5*random.rand(k,1))
        clusterChanged = True
        while clusterChanged:
             clusterChanged = False
             for i in range(m):
                   minDist = inf; minIndex = -1
                   for j in range(k):
                         vecA=array(centroids)[j,:]
                         vecB=array(dataSet)[i,:]
                         distJI=sqrt(sum(power(vecA - vecB, 2)))

                         if distJI < minDist:
                               minDist = distJI; minIndex = j
                   if clusterAssment[i,0] != minIndex: clusterChanged = True
                   clusterAssment[i,:] = minIndex,minDist**2
             for cent in range(k):
                         ptsInClust= dataSet[nonzero(array(clusterAssment)[:,0]==
cent)[0][0]]
                         centroids[cent,:] = mean(ptsInClust, axis=0)
        id=nonzero(array(clusterAssment)[:,0]==cent)[0]
        return centroids, clusterAssment,id
```

- 读入数据源 dataSet 是 numpy 矩阵，k 是质心数量。
- 通过 numpy 的 random.rand 函数生成了随机矩阵格式数据，作为初始质心。
- 通过质心点的状态机 clusterChanged 判断是否聚类结束。
- 其中 centroids 是质心点，通过 id 进行类别区分。

K-means 的实现需要嵌套循环，每一次都要遍历所有的点并且求相互的聚类结果，所以算法的计算复杂度比较高。如果想详细了解 K-means 算法的迭代过程，比较好的学习方法是在代码 K-means 不断迭代计算的过程中打印点数据，然后通过打印数据观察每一次迭代的结果是怎样的，质心点的位置是如何变化的。

本节介绍了 K-means 的算法理论以及推导，K-means 算法的思想其实就是一个通过迭代不断寻找最终聚类结果的过程。当我们随机设置了初始 K 个质心以后，每一次迭代都依赖当前质心位置进行聚类，然后在新的聚类结果中寻找新质心，最终的收敛条件就是质心的位置不再变化。K-means 是基于距离聚类的经典算法，这个算法在非常多的复杂场景中都有很好的应用。

5.2.2 DBSCAN

DBSCAN 跟 K-means 的不同之处是在于它是一种基于密度的聚类算法，虽然解决的都是聚类场景，但是因为在数据挖掘中每一次数据的分布特点都不尽相同，所以很多时候要需要根据具体的数据分布情况选择使用 DBCASN 或是 K-means 算法。这一节我们就来介绍 DBSCAN 算法。

1. 基础概要

DBSCAN 是一款基于密度的聚类算法，上一节介绍的 K-means 是基于空间距离的，两者的区别在聚类算法的开篇介绍里面已经详细地说明了。这里再简单地介绍一下什么是空间密度，以二维数据为例，假如我们有一批数据点，该如何判断数据点之间的密度呢？密度的概念是要先确定一个中心点和半径，通过点和半径绘制一个圆，圆里面的数据点的个数就表示密度，如图 5-35 所示。

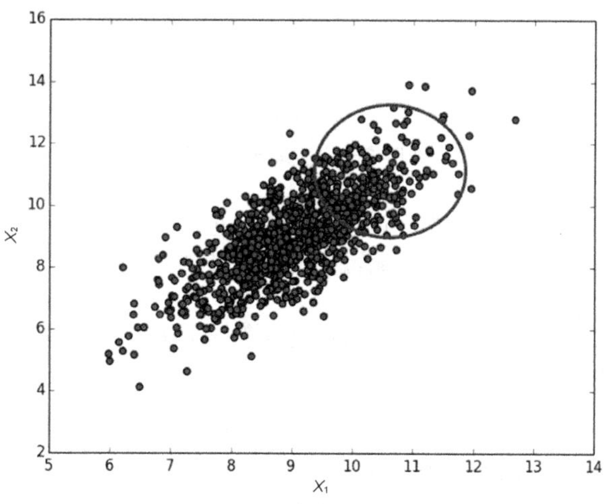

图 5-35 密度概念示意

DBSCAN 算法需要用户输入两个参数：一个是半径（eps），表示以给定点 *P* 为中心的圆形邻域的范围，如图 5-35 所示圆的半径。另一个参数是以 *P* 为中心的邻域内最少的点的数量（MinPts），这个参数表示密度的概念，以上是 DBSCAN 算法对输入参数的要求。我们看到相比于 K-means，DBSCAN 的一大优势就是不需要提前设定 *K* 值。为什么讲这是一个优势呢？因为在实际的使用过程中，算法使用者往往很难在聚类前就已经判断好这个数据集可以聚成几类。下面通过一个例子说明一下 DBSCAN 相较于 K-means 的这一优势，假如我们有如图 5-36 所示的这样一组数据分布。

图 5-36 中数据点较为清晰地分布成 10 份。如果通过 K-means 进行聚类，需要在算法聚类之前设置 *K* 值，针对上面的这份数据集，如果错把 K 值设置成 11，显然很难得到合理的效果。如果使用的是 DBSCAN，算法会根据密度自动调整聚类的类数，针对这种按照密度区分明显的数据集，通常可以得到更合理的分类结果。

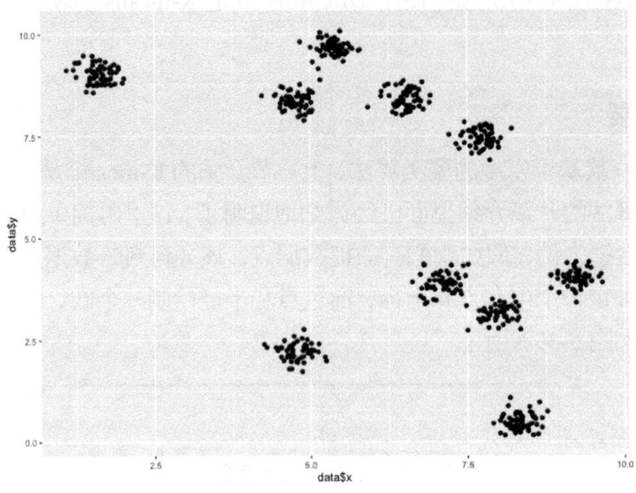

图 5–36　数据分布示例

相对 K-means，DBSCAN 的另一个优势是可以过滤噪音数据。在数据挖掘过程中，往往会遇到很多噪音点，如图 5-37 所示被圈起来的这个点。

这些噪音点往往是因为数据采集的纰漏或者数据采集系统不稳定造成的，对需要解决的业务场景没有很大的关联。但是如果采用 K-means 方法进行聚类的话，这些点也会被分到某一个类别中去，不会被过滤，但是 DBSCAN 就可以过滤掉这样的噪声干扰，起到一层数据清洗的作用。另外 DBSCAN 还具有一些特性，相比于 K-means，DBSCAN 对球状的数据簇（图 5-36 中数据类型）具有更好的处理效果。DBSCAN 在输入参数和数据集固定的情况下，最终的聚类结果是唯一的，而 K-means 会受到初始质心位置的影响。

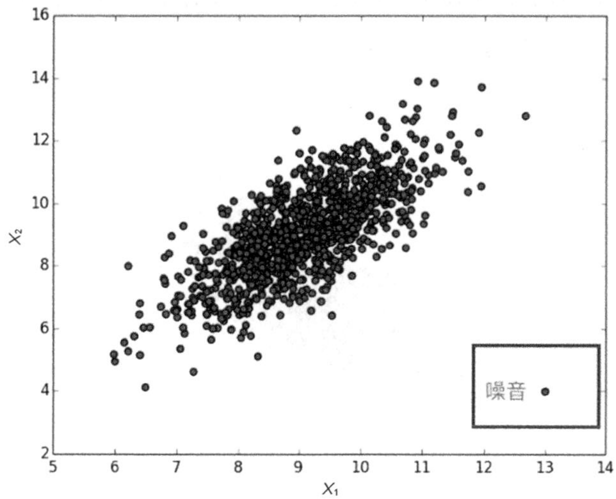

图 5-37 噪音点

DBSCAN 的一些短板这里也简单介绍下，首先是在高维数据的处理方面，DBSCAN 显得性能比较差，而且效果比较一般。另外在处理一些数据分离不明显的数据集时，DBSCAN 的聚类效果会受到影响，特别是当数据有重叠的情况下，DBSCAN 对重叠部分的数据会做合并操作。另外 DBSCAN 的算法复杂度较高，对计算资源的消耗略大于 K-means。

2. 算法推导

（1）距离。DBSCAN 的距离按照欧氏距离来计算，具体的计算逻辑参考上文。

（2）核心点。按照上文的介绍，首先我们要先确定半径 Eps 和最少数据 MinPts。这里就引出了一个新的概念——核心点。核心点的意思是如果给定对象（某个点）在半径 Eps 内的点数大于或等于 MinPts，我们就定义这个点是核心点。如图 5-38 所示，我们用“十字叉”标记了一个点，假设这个点为点 A，设置半径 eps=2，然后画了一个圈，如果这个圈里面的点数大于或等于 MinPts 就定义 A 为核心点。

介绍完距离求解和核心点这两个基本概念之后，下面介绍 DBSCAN 算法的具体计算步骤，首先选取一个没有被访问过的点 C，判断这个点是否是核心点，如果 C 是核心点，那么这个点就跟附近的 Eps 范围内的所有点形成一个簇。递归处理该簇中其他没有被标记的点，这样做就可以扩大这个簇的范围，找到更多彼此密度相连的点，从而对目前的簇进行扩展。如果 C 不是核心点，就暂时把 C 标记成噪音。这样一直遍历下去直到 C 所在的这个簇内的所有点都被遍历一遍，就可以明确了这个簇的边界和密度可达的范围。接着遍历全部数据集合中的数据点，就把所有的核心点和它们对应的簇计算了出来，同时噪声点也在遍历的过程中产生并且被自动筛选掉。

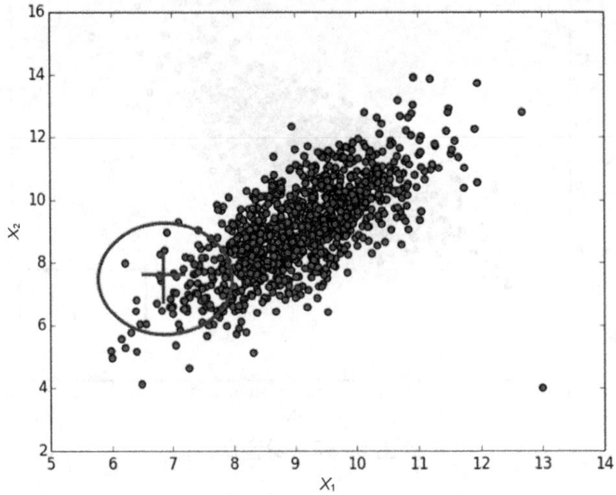

图5-38 核心点

3. 工程实现

以上对DBSCAN算法进行了介绍，下面介绍如何通过代码简单的实现这个算法。

（1）密度相连检查。当我们确定了一个点，就需要判断哪些点跟这个点密度相连，也就是欧式距离小于Eps的点。下面的这个函数就是计算出针对对象P，它的密度相连的点的集合，并且返回。

```
def regionQuery(self,P,eps):
    result = []
    for d in self.dataSet:
        if (((d[0]-P[0])**2 + (d[1] - P[1])**2)**0.5)<=eps:
            result.append(d)
    return result
```

（2）聚类扩张。

```
def expandCluster(self,point,NeighbourPoints,C,eps,MinPts):

    C.addPoint(point)
```

```
            for p in NeighbourPoints:
                if p not in self.visited:
                    self.visited.append(p)
                    np = self.regionQuery(p,eps)
                    if len(np) >= MinPts:
                        for n in np:
                            if n not in NeighbourPoints:
                                NeighbourPoints.append(n)

                for c in self.Clusters:
                    if not c.has(p):
                        if not C.has(p):
                            C.addPoint(p)

                if len(self.Clusters) == 0:
                    if not C.has(p):
                        C.addPoint(p)

            self.Clusters.append(C)
```

以上是针对单个点的聚类扩张函数，通过单个点向外不断地扩张，返回这个点所在的聚类簇的集合。具体的计算步骤是先检查单个点，然后是这个点的密度相连点，遍历所有密度相连点后，找到聚类簇的集合。

- point 是对象点。
- NeighbourPoints 是 point 的密度相连的集合。
- C 是 point 所在的聚类集合。
- eps 是半径，MinPts 是个数限制。

（3）DBSCAN 的主函数。

```
def dbscan(self,D,eps,MinPts):
    self.dataSet = D
    C = -1
```

```
        Noise = cluster('Noise')

        for point in D:
            if point not in self.visited:
                self.visited.append(point)
                NeighbourPoints = self.regionQuery(point,eps)

                if len(NeighbourPoints) < MinPts:
                    Noise.addPoint(point)
                else:
                    name = 'Cluster'+str(self.count);
                    C = cluster(name)
                    self.count+=1;
                    self.expandCluster(point,NeighbourPoints,C,eps,MinPts)
```

dbscan 函数，通过遍历所有输入数据集合的点，然后得到聚类的最终结果集合。

- D 是数据集合。
- eps、MinPts 是半径和个数限制。
- self.cluster 是最终的聚类结果集合。

通过上面的算法，带入数据，生成的结果如图 5-39 所示，可以看到数据点通过 DBSCAN 算法按照密度聚类生成了 Cluster0 和 Cluster1 两个类别。

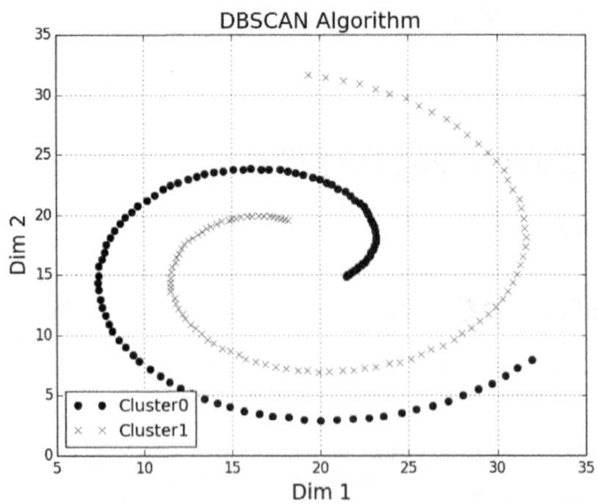

图 5-39　DBSCAN 效果

DBSCAN 通过 eps 和 MinPts 的限制找出核心点，通过核心点找到与其密度相连的核心点，然后遍历所有数据，最终得到的是 *n* 个密度紧密相连的点的集合。图 5-39 是这个算法效果最清晰的呈现，了解基于密度的 DBSCAN 聚类算法和基于距离的 K-means 算法的特性，对我们未来更好地使用这些方法都是大有裨益的。如果对上面的两种聚类方法有兴趣，不妨自己生成些数据实验一下。

DBSCAN 作为基于密度的聚类算法在低维度的数据聚类场景中被广泛使用，因为高维数据的密度相连性不高，所以更适合使用基于距离的聚类算法。学习 DBSCAN 主要丰富了在数据挖掘过程中的聚类手段，在数据分布比较适合基于密度区分的时候，使用 DBSCAN 会是一种更优的处理方法。

5.3 回归算法

其实回归算法一直是机器学习算法领域的重要组成部分，前文已经介绍的逻辑回归就是回归算法的一员，只不过我们将回归值取了阈值用于分类操作，所以把逻辑回归分到了分类算法的种类中。分类和回归的区分为，通常如果预测变量是离散的，我们称其为分类，如果预测变量是连续的，则叫作回归。其实从数学逻辑上来看，回归算法其实就是拟合出贴近于实际数据点的曲线。在真实的业务场景下，回归算法常被用来对未来的数据走向进行预测，就像是预测股票 K 线的涨或者跌一样。下面就来介绍一下最基础的回归算法——线性回归。

线性回归是回归大家族中的最容易理解的一员，线性回归的原理跟前文的逻辑回归非常类似，在学习的过程中可以相互参考来理解。

1. 基础概要

线性回归（Linear Regression）是回归算法中最简单的一种回归方程，是一种监督学习的机器学习算法。上文已经介绍了逻辑回归，其思路是利用线性方程组通过 Sigmoid 函数把取值区间限制到 0 和 1 之间，然后利用一些最优化的方法（在逻辑回归一节用到的是梯度下降算法）计算梯度，最终拟合出曲线。线性回归跟逻辑回归的思路大体相同，就是没有 Sigmoid 函数处理这一步骤。线性回归也是通过多元变量方程求最优化来拟合曲线，下面通过一张图来表示一下线性回归的应用，假如在二维向量空间中有一些数据点分布，通过线性回归方程拟合出如图5-40所示的虚线，这条虚线可以代表数据点的空间分布情况。

有了这条回归曲线就能预测下一阶段的点的分布，从而实现了预测功能。图5-41中的方块就是通过线性回归预测出来的下一阶段可能的数据分布点。

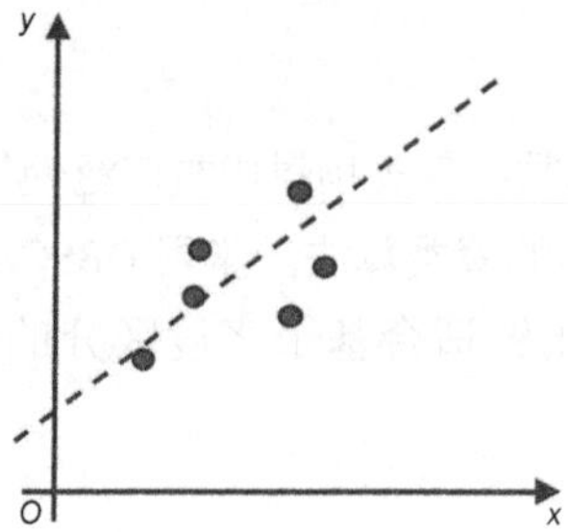

图5-40　回归线

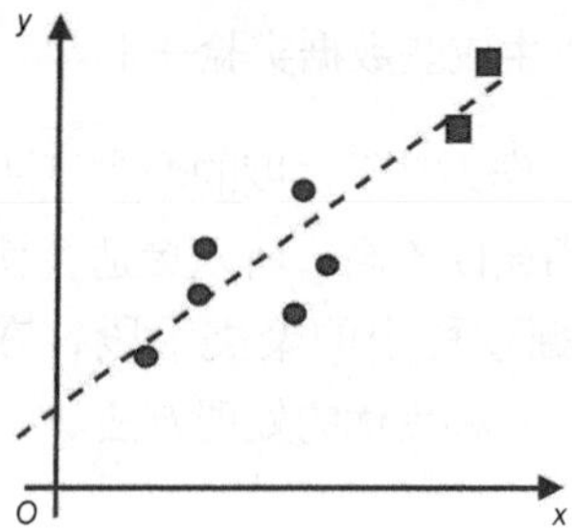

图5-41　线性回归预测

线性回归被广泛用于预测场景中，如股票预测、地震预测和天气预报等场景下，下面介绍如何通过算法公式来推导。

2. 算法推导

线性回归的数学推导公式很简单，比逻辑回归还简化了很多（本节对线性回归只做简化介绍，具体的原理可以参见逻辑回归章节）。

（1）回归方程。首先还是通过一个多元变量的函数来表示需要拟合的线性方程。

$$h_\theta(\mathrm{x}) = C + \theta_1 x_1 + \theta_2 x_2 + \cdots + \theta_\mathrm{n} x_\mathrm{n}$$

其中，x_1、x_2、$x_3\cdots$，都表示输入数据矩阵的一个字段，最终需要通过最优化算法求得这些特征变量的乘积系数，即θ_0，θ_1，$\theta_2\cdots$。

（2）最优化算法。线性回归方程的最优化算法有很多种，有前面介绍的梯度下降算法，也有最小二乘法。这里还是简单了解一下线性回归通过梯度下降算法求最优解，代价函数如下。

$$J = \frac{1}{2m}\sum_{i=1}^{m}(h_\theta(x^i) - y^i)^2$$

其中，J是代价函数，y是目标值，m为数据集中数据的条数，$h_\theta(x)$是我们需要拟合的函数。通过对代价函数求偏导数就可以计算出梯度值，这一步骤跟逻辑回归的梯度下降是一样的。

另外在做线性回归的时候容易出现过拟合的问题（详见过拟合章节的介绍），常常要通过做正则化处理来预防过拟合问题的出现。线性回归不需要像逻辑回归那样考虑取值空间的限定，只需要通过最优化算法迭代计算最优线性方程系数即可。

3. 工程实现

通过 Sklearn 开源库可以非常方便的使用线性回归算法，我们来看一个简单的案例，实验环境是 Mac OS、Python2.7。首先，调用 Sklearn 中的 linearRegression 的函数代码：

```
from sklearn import linear_model
linear_regression = linear_model.LinearRegression()
x = [[5,2],[2,5],[3,9]]
y = [0,1,2]
linear_regression.fit(x,y)
print(linear_regression.coef_)
print(linear_regression.intercept_)
print(linear_regression.predict([3,3]))
```

- linear_regression 为线性回归函数声明。
- x= [[5,2],[2,5],[3,9]]为特征列，一共 3 组数据，每组数据有两个值对应于上一个小节公式推导中的 x_1 和 x_2，表示两个特征。
- y=[0,1,2]为目标列 x 对应的 3 组数据的目标列。
- linear_regression 是生成模型。
- linear_regression.coef_为两个特征系数，对应线性方程 $h_\theta(x)$中的θ_1和θ_2。
- linear_regression.intercept_对应的是截距，也就是公式中的 C。
- 最终对输入数据[3,3]进行了预测。

上述代码的结果如图 5-42 所示。

```
[-0.06666667  0.26666667]
-0.2
[0.4]
[Finished in 2.6s]
```

图 5-42 线性回归结果

系数θ_1和θ_2分别是–0.06666667 和 0.26666667，截距 C 为–0.2，输入数据[3,3]的预测值为 0.4。

以上介绍了线性回归的概念以及算法推导，并且用 Sklearn 库运行了一个实例，其实因为线性回归跟逻辑回归的原理近似，因此这一部分并没有做过多的说明。回归算法作为机器学习算法的一大分支，主要解决了连续数据的分类和预测的场景，有非常多的用途。线性回归的公式比较简单、容易理解，所以在许多场景下都有非常好的应用，如股票和天气的预测，希望能够通过本节的介绍帮助大家真正地了解这个算法。

5.4 文本分析算法

随着机器学习算法的发展，对文本分析类场景的需求在不断增加，以前如果需要把不同种类的文章进行分类，往往要依赖人肉去阅读判断。随着文本类算法的发展，很多诸如此类的场景正在逐渐被机器所替代。本章将主要介绍几个文本分析类场景常用的算法，希望为读者理解文本类算法作为一个引导。

5.4.1 分词算法——Hmm

分词算法就是将句子按照每个词的意义进行分割，对英文文本来讲，因为本来英语就是天然按照空格进行分割的，所以不存在分词相关的操作，但是对中文来讲，因为词与词在书写的过程中不具备天然的分隔符，如果需要对语义进行分析，一定要对句子中的词进行拆分。例如句子“我来自北京”，分割完成的结果是“我\来自\北京”。对文本分析类场景来讲，分词算法一定是最为基础的一个步骤，是整个文本分析的第一个流程。分词结果的好坏将直接决定了后续的语义分析、打标和聚类等场景的准确性，试想一下如果“我来自北京”被分割成“我\来自北\京”，那么对下面其他语义相关算法的计算结果都有非常大的影响，本节将主要介绍一下相关的分词算法。

1. 基础概要

要了解分词算法，我们先来看一下文本分词方法大概可以分为哪几种类别以及这几类方法的区别。在笔者看来，分词大致可以分为3种方法：机械分词、统计分词和机器学习分词。这几种分词方法从不同的角度出发，各有优缺点，实际在操作中是可以结合使用的，下面分别介绍一下。

（1）机械分词。机械分词的思想很简单，假如有一个非常大的词库，这个词库大到可以涵盖所有的中文词语，那么我们在分词的时候只需要将需要分词的文章从前向后遍历一遍，把和词库匹配的词语选择出来就可以了。这里就会涉及两个问题，一个是效率问题，每筛选出一个词都需要遍历一遍原始词库，因为原始词库是非常大的，那么每分一个词都遍历一遍势必会造成效率低下，针对这样的问题可以通过树状结构的数据存储方式来提优。另外一个问题就是出现语义歧义的分词，例如我们有一句话是“我是中国人。”那么假设我们从前向后遍历，“中国”和“中国人”都是出现在词库里的词语，那么具体分词的时候是否把“中国人”进行分割？针对这种情况，需要制定一些规则来规避风险，按照文本扫描的方式可以通过自左向右的最大匹配法、自右向左的逆向最大匹配法和双向最大匹配法 3 种方法来定义，也可以按照最小切分法发来进行。这些方法的最终目的就是保证每一句中的分词结果数量最小。机械分词往往作为分词操作中的辅助项，起到提升分词精度或者校验分词结果的作用。

（2）统计分词。统计分词是一种简单的基于概率的分词算法，这个算法的核心思想就是在海量文本中找出同时出现频率很高的几个字，那么这几个字组成在一起很有可能就是一个词语。比方说，我们有一个文本是“小红买了一个鸡蛋，她的爸爸说你买的这个鸡蛋真大。”这里“鸡”和“蛋”这两个字同时出现的概率最大，那么通过概率分析，这两个字很有可能就是搭配起来表示一个词语，于是就可以把“鸡蛋”这个词语挑出来。基于统计的分词方法具备一个比较大的好处就是对新出炉的词的感知能力很强，因为随着互联网的发展，每天都有一些新的网络词语出现在我们的生活中，任何词库都很难做到实时更新，那么依靠机械分词这样的方法是无法及时发现新产生的名词的，而在这方面，统计分词就可以作为一个很好的补充。

（3）机器学习分词。再来看看我们这一节的主角——机器学习分词。这类分词基于人工标注的词性和统计特征对中文进行建模，实际的分词过程其实就变成了对结果的预测过程，通过计算每种分词可能性的概率大小来进行分词并且得到最终结果。这里比较常见的方法就是隐马尔科夫模型（Hidden Markov Model，HMM）和条件随机场（Conditional Random Field，CRF）算法，本节主要介绍 HMM 的方法。

HMM 作为统计模型，被广泛运用到文本分析，特别是分词领域。那么什么是隐马尔科夫模型，这个“隐”字代表什么呢？通过维基百科的一个经典的的例子来解释：假如一个人 A，根据天气状况是下雨或者晴天来安排自己的活动，A 有 3 种活动可以选择，分别是散步、购物和清理房间。我们可以通过推特（Twitter）了解到 A 这个人每天都在做什么，那么虽然我们不知道 A 的城市每天具体的天气状况，但是也可以有办法通过他的活动来推理 A 所在城市每天的天气。因为 A 的活动跟天气是有一定关系的，比方说如果这一天是雨天，那么 A 出门散步的概率就不会很大。在这个案例中，天气状况是我们要预测的“隐”信息。这里边的天气和 A 活动间的关系可以通过状态概率矩阵来表示，隐马尔科夫算法就是这样一个通过概率模型训练的机器学习算法。

隐马尔科夫模型主要可以用来解决3种基本问题：评估问题(Forward-backward 算法)、解码问题（Viterbi 算法）和学习问题（Baum-Welch 算法）。这3种问题的区分主要是依赖于算法的输入，我们可以把 HMM 的输入分为以下五元组。

- InitStatus：初始状态集合。
- StatusSet：状态值集合。
- ObservedSet：观察值集合。
- TransProbMatrix：转移概率矩阵。
- EmitProbMatrix：发射概率矩阵。

（在算法推导的部分会对每一个部分的意义有详细的说明）本文提到的分词功能其实是一种解码问题，这种解码问题的本质上是寻找最优的隐状态序列，通常是利用 Viterbi 算法来解，Viterbi 算法是已知 InitStatus、ObservedSet、TransProbMatrix 和 EmitProbMatrix，求解 StatusSet 的方法。Viterbi 算法的理论是下一步的状态会依赖前一步的状态和当前可观察的状态。下面介绍 Viterbi 算法的具体推导过程。

2. 算法推导

前面简单介绍了 HMM 的基本概念，这一部分将针对 HMM 的 Viterbi 算法进行一个推导，为了更生动地表示算法的意义，我们采取一个生活中的场景进行具体的数值推导。假设有一个人 B，他有3种状态分别是笑、无表情和哭，通过观察他的表情推测出他的隐含状态：高兴或者不高兴。这里假设我们的转移概率矩阵和发射概率矩阵等都是经过训练得到的最终结果（具体数值表示概率值），我们看下具体的推导过程是怎样实现的。

（1）输入的5项式结果如下。

- 首先看下初始状态，InitStatus 的两种状态：InitStatus={高兴：0.6,不高兴：0.4}。
- 隐含的心情状态，StatusSet={高兴、不高兴}。
- 观察到的状态，ObservedSet={笑，无表情，哭}。
- 转移概率矩阵，TransProbMatrix=$\begin{pmatrix} 0.6 & 0.4 \\ 0.7 & 0.3 \end{pmatrix}$，具体的含义是高兴→不高兴的概率

P(不高兴|高兴)=0.4，高兴→高兴的概率是 P(高兴|高兴)=0.6，不高兴→高兴的概率 P(高兴|不高兴)=0.7，不高兴→不高兴的概率 P(不高兴|不高兴)=0.3。

- 在相应心情状况下的表情概率，EmitProbMatrix=$\begin{pmatrix} 0.6 & 0.3 & 0.1 \\ 0.2 & 0.2 & 0.6 \end{pmatrix}$，这个矩阵的具体含义是高兴心情下的状态概率为{高兴：P(笑)=0.6，P(无表情)=0.3，P(哭)=0.1}，不高兴状态下的概率为{不高兴：P(笑)=0.2，P(无表情)=0.2，P(哭)=0.6}。

（2）具体推导。假设我们观察到 B 最近 3 天的表情分别是笑、无表情和哭，我们来通过 Viterbi 算法推导下 B 这 3 天的心情是怎样的。

- 第 1 天的心情。由初始状态 InitStatus 得到，P(高兴)=0.6，P(不高兴)=0.4，这个是初始值。因为第一天的表情的观察状态是“笑”。所以第 1 天的心情为

P(高兴)=P(笑|高兴) × P(高兴|初始状态)=0.6 × 0.6=0.36

P(不高兴)=P(笑|不高兴) × P(不高兴|初始状态)=0.2 × 0.4=0.08

这里应用到了发射概率矩阵，第 1 天的 P(高兴)> P(不高兴)，所以第 1 天的心情是高兴的可能性比较大。

- 现在来推算第 2 天的状况。第 2 天的表情是“无表情”，第 2 天的状态有以下 4 种可能。

P(前一天高兴，今天高兴)=P(前一天高兴) × P(高兴→高兴) × P(无表情|高兴)=0.36 × 0.6 × 0.3=0.0648

P(前一天高兴，今天不高兴)=P(前一天高兴) × P(高兴→不高兴) × P(无表情|不高兴)=0.36 × 0.4 × 0.2=0.0288

P(前一天不高兴，今天高兴)=P(前一天不高兴) × P(不高兴→高兴) × P(无表情|高兴)=0.08 × 0.7 × 0.3=0.0168

P(前一天不高兴，今天不高兴)=P(前一天高兴) × P(不高兴→不高兴) × P(无表情|不高兴)=0.08 × 0.3 × 0.2=0.0048

这里涉及 TransProbMatrix 和 EmitProbMatrix，计算的结论是第 2 天 B 的心情是高兴的可能性最大，因为结果是“今天高兴”的两个概率值之和较大。

- 下面来看下第 3 天的情况。第 3 天我们观测到 B 的表情是“哭”，跟上一天的推导

类似，第3天的公式如下。

P(前一天高兴，今天高兴)=P(前一天高兴)×P(高兴→高兴)×P(哭|高兴)=(0.0648+0.0168)×0.6×0.1=0.004896

P(前一天高兴，今天不高兴)=P(前一天高兴)×P(高兴→不高兴)×P(哭|不高兴)=(0.0648+0.0168)×0.4×0.6=0.019584

P(前一天不高兴，今天高兴)=P(前一天不高兴)×P(不高兴→高兴)×P(哭|高兴)=(0.0288+0.0048)×0.7×0.1=0.002352

P(前一天不高兴，今天不高兴)=P(前一天高兴)×P(不高兴→不高兴)×P(哭|不高兴)=(0.0288+0.0048)×0.3×0.6=0.006048

所以通过计算可以推断出，第三天B的心情是不高兴，因为推导出今天不高兴的两个概率的和较大。

最终，通过3天的表情笑→无表情→哭，可以推出他的心情是高兴→高兴→不高兴。以上是通过一个日常生活中的案例来描述如何利用 InitStatus、StatusSet、ObservedSet、TransProbMatrix 和 EmitProbMatrix 这5个输入，通过 Viterbi 算法进行推导，对隐藏的状态实现概率层面的推理。但是这又跟分词有什么关系呢？其实分词场景也可以抽象成上面的这样的5个输入的形式。假设我们需要对下面的这句话进行分词。

```
李雷是中国人
```

把这句话的每一个字看作一种观察状态，ObservedSet={李，雷，是，中，国，人}。有了观察状态，我们需要挖掘隐藏状态，其实对分词这样的场景来讲，只要可以抓住每个词的开头和结尾的字，就可以把词语区分出来。所以针对语句中的每个字，它的隐含状态就是{B：begin，M：middle，E：end，S：single}。其中，B表示了对应的字是词语的开始，M表示的是字是词语的中间，E表示这个字是词语的结束，S表示的是这是单个字的词。对如上的例子通过隐含状态就可以进行以下拆分。

```
李雷/是/中国人
BE/S/BME
```

这样我们就确认了在分词场景下 ObservedSet 和 StatusSet 的意义。下面介绍 InitStatus 的定义，InitStatus 在分词场景下表示第一个字的状态概率，因为第一个字不可能作为E或者 M 出现，所以只需要设定好第一个字是 B 或者 S 的概率即可。TransProbMatrix 和

EmitProbMatrix 这两个矩阵的具体概率值可以通过大量的标记样本数据训练得到，这两个概率矩阵就是分词算法的核心。这样一来，在分词的场景下，我们把需要分词的对象作为 ObservedSet，通过训练生成的 InitStatus、TransProbMatrix 和 EmitProbMatrix 就可以预测出对应的 StatusSet，然后利用 StatusSet 进行词语的切割。

3. 工程实现

介绍完一些分词的基本概念以及 Hmm 的 Viterbi 算法的实现后，这一节介绍如何工程化的实现分词这个功能。目前常见的中文分词系统有中科院的 ICTCLAS、哈工大的 ltp、东北大学的 NIU Parser 以及 jieba 分词。笔者通过开源项目 jieba 分词作为示例来实现分词操作，采用 jieba 分词的原因有下面几点：其一，jieba 分词的精度比较理想；其二，jieba 分词的算法原理就是前面小节所讲的基于 HMM 的 Viterbi 算法实现的；其三，jieba 分词是开源的 Python 分词库，对理解和部署源码都比较方便。

jieba 分词的具体实现步骤：①加载词典 dict.txt（可以在下载好的目录中查看）；②构建句子的有向无环图（Directed Acyclic Graph，DAG）；③对词典中的未收录词，使用 HMM 的 Viterbi 算法进行分词；④使用动态规划（Dynamic Programming，DP）寻找有向无环图的最大概率路径并且返回结果。下面我们来具体操作一下。

（1）安装 jieba 分词。首先还是要安装 jieba，可以登录网站 https://github.com/fxsjy/jieba 去查看具体的安装方式，这里通过 clone 下载代码包，然后在项目目录下执行：

```
python setup.py install
```

（2）实验。安装好 jieba 的分词库之后，调用起来也比较方便，在程序中 import jieba 即可。jieba 提供了以下 3 种分词模式。

- 精确模式，试图将句子最精确地切开，适合文本分析。
- 全模式，把句子中所有可以成词的词语都扫描出来，速度非常快，但是不能解决歧义。
- 搜索引擎模式，在精确模式的基础上，对长词再次切分，提高召回率，适用于搜索引擎分词。

通过一段实例代码可以看一下具体的分词效果，示例代码（Python 2.7）如下。

```
# encoding=utf-8
import jieba
```

```
seg_list = jieba.cut("我来到北京清华大学", cut_all=True)
print("全模式: " + "/ ".join(seg_list).encode('utf-8')) # 全模式

seg_list = jieba.cut("我来到北京清华大学", cut_all=False)
print("精确模式: " + "/ ".join(seg_list).encode('utf-8'))  # 精确模式

seg_list = jieba.cut_for_search("我来到北京清华大学")  # 搜索引擎模式
print("搜索引擎模式: "+"/".join(seg_list).encode('utf-8'))
```

结果展示如图 5-43 所示。

```
Loading model cost 0.522 seconds.
Prefix dict has been built succesfully.
全模式: 我/ 来到/ 北京/ 清华/ 清华大学/ 华大/ 大学
精确模式: 我/ 来到/ 北京/ 清华大学
搜索引擎模式: 我/来到/北京/清华/华大/大学/清华大学
```

图 5-43　分词结果

本节主要介绍了文本分析的第一个步骤——分词算法的实现，讲解了 Hmm 算法的推导，并且使用了 jieba 分词展示了如何对文本进行分词操作。其实本节对分词算法的原理只是一个简单的科普，中文分词是一个非常复杂的领域，需要涉及种类繁多的算法理论，如果想深入了解相关技术，需要更多地研习相关的中文分词论文，或者多查看分词算法的源码。分词作为文本分析的第一步已经介绍结束，下面会对其他文本分析的主要算法进行介绍。

5.4.2　TF-IDF

本节将介绍如何对文本文件进行打标，在实际的文本业务场景中，对文章打标是最为常见的应用之一。当我们打开一篇关于足球比赛的新闻的时候，往往可以看到在新闻的正文前面会有“体育”“足球”这样的小标签，这些标签可以帮助人们对文章进行分类，也可以作为文本内容推荐的一个依据。很多时候，我们看到的文本内容是通过内容提供者手动标记的，本节将介绍一种自动打标的算法 TF-IDF。

1．基础概要

词频-逆向文件频率（Term Frequency-inverse Document Frequency，TF-IDF）是一种用于信息检索和数据挖掘的加权技术，也就是常说的文本的打标。要理解 TF-IDF 的算法实现原理，首先要先知道什么是文本打标。文本打标就是找出最能代表这个文本意义的一些词语，这里涉及两个方面：一方面是打标词语要出现得足够多，也就是通过对文章进行词频统计，在通常情况下出现多的词语才是最能代表文章意义的，这是单从一篇文章的角度来决定的。另一方面，把多篇文章放在一起来比较，类似于“的”“是”这样的常用助词可能在每篇文章中出现的频率都很高，虽然这些词满足了出现频率高的要求，但是它们并不能作为每篇文章的标签，因为这些词语不具备个性。所谓个性就是当我们把多篇文章放到一起来看，要找出每篇文章中独特的词语，也就是某个词可能在文章 A 中出现得非常多，在其他文章都没怎么出现，那么这个词对于文章 A 来讲就是有代表性的，可以作为标签来代表这篇文章。

以上两方面就是 TF-IDF 这个算法的精髓体现。我们再把 TF-IDF 从字面意义的角度拆开理解，对某个词语 B，TF（Term Frequency）表示 B 在某篇文章中出现的频率，DF（Document Frequency）表示出现词语 B 的文章占到所有文章的比例。只有 TF 和 DF 进行 Inverse，也就是除法，才能正确地表示某个词语在对应某个文章的 IF-IDF 值。下面来通过公式推导 TF-IDF 值。

2. 算法推导

具体的 TF-IDF 求解过程是通过求解 TF 和 IDF 值来实现的。这里先设置几个变量{t:表示某个词，d:表示某篇文章，D:全部文章的集合}，绝对值符号||表示对象的个数。

（1）TF 值求解。TF 值求解一般是依赖分词和词频统计的结果，我们举一个例子说明，假设有这样的一个文本“我爱踢足球，踢足球很累”。通过分词和词频统计可以得到下面的结果{足球:2，踢:2，我:1，爱:1，累:1，很:1}，这里边一共出现 8 个词（足球和踢出现了两次）。对“足球”这个词来讲，它在这个文本文件中的 TF 值就是 2/8=0.25。TF 是表示的单个词在对应的文章中的出现频率，公式为

$$\mathrm{TF}(t,d)=\frac{|t|}{|d|}$$

（2）IDF 值求解。IDF 的值表示的是出现某个词语 t 的文章，占到总文章集合的百分比。假如有 3 篇文章分别是{“小明是个好学生。”}{“小明喜欢苹果。”}{“中国真大。”}，这里“小明”的 DF 值为 2/3。IDF 是将 DF 求倒数，并且通常会取对数，涉及信息论中熵的概念。IDF 的公式为

$$\mathrm{IDF}(t,D)=\log\frac{|D|}{|\{d\in D:t\in d\}|}$$

最终的 TF-IDF(*t*,*d*,*D*)=TF(*t*,*d*) × IDF(*t*,*D*)。以上就是 TF-IDF 算法的推导流程，下面介绍具体在工程上的实现。

3. 工程实现

具体使用 TF-IDF 算法时需要配合分词和词频统计两个模块来进行，这里为了演示方便，直接输入词频统计处理好的数据。

```
doc1={'at':16,'tell':132,'soft':42,'let':53,'this':32}
doc2={'tell':53,'be':46,'tea':43,'what':46,'foot':65,'hack':32}
doc3={'soft':65,'this':67,'tell':78,'how':124,'foot':54}
```

这里有 3 个 doc 作为输入，每个 doc 里包含每个词以及这个词在当前 doc 中出现的次数。

示例代码如下。

```
from math import log

def tf(word,doc):
    all_num=sum([doc[key] for key in doc])
    return float(doc[word])/all_num


def idf(word,doc_list):
    all_num=len(doc_list)
    word_count=0
    for doc in doc_list:
        if word in doc:
            word_count+=1
    return log(all_num/word_count)


def tfidf(word,doc,doc_list):
    score=tf(word,doc)*idf(word,doc_list)
    return score


if __name__=='__main__':
    doc1={'at':16,'tell':132,'soft':42,'let':53,'this':32}
    doc2={'tell':53,'be':46,'tea':43,'what':46,'foot':65,'hack':32}
    doc3={'soft':65,'this':67,'tell':78,'how':124,'foot':54}
```

```
doc_list=[doc1,doc2,doc3]
i=1
for doc in doc_list:
    print '-'*20
    print 'doc%d' % i
    for word in doc:
        print '"%s":%f' % (word,tfidf(word,doc,doc_list))
    i+=1
```

结果如下。

```
--------------------
doc1
"this":0.000000
"let":0.211733
"soft":0.000000
"at":0.063919
"tell":0.000000
--------------------
doc2
"be":0.177320
"what":0.177320
"tea":0.165756
"hack":0.123353
"foot":0.000000
"tell":0.000000
--------------------
doc3
"this":0.000000
"how":0.351103
"foot":0.000000
"soft":0.000000
"tell":0.000000
```

通过结果可以看出来，对“tell”这个词，虽然它在 doc1 中出现的次数很多，但是因为“tell”在 doc2 和 doc3 中出现的次数也很多，所以“tell”不能作为 doc1 的标签，它的 TF-IDF 值非常低。再计算“how”这个词，它在 doc3 中出现的次数很多，而且在 doc1 和 doc2 中没有出现，所以“how”对应的 doc3 的 TF-IDF 值非常高。通过这段代码和跑出来的结果，我们就可以清晰地了解到 TF-IDF 算法的特性。

本节介绍了文本分析中的常用打标类算法 TF-IDF，这个算法的推导非常简单，需要注意的一点是 TF-IDF 不是根据词在某一篇文章中的出现频率来打分，而是根据词对文章的代表性来评估。计算每个词的 TF-IDF 值不但可以得到文章中有代表性的词语，TF-IDF 值本身也可以作为每个词的特征值配合分类算法或者聚类算法进行训练，所以更多的时候，TF-IDF 值并不是一个文本分析中的结果项，而是作为特征值来使用。

5.4.3 LDA

上一节介绍了一种挖掘文档中有代表性的词语的算法 TF-IDF，在这一节再介绍一种主题模型算法——隐含狄利克雷分布（Latent Dirichlet Allocation，LDA）。TF-IDF 和 LDA 是文本挖掘领域最常用的两种算法，对初学者来说，这两种算法看上去比较相近。TF-IDF 计算的是每个文章最有代表性的词，LDA 计算的是每个文章的主题，所以在介绍 LDA 之前，笔者先通过一点篇幅来介绍一下两者的区别。下面还是通过一个例子讲解一下，假设我们有 3 篇文章都是表示足球比赛的，这 3 遍文章分别是《中国男子足球队勇夺世界杯》、《曼联在一场足球赛事中打败了利物浦》和《足球这个运动真是好玩》。我们看到上面的这 3 篇文章中都包含了一个词“足球”。通过上文介绍的 TF-IDF 的算法原理可以了解到“足球”这个词在每一篇文章中都出现，那么这个词就不能代表某一篇文章的特性，所以如果用上面的这组数据计算 TF-IDF 值，“足球”这个词的权重会非常低。但是在真实的业务场景中，假如我们希望给每一篇文章打标，因为 3 篇文章都是跟“足球”有关系的，我们并不希望把这个关键词省去，因为“足球”是这组文章的主题，这个时候就需要使用 LDA 算法来解决问题，下面具体介绍 LDA 算法的原理。

1. 基础概要

隐含狄利克雷分布（Latent Dirichlet Allocation，LDA）是文本挖掘领域的主题模型。LDA 是一种无监督的机器学习算法，通过大规模的语料数据训练，挖掘出其中潜在的一些主题，这些主题可以代表每篇文章的含义。这里再介绍一下主题模型的含义，主题模型其实是用来挖掘文档中间隐含的一些关联，这种关联不单纯是文档间出现相同词语的频率。我们来举一个例子，有两句话分别是“乔丹打球真棒”和“NBA 是个精彩的联赛”。这两句话并没有出现相同的词语，但是它们都表示与篮球相关的内容（乔丹是 NBA 球星），主题模型就是用来挖掘出这种意义相关的语句。

LDA 主题模型在最近几年受关注度很高，主要是因为 LDA 在许多业务领域中都有着不错的表现。在实际的业务场景下挖掘文章的主题可以做很多事情，可以把这些主题作为文章的标签，然后通过标签进行相关性的推荐。例如我们拿到了一个用户 A 浏览过的全部文章集，如果可以挖掘出这一批文章的主题有哪些，就可以大致推算出 A 喜欢阅读的文章范围。例如 A 经常看一些主题是“网球”“费德勒”的文章，我们就知道 A 喜欢网球运动，进而可以推送网球相关的文章给他。另一个主要用途是文章分类，文章分类是文本领域常用的一个场景，如果能通过 LDA 主题模型的方式把每篇文章的主题区分出来，将相似主题的一类文章归为一类，将会有不错的效果。下面还是通过一个例子来说明，例如有 3 篇新闻稿，通过 LDA 计算得到的主题分别是（“飞人”,“球星”,“运动”）、（“网球”,“装备”,“运动”）和（“时尚”,“化妆”,“女性”），那么就可以很容易地判断出来前两个文章的主题相近，应该是一个类别，因为这两个文章的主题都关于运动，相似度很高。这种无监督场景下的文章打标和分类的应用，在很多时候对文本处理有非常大的意义。

2. 算法推导

现在来看下 LDA 的推导过程，其实整个 LDA 算法的模型推导过程是一个很复杂的概率计算流程，需要掌握非常多的数学推导公式和理论，包括多项式分布、Dirichlet 分布和 Gibbs 抽样等。在这里为了方便大家理解，我们用相对简洁的方法描述 LDA 的推导过程。

首先要清楚 LDA 的几个概念，分别是文章、主题和词。在这里，文章是我们的输入数据，出现的词语可以通过分词算法来得到。于是，我们可以假设文章和词两者是已知条件，这样只要通过已知条件求得未知的“主题”，看上去跟贝叶斯模型很相近，通过图 5-44 可以表示这三者的关系。

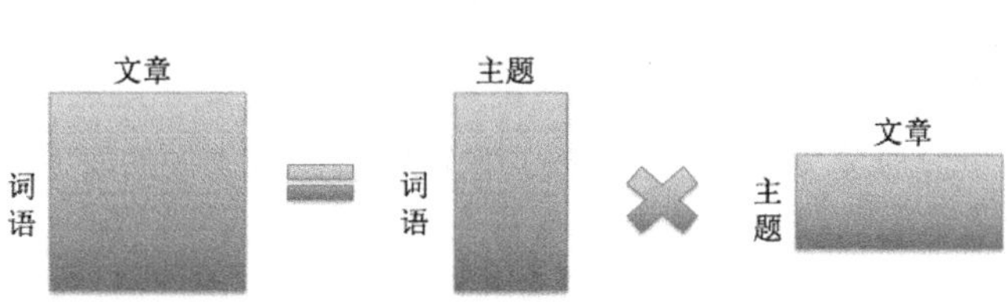

图 5-44 文章、主题、单词关系

等号左边的这个图形表示的是每篇文章中各个词语的概率分布，等号右边第一个矩形表示每个主题所包含词语的概率分布，最右边的矩形表示每个文章中所包含主题的概率分

布，这样就得到了 LDA 的原始公式为

$$P(\text{词语} \mid \text{文档})=\sum_{\text{主题}} P(\text{词语} \mid \text{主题}) \times P(\text{主题} \mid \text{文档})$$

通过上面的这个概率密度公式，我们就可以抽象出文章产生的场景，下面介绍如何通过贝叶斯公式来生成文章。

1）当我们准备开始写作的时候，我们先考虑这篇文章的主题是什么、有哪些，这个主题可以通过主题的概率分布来获得，对应上面公式中的 P（主题 | 文档）。

2）拿到了主题之后，当我们起笔开始写作的时候，就会从这个主题中的单词分布中选择一个词，这个词一定要符合这个主题的概率分布，对应的是 P（词语 | 主题）。

3）循环遍历整篇文章，例如我们要写一篇 500 个词的作文，就把上面的 1 和 2 步骤遍历 500 遍，整篇文章就生成了。

下面再来简单介绍上面的这一套流程映射到数学公式中的表示，因为具体推导过程过于复杂，就不详细介绍，具体可以查看关于这方面的论文。

- 通过 Dirichlet 分布取样获得生成文档的主题分布。
- 通过主题的多项式分布取样，得到当前文档的对应词语的主题。
- 通过 Dirichlet 分布取样，得到所生成主题的词语分布。
- 从词语的多项式分布中采样得到生成的词语。

LDA 模型的中心思想就是把文章生成的流程看作一个词袋模型，不停地通过贝叶斯概率计算出可能出现的词填充进去。这个过程中并没有考虑单词出现的顺序，所以如果是通过 LDA 的生成结果来进行文章分类的训练，在特征工程的时候可以适当选取一些跟单词位置相关的特征配合 LDA 模型使用，这样效果更佳。上面就是对 LDA 算法的推导过程做一个简单的介绍，下面通过一个开源项目来了解 LDA 在工程上面的使用方法。

3. 工程实现

实验环境是 Python 2.7，在 Mac OS 系统下，选用的开源库是 https://github.com/ariddell/lda。这个库的使用比较方便，而且可以自动获取路透社的文章进行实验。

（1）安装环境。通过 pip 工具来安装 LDA 库。

```
pip install lda
```

（2）导入数据源。文本挖掘的数据源是非常关键的，这个 LDA 库中提供了应用程序接口（Application Programming Interface，API）可以调用路透社的数据。我们可以通过下面的代码打印一部分数据。

```
import numpy as np
import lda
import lda.datasets
titles = lda.datasets.load_reuters_titles()
for i in range(0,380):
      print titles[i]
```

该数据是一些新闻的标题，含有国家、地区、标题内容和时间这几个字段信息，如图 5-45 所示。

```
0 UK: Prince Charles spearheads British royal revolution. LONDON 1996-08-20
1 GERMANY: Historic Dresden church rising from WW2 ashes. DRESDEN, Germany 1996-08-21
2 INDIA: Mother Teresa's condition said still unstable. CALCUTTA 1996-08-23
3 UK: Palace warns British weekly over Charles pictures. LONDON 1996-08-25
4 INDIA: Mother Teresa, slightly stronger, blesses nuns. CALCUTTA 1996-08-25
5 INDIA: Mother Teresa's condition unchanged, thousands pray. CALCUTTA 1996-08-25
6 INDIA: Mother Teresa shows signs of strength, blesses nuns. CALCUTTA 1996-08-26
7 INDIA: Mother Teresa's condition improves, many pray. CALCUTTA, India 1996-08-25
8 INDIA: Mother Teresa improves, nuns pray for "miracle". CALCUTTA 1996-08-26
9 UK: Charles under fire over prospect of Queen Camilla. LONDON 1996-08-26
10 UK: Britain tells Charles to forget Camilla. LONDON 1996-08-27
11 COTE D'IVOIRE: FEATURE - Quiet homecoming for reprieved Ivory Coast maid. ABIDJAN 1996-08-28
12 INDIA: Mother Teresa ("I want to go home") sits and prays. CALCUTTA 1996-08-28
13 INDIA: Mother Teresa nears end of crisis, nuns rejoice. CALCUTTA 1996-08-28
14 UK: Prosaic end for marriage of Charles and Diana. LONDON 1996-08-28
15 UK: No respite for British royals despite divorce. LONDON 1996-08-28
16 UK: Camilla, love of Charles' life, an unlikely queen. LONDON 1996-08-28
17 UK: Diana sets out on new life as single woman. LONDON 1996-08-28
18 USA: O.J. Simpson attacks media, hints at lawsuits. WASHINGTON 1996-08-28
19 USA: U.S. Cardinal Bernardin has one year or less to live. CHICAGO 1996-08-30
```

图 5-45　路透社数据

（3）求解 P（词语 | 主题）。在算法推导的环节已经介绍了 LDA 模型的三元组组成，其中很关键的一个概率分布就是每个主题下面都包含哪些词语，现在就来验证路透社的数据究竟每个主题下面都有哪些词语，设置主题的数量是 20 个，每个主题需要包含 8 个词语，代码如下。

```
import numpy as np
import lda
import lda.datasets
X = lda.datasets.load_reuters()
```

```
vocab = lda.datasets.load_reuters_vocab()
titles = lda.datasets.load_reuters_titles()
model = lda.LDA(n_topics=20, n_iter=1500, random_state=1)
model.fit(X)  # model.fit_transform(X) is also available
topic_word = model.topic_word_  # model.components_ also works
n_top_words = 8
for i, topic_dist in enumerate(topic_word):
        topic_words = np.array(vocab)[np.argsort(topic_dist)][:-(n_top_words+1):-1]
print('Topic {}: {}'.format(i, ' '.join(topic_words)))
```

最终结果显示了每个主题包含的单词的分布（见图 5-46）。

```
Topic 0: british churchill sale million major letters west britain
Topic 1: church government political country state people party against
Topic 2: elvis king fans presley life concert young death
Topic 3: yeltsin russian russia president kremlin moscow michael operation
Topic 4: pope vatican paul john surgery hospital pontiff rome
Topic 5: family funeral police miami versace cunanan city service
Topic 6: simpson former years court president wife south church
Topic 7: order mother successor election nuns church nirmala head
Topic 8: charles prince diana royal king queen parker bowles
Topic 9: film french france against bardot paris poster animal
Topic 10: germany german war nazi letter christian book jews
Topic 11: east peace prize award timor quebec belo leader
Topic 12: n't life show told very love television father
Topic 13: years year time last church world people say
Topic 14: mother teresa heart calcutta charity nun hospital missionaries
Topic 15: city salonika capital buddhist cultural vietnam byzantine show
Topic 16: music tour opera singer israel people film israeli
Topic 17: church catholic bernardin cardinal bishop wright death cancer
Topic 18: harriman clinton u.s ambassador paris president churchill france
Topic 19: city museum art exhibition century million churches set
```

图 5-46　主题对应的单词

这里简单列举了每个主题包含的单词，需要注意的是，单词出现在同一主题下并不意味着这些单词具有相同的含义，只能说明它们可以隐含地表示同一类主题。另外，我们还可以获得每个单词在对应主题下的权重，有了每个主题对应的单词列表，就可以方便我们进行文章的分类操作。

（4）求解 P（主题 | 文档）。下面来计算每一篇文章对应的主题是什么，本实验中我们只打印出每个文章所对应权重最大的主题，代码实现如下。

```
import numpy as np
import lda
import lda.datasets
X = lda.datasets.load_reuters()
```

```
vocab = lda.datasets.load_reuters_vocab()
titles = lda.datasets.load_reuters_titles()
model = lda.LDA(n_topics=20, n_iter=1500, random_state=1)
model.fit(X)  # model.fit_transform(X) is also available
doc_topic = model.doc_topic_
for i in range(10):
 print("{} (top topic: {})".format(titles[i], doc_topic[i].argmax()))
```

这里只打印了前 10 个文章所对应的主题，结果如图 5-47 所示。

```
0 UK: Prince Charles spearheads British royal revolution. LONDON 1996-08-20 (top topic: 8)
1 GERMANY: Historic Dresden church rising from WW2 ashes. DRESDEN, Germany 1996-08-21 (top topic: 13)
2 INDIA: Mother Teresa's condition said still unstable. CALCUTTA 1996-08-23 (top topic: 14)
3 UK: Palace warns British weekly over Charles pictures. LONDON 1996-08-25 (top topic: 8)
4 INDIA: Mother Teresa, slightly stronger, blesses nuns. CALCUTTA 1996-08-25 (top topic: 14)
5 INDIA: Mother Teresa's condition unchanged, thousands pray. CALCUTTA 1996-08-25 (top topic: 14)
6 INDIA: Mother Teresa shows signs of strength, blesses nuns. CALCUTTA 1996-08-26 (top topic: 14)
7 INDIA: Mother Teresa's condition improves, many pray. CALCUTTA, India 1996-08-25 (top topic: 14)
8 INDIA: Mother Teresa improves, nuns pray for "miracle". CALCUTTA 1996-08-26 (top topic: 14)
9 UK: Charles under fire over prospect of Queen Camilla. LONDON 1996-08-26 (top topic: 8)
```

图 5-47 文章对应主题

通过图 5-47 可以看到每一篇文章最后面的括号中内容表示了文章对应的主题编号，可以在图 5-46 中查找具体每个主题都包含哪些词语，这些词语就可以用来对文章的含义进行打标。另外，如果需要获得每篇文章所对应主题的权重分布也是可以实现的。

以上就是我们通过使用开源 LDA 库，针对路透社数据进行的主题计算。LDA 是一种在文本数据挖掘领域运用非常广泛的算法，本文对 LDA 的基础知识、理论推导以及工程实现进行了简单介绍，主题模型的算法实现非常复杂，建议仔细阅读相关的算法代码以加深理解。因为文本分析的计算量相对较大并且 LDA 的计算复杂度较高，所以在企业级应用中推荐使用分布式计算的方式实现。

5.5 推荐类算法

随着互联网的普及，人们在生活中的很多行为以及思维方式都得到了改变。在上个世纪人们习惯跟风，以穿衣服为例，一旦流形了一个潮流，大街小巷都是穿类似风格衣服的人。但是这种现象正在逐渐被改变，如今流形的一句话就是“个性化”。个性化体现在了穿衣服、吃饭及说话等各种日常行为中。网络购物的场景下流行的是个性化推荐，这里个性化的意思是不同人进入淘宝，推荐给每个人的产品是不同的，这种推荐不是随机生成的而是有根据的。但是我们是依据什么建立起了个性化推荐系统呢？对一个商业化的推荐系统，依赖的算法或者是考虑的因素有很多，本文将针对最为常见的一种推荐算法进行介绍——协同过滤。

协同过滤（Collaborative Filtering，CF）算法，是一种基于类别的推荐算法。其实可以用一句谚语来解释协同过滤算法：物以类聚，人以群分。协同过滤最核心的理念就是找出爱好相同的人或者属性相似的物。这里有一个潜在设定就是，爱好相同的人对特定产品的偏好性是近似的。这样的场景在我们的生活中也有很多体现，如两个人 A 和 B，平时都喜欢吃相似口味的菜，突然餐厅今天出了一道新的菜品，A 觉得这道新菜的味道不错，那么 B 喜欢这道菜的概率一定也很大，因为 A 和 B 在平日里都有相似的饮食偏好。

协同过滤作为经典的推荐算法在工业界已经得到了很多的应用，最早是由亚马逊提出并且应用于网上书店的推荐。多年以前，亚马逊书店一项为人津津乐道的服务就是当用户购买一本书的时候，马上会在下面看到一行“Customer who bought this item also bought…”，亚马逊电商平台以人的阅读品味作为区分进行推荐，这就是一个典型的协同过滤应用场景。

1．基础概要

上面讲了协同过滤的核心思想，这里来看一下这个算法具体的概念有哪些。通常来讲，根据推荐的维度不同把协同过滤分为两种：一种是基于人的推荐，叫 UCF（User-based Collaborative Filtering），另一种是基于物品的推荐，叫 ICF（Item-based Collaborative Filtering）。下面解释两种 CF 的不同。

- UCF。基于人的偏好进行推荐，从全量数据集中找出哪些人是有相同偏好的，针对人群之间的相似偏好性进行推荐。通过一个例子讲解，假设 A 和 B 喜欢的运动种类相似，说明他们在体育方面有相似的偏好。当 A 喜欢另一种运动 C，而 B 没有做过 C 这种运动时，我们认定 B 也喜欢 C，并且把 C 推送给 B。这是典型的以人为基础的推荐，所以称为 User-based。

- ICF。ICF 是基于物品的推荐，从物品的角度先找到相似度高的商品，然后进行推荐。对 ICF 这样的场景，数据挖掘领域有一个经典的案例就是“尿布与啤酒”的故事。沃尔玛超市经过大量的数据统计发现了一个规律，就是尿布和啤酒通常会被买家同时购买，于是它们把尿布和啤酒的货架放到了一起，从而提高了商品的销售量，“尿布与啤酒”是典型的 ICF 应用案例。通常来讲，我们潜意识理解的相似物品的概念是指商品属性方面的相似，如篮球和足球是一对近似物品，因为它们都是球类。但是在“尿布和啤酒”这个案例中，两个物品似乎不具备属性相似的特点。这也是

ICF 算法的特点，它是基于大量的数据统计信息来进行推荐，会帮助找出很多隐藏关系的物品对。

下面通过一个例子说明，假如我们有一份用户购物数据（见表 5-9）。

表 5-9 用户购物数据

用户＼商品	A	B	C
甲	✔		✔
乙	✔	✔	✔
丙	✔		推荐购买

通过甲和乙的购买行为发现，商品 A 和商品 C 总是同时出现在客户的购物框中，我们可以假设 A 和 C 是有某种关联性的，就像上文的“尿布”和“啤酒”一样，这种关联关系在数据量小的时候可能体现得不是特别明显，但是当我们的数据量非常大的时候，如有 10000 条购买记录，其中 A 和 C 同时出现在购物车的数量是 9000 条，那么就可以比较确信这种关联的关系。这个时候当另一个用户丙购买了 A 的时候，就推测他可能也会买 C，于是就把商品 C 推送给用户丙。实际在工业化使用过程中，ICF 常常可以起到比较好的效果。

2. 算法推导

通过上面的算法的介绍，其实可以看到无论是 ICF 或是 UCF，算法的推导过程中的核心就是聚类，也就是计算向量距离。把用户的购买的每个商品看作向量中的一个维度，然后通过数学的向量距离求解方法找到关联的 User 或者 Item。适合协同过滤算法的向量距离解法有很多，这里选取两种最常用的距离求解方法来介绍：欧几里德距离和皮尔逊相关系数。

（1）欧几里得距离。欧式距离可以描述两点在 n 维空间的真实距离，求解方法比较简单。已知两个 n 维向量 $\boldsymbol{x}=(x_1,x_2,x_3,\cdots,x_n)$和 $\boldsymbol{y}=(y_1,y_2,y_3,\cdots,y_n)$，那么这两个向量的的欧式距离公式可以表示为

$$d(\boldsymbol{x},\boldsymbol{y})=\sqrt{\sum_{i=1}^{n}(x_i-y_i)^2}$$

在实际的工程中，我们可能需要把结果控制在 0 到 1 之间，所以可作如下处理：

$$\mathrm{sim}(\boldsymbol{x},\boldsymbol{y})=\frac{1}{1+d(\boldsymbol{x},\boldsymbol{y})}$$

（2）皮尔逊相关系数。皮尔逊相关系数是协同过滤算法中最常用的相似度求解算法。皮尔逊相关系数算法可以用来度量两个变量之间的相关程度，计算结果是介于 1 和–1 间的值，1 表示完全正相关，0 表示无关，–1 表示完全负相关。皮尔逊相关系数的公式为

$$p(\boldsymbol{x},\boldsymbol{y})=\frac{n\sum_{i=1}^{n}x_iy_i-\sum_{i=1}^{n}x_i\sum_{i=1}^{n}y_i}{\sqrt{n\sum_{i=1}^{n}x_i^2-(\sum_{i=1}^{n}x_i)^2}\sqrt{n\sum_{i=1}^{n}y_i^2-(\sum_{i=1}^{n}y_i)^2}}$$

下面介绍具体的代码实现。

3．工程实现

通过简单的代码实现 UCF 如下。

```
from math import sqrt

def sim_distance(prefs,person1,person2):
    si={}
    for item in prefs[person1]:
        if item in prefs[person2]:
            si[item]=1
    if len(si)==0:
        return 0
    sum_of_squares=sum([pow(prefs[person1][item]-prefs[person2][item],2) fo
r item in prefs[person1] if item in prefs[person2]])

    return 1/(1+sqrt(sum_of_squares))

def sim_pearson(prefs,p1,p2):
    si={}
    for item in prefs[p1]:
        if item in prefs[p2]:
```

```
        return 1
    sum1=sum([prefs[p1][it] for it in si])
    sum2=sum([prefs[p2][it] for it in si])

    sum1Sq=sum([pow(prefs[p1][it],2) for it in si])
    sum2Sq=sum([pow(prefs[p2][it],2) for it in si])

    pSum=sum([prefs[p1][it]*prefs[p2][it] for it in si])

    num=pSum-(sum1*sum2/n)
    den=sqrt((sum1Sq-pow(sum1,2)/n)*(sum2Sq-pow(sum2,2)/n))
    if den==0:
        return 0

    r=num/den

    return r

def topMatches(prefs,person,n=5,similarity=sim_pearson):
    scores=[(similarity(prefs,person,other),other) for other in prefs if ot
her!=person]

    scores.sort()
    scores.reverse()
    return scores[0:n]

def getRecommendations(prefs,person,similarity=sim_pearson):
    totals={}
    simSums={}
    for other in prefs:
        if other==person:
            continue
        sim=similarity(prefs,person,other)

        if sim<=0:
            continue
        for item in prefs[other]:
            if item not in prefs[person] or prefs[person][item]==0:
                totals.setdefault(item,0)
```

```
                totals[item]+=prefs[other][item]*sim

                simSums.setdefault(item,0)
                simSums[item]+=sim

    rankings=[(total/simSums[item],item) for item,total in totals.items()]

    rankings.sort()
    rankings.reverse()
    return rankings
```

- sim_distance 函数：求两个 person 的欧几里德距离。
- sim_pearson 函数：求两个 person 的皮尔逊相关系数。
- topMatches 函数：返回跟输入 person 的相似性排名结果。
- getRecommendations 函数：针对 person 进行推荐。

下面带入一组数据观察运行结果。我们的场景是根据用户对歌曲的打分（5 分为满分）挖掘出品味相似的用户，并且针对这种关联的关系进行推荐，数据集见表 5-10 所示。

表 5-10 数据集

歌曲名 / 用户	See You Again	Try Everything	Let it Go	Sugar	Sorry	Baby	Animals
Jack	4.5	3.5	5.0	3.5	2.5	3.0	
Michael	2.5	3.0	3.0		3.5		
Petter	2.5	3.5	3.0	4.0	4.5		2.0
Tom	4.5	4.0	5.0				

表 5-10 表示每一行（用户）针对每一列（歌曲）的评分，如果为空则表明该用户没有听过这一首歌，将这份数据带入前面的代码跑出来的结果如下。

通过数据集可以生成 JSON 结构的数据对象：

```
critics={'Jack':{'See You Again':4.5,'Try Everything':3.5,'Let it Go':5.0,
                'Sugar':3.5,'Sorry':2.5,'Baby':3.0},
      'Michael':{'See You Again':2.5,'Try Everything':3.0,'Let it Go':3.0,
               'Sorry':3.5},
      'Petter':{'See You Again':2.5,'Try Everything':3.5,'Let it Go':3.0,
```

```
            'Sugar':4.0,'Sorry':4.5,'Animals':2.0},
    'Tom':{'See You Again':4.5,'Try Everything':4.0,'Let it Go':5.0}}
```

（1）topMatches。TopMatches(critics,'Tom')通过皮尔逊系数求距离的结果为

```
[(0.9819805060619666, 'Jack'), (0.0, 'Michael'), (-0.5, 'Petter')]
```

其中，Jack 和 Tom 是正相关，说明他们对音乐的品味是相近的。Michael 和 Tom 的皮尔逊系数是 0，说明他们的音乐品味没有关联。Petter 和 Tom 是负相关，表示他们的音乐品味是相反的。

TopMatches(critics,'Tom')通过欧几里德求距离的结果为

```
[(0.6666666666666666, 'Jack'), (0.25824569976124334, 'Petter'), (0.25, 'Michael')]
```

这表明 Tom 对音乐偏好与 Jack、Petter、Michael 的欧氏距离逐渐变小。我们不难发现 Tom 与 Jack 是音乐品味正向强关联的人。

（2）getRecommendations。getRecommendations（critics,'Tom'）的输出结果为

```
[(3.5, 'Sugar'), (3.0, 'Baby'), (2.5, 'Sorry')]
```

因为通过之前距离求解结果已经可以确认 Tom 和 Jack 是有相似偏好的，我们看到推荐给 Tom 的歌曲都是 Jack 听过而 Tom 没听过的。这种推荐方式就是协同过滤中最简单的实现，本案例采用的方法从结果推荐层面来看比较粗暴，在实际的使用场景中需要对里面的很多环节进行优化才能达到一个比较好的效果。

上面介绍完协同过滤算法后，帮助大家对最基础版的推荐引擎有了一个初步了解。其实真正的推荐引擎背后是有非常多算法作为支撑，协同过滤往往只是其中的一个分支。协同过滤算法通过挖掘出相似的人或者物进行推荐，核心其实是聚类的思想。

5.6 关系图算法

上面介绍了很多分类和聚类等场景的算法，本节主要会介绍关系图算法，这里的图算法不是指图像识别算法，而是指输入的数据源是呈图状结构的，我们通过网图中不同对象之间的关系来进行数据挖掘。先来介绍图状结构的数据，图状数据也可以叫网状数据，强调的是彼此的关联，通过“点”“边”两个概念构成，每个“点”对应数据集中的一个对

象，它们通过某种关系构成“边”然后连接彼此。图5-48中可以看到有A、B、C、D、E共5个人，他们之间通过通话关系建立连接，其中A跟C是有通话记录的，A跟B没有通话记录。这样的数据表示的是对象彼此间的通联关系，即关系图算法的使用范围。

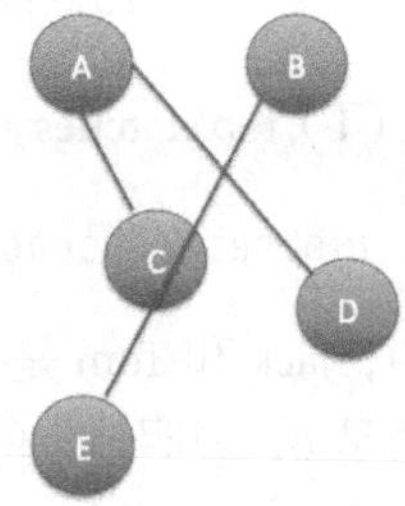

图5-48 图关系

关系图算法的核心是Community，我们可以通过算法挖掘关系网络中的主要成分、预测行车轨迹的最短路径、判断社交网络中彼此的亲密程度、做金融行业的风险管控等。图算法的种类其实有很多，本章将重点介绍关系图算法中运用较多的两个算法，分别是标签传播和迪杰斯特拉（Dijkstra）最短路径算法。

5.6.1 标签传播

标签传播算法（Label Propagation Algorithm，LPA）是主流的关系图算法之一，通过介绍标签传播算法希望大家可以对图状结构的数据处理有一个基本的认识。标签传播在文章的检索以及社区的关系挖掘方面都有很广泛的用途，下面来详细介绍一下标签传播算法。

1. 基础概要

标签传播算法是2002年提出的一种基于图数据的半监督方法。前面的章节中介绍了监督学习算法，如用来分类的逻辑回归和SVM等，也介绍过无监督学习算法K-means和DBSCAN。LPA是本书唯一介绍的半监督机器学习算法。半监督算法有非常好的特性，因为我们都知道机器学习需要大量的训练样本才能保证最终结果的准确性，但是标记大量的样本需要消耗很大的资源，半监督算法允许我们只对部分样本进行标注就可以训练模型。

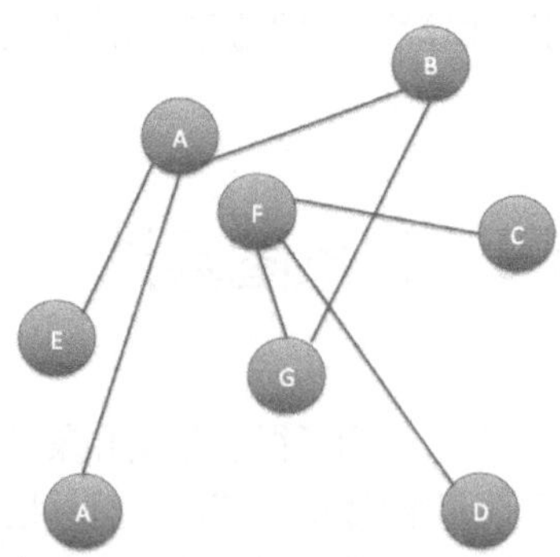

图5-49 欺诈关系

LPA的基本原理是在一个庞大的数据集合当中，已知其中一部分的标记数据，然后通过数据间彼此的联系，最后得到全部数据的标记结果。LPA可以理解成是一个已知结果数据向未知结果数据的传递过程。这里还是通过一个金融风控的例子讲一下LPA究竟能做什么事情。图5-49中每个圆圈表示数据集的每个对象，连线表示两者有通联关系，如果我们已知A是欺诈用户，

F 是信用很高的用户。

通过标签传播算法可以将每个人的属性从 A 和 F 开始传播，直到计算出全图所有对象是欺诈用户的概率以及信用用户的概率，传播的方式也很简单，根据距离的远近（是否有连通）来判断。例如 B 跟 A 连通，但是 B 跟 F 不连通，那么 A 先把欺诈用户的属性传递给 B，但是在传递过程中这种属性会随着传播的距离增加而衰减，F 把信用用户的属性传递给 G，然后再通过 G 把信用属性传递给 B。B 通过一级传播就可以连接到欺诈用户，但是要通过两次传播才可以连接到信用用户，于是 B 是欺诈用户的概率会比较大。当我们用这种规则把全表遍历一遍后，就可以得到每个人的欺诈指数，拿到这样的数据就可以帮助金融机构做风控，而且因为是半监督学习，所以数据的打标难度并不会很大。

通过上面的介绍，我们可以大致了解到，标签传播算法是利用已知打标数据的信息在关系网状中传播，然后计算出其他未标记过对象的目标属性。标签传播具备算法实现简单、执行时间短及复杂度低等优点，在很多场景下都有应用，下面介绍如何通过数学公式推导实现标签传播算法。

2. 算法推导

标签传播算法基于关系图状的数据，数据中有打标和未打标的数据。在算法向下传播的过程中，先从打标的数据向下传播，打标过的数据的 Label 是不变的，未打标的数据是需要预测的数据集，它们的 Label 会随着不断有标签信息传播过来而变化。我们现在通过公式来一步一步推导标签传播算法的实现流程。

（1）计算边权重。假设把某一种属性从点 x_i 传播到点 x_j，边权重的计算的计算方法为

$$w_{ij} = \exp\left(-\frac{d_{ij}}{a^2}\right)$$

其中，exp 表示以 e 为底取对数，d_{ij} 表示 x_i 到 x_j 的欧式距离，参数 a 用来调节边权重的计算结果。通过上面的公式可以计算出来，当两点的距离越近，也就是传播距离越短，这两点的边权重越大；当两点的距离越远，边权重越小。这一点也比较容易理解，因为“近朱者赤，近墨者黑”，数据集合中每个点肯定是受到最邻近的点的影响较大。

（2）计算转移概率。得到边的权重之后要计算从点 x_i 传播到点 x_j 的传播概率 P_{ij}，这里我们假定 x_i 是已经打标好的数据，这个值 P_{ij} 表示的是 x_i 的标签对点 x_j 的影响。具体的公式为

$$P_{ij} = \frac{w_{ij}}{\sum_{k=1}^{n} w_{kj}}$$

如图 5-50 所示，A 和 B 都想把自己的打标结果传给 C，但是 C 只能有一个目标结果。这个时候就需要 A 和 B 到 C 的边权重进行比对，也就是比较 W_{AC} 和 W_{BC} 的大小，边权重更大的一方就更有资格决定 C 的目标结果。

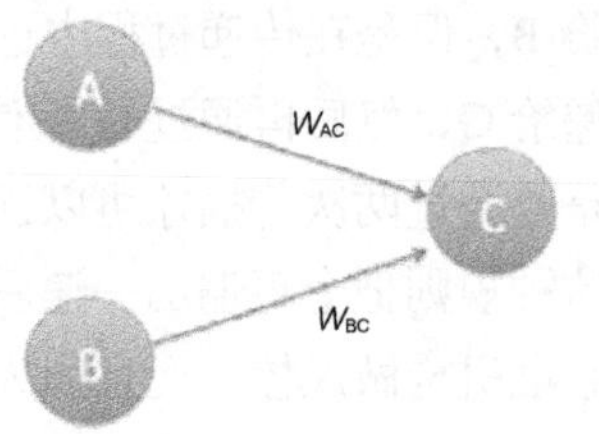

图 5-50　转移概率

（3）循环遍历。对整个关系图结构的数据全部遍历一遍，直到标签值传播到了整个数据集并且收敛，就可以得到标签传播的最终结果。

以上就是标签传播算法的整个推导过程，下面介绍如何使用开源项目的标签传播算法解决问题。

3. 工程实现

前面主要介绍了标签传播算法的基础知识以及公式推导原理，在这一小节通过开源项目 Sklearn 实际运用一下标签传播算法。实验环境是 Python 2.7，系统为 Mac OS。

首先需要预装 Numpy 以及 SciPy 库。

Sklearn 是笔者非常喜欢的一个开源的机器学习库，是通过 Python 来实现的，几乎涵盖了全部的科学计算算法，官方地址为 http://scikit-learn.org/。

安装 Sklearn 也非常地简单：

```
pip install -U scikit-learn
```

安装好之后就可以调用 Sklearn 里面的 LabelPropagation 算法进行试验。实验代码如下。

```
from sklearn import datasets
from sklearn.semi_supervised import LabelPropagation
import numpy as np
label_prop_model = LabelPropagation()
iris = datasets.load_iris()
random_unlabeled_points = np.where(np.random.randint(0, 2,size=len(iris.target)))
labels = np.copy(iris.target)
```

```
labels[random_unlabeled_points] = -1

label_prop_model.fit(iris.data, labels)
index=0
for i in range(0,len(iris['target'])):
        if (iris['target'][i])==(label_prop_model.predict(iris.data)[i]):
             index=index+1
print 'The right number of prediction:'+str(index)
print 'The total number of dataset:'+str(len(iris['target']))
```

下面对整个代码结果进行拆解。

（1）数据源。我们通过 Sklearn 自带的数据源获取接口 iris = datasets.load_iris()得到开源数据源 iris，这个数据集是一个机器学习领域的经典数据集，在很多论文中都能看到。我们可以通过打印 iris 字段查看数据。这个数据集包含 150 条数据，有 4 个特征，每组数据被打标为 0、1、2（见 Label 字段）这 3 种可能性。这里截取部分数据显示（见表 5-11）。

表 5-11　开源数据集

Feature1	Feature2	Feature3	Feature4	Label
5.9	3	5.1	1.8	2
5.6	2.7	4.2	1.3	1
4.9	3	1.4	0.2	0

（2）生成半监督数据。因为我们读取到的数据都是打标过的，而标签传播算法针对的是半监督学习的数据集，所以需要把部分数据的打标值 Label 列去掉，随机采样一些数据，并把它们的目标值标记为–1，代码如下。

```
random_unlabeled_points = np.where(np.random.randint(0, 2,size=len(iris.target)))
labels = np.copy(iris.target)
labels[random_unlabeled_points] = -1
```

（3）训练模型并且预测。通过 Sklearn 封装好的标签传播算法对半监督数据集进行训练和预测，代码如下。

```
label_prop_model.fit(iris.data, labels)
```

上述代码可以打印出这个模型观察相关的参数设置以及预测结果。

（4）结果评估。通过如下代码对标签传播的结果进行评估，采取预测值和源数据的目标值进行比对的方法。

```
index=0
for i in range(0,len(iris['target'])):
        if (iris['target'][i])==(label_prop_model.predict(iris.data)[i]):
            index=index+1
print 'The right number of prediction:'+str(index)
print 'The total number of dataset:'+str(len(iris['target']))
```

最终得到的结果（见图 5-51）有 146 个样本预测正确，有 4 个样本预测错误。

```
The right number of prediction:146
The total number of dataset:150
[Finished in 0.6s]
```

图 5-51　实验结果

以上就是运用 Sklearn 实现标签传播算法的全部流程，Sklearn 算法库对算法的封装做得很好，预留很多接口可以用来调参，如果读者想使用这个库来预测数据的话，建议仔细阅读 Sklearn 的官方文档。Sklearn 在开源的科学计算库中算是比较成熟的，而且文档也相对比较齐全。

本节主要对标签传播算法进行了介绍，希望让读者可以了解到关系图数据的结构特点以及半监督机器学习算法的一些特性。标签传播算法是一个比较容易理解和上手的算法，解决了关系网络中的关联问题。标签传播算法正在越来越多的领域得到运用，希望大家可以通过这部分的介绍对 LPA 有一个初步的认识。

5.6.2　Dijkstra 最短路径

前面介绍了标签传播算法，标签传播的中心思想是通过全网中部分打标数据，利用标签传播，挖掘出其他未打标数据的结果。在关系网状结构的数据挖掘中还有一个主要场景，就是最短路径的挖掘。最短路径是我们日常生活中非常常见的一种算法应用，如果把整个公路网络数据作为输入，就可以利用最短路径算法计算两点间的最短线路，实现导航功能。Dijkstra 是公认的比较高效的一种计算最短路径的算法，下面就详细介绍一下如何通过 Dijkstra 算法求解关系图数据中的最短路径问题。

1．基础概要

迪杰斯特拉算法（Dijkstra），是以计算机科学家狄克斯特拉命名的。Dijkstra 解决的问题也比较容易理解，如图 5-52 所示。

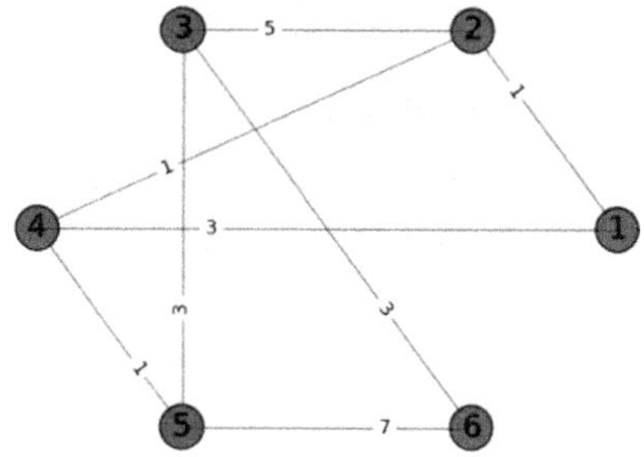

图 5-52　Dijstra 效果

图 5-25 中有 1～6 不同位置的 6 个顶点，这些顶点之间是相互关联的，这就构成一个典型的关系图网络。每两个顶点之间通过直线关联，这个直线上有一个数值表示两点的距离。例如计算从顶点“1”到顶点“3”的距离，就可以通过“1”到“2”的距离，加上“2”到“3”的距离来求解。这样看起来似乎很容易计算，但是如果要计算“1”到“6”这样链路比较长的距离时，可能就不那么容易了，因为这两个端点间可能有多条连接线路可以选择，Dijkstra 算法就是帮助我们找出这样两点间最短链路。Dijkstra 算法是一种动态规划思想的典型应用，在实际的求解过程中只关心当前步骤的最优解。Dijkstra 求最短路径算法在很多行业都有应用，如上面提到的求汽车行驶的最短路径，在通信领域用来求信号传输的最短路径，在 SNS 数据中探查人脉之间的关联等。既然 Dijkstra 有这么多的应用场景，下面就来介绍 Dijkstra 的具体推导过程。

2. 算法推导

Dijkstra 算法的输入是起始点和终止点，返回的是这两个点之间的最短路径。这里通过一个具体的实例来介绍这个算法，假设有一组关系图状数据构成关系图（见图 5-53）。

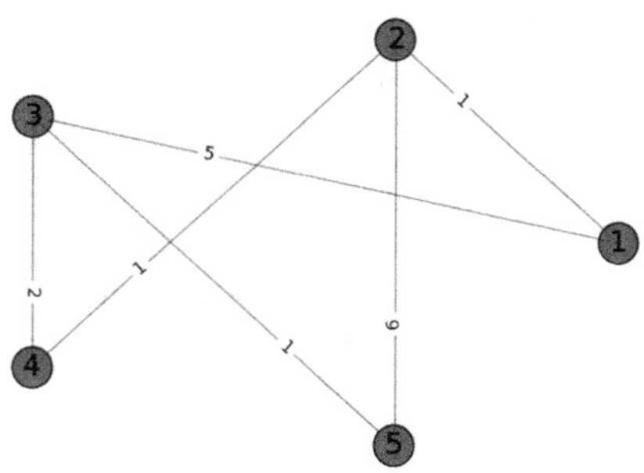

图 5-53　关系图状数据

图 5-53 中的圆圈表示顶点 1 ~ 5，顶点间的连线表示两点之间的距离，下面通过具体算法的推导求解顶点“1”到顶点“5”的最短距离。

（1）生成初始距离矩阵。因为 Dijkstra 采用的是动态规划的思想设计，每次只求解当前最优路径即可。在初始状况下，我们只能拿到每个顶点到与它直接相连的点的距离，每个点到其他不相连的点的距离先设置成无限大，可以生成如下矩阵。

$$\begin{pmatrix} 0 & 1 & 5 & \infty & \infty \\ 1 & 0 & \infty & 1 & 6 \\ 5 & \infty & 0 & 2 & 1 \\ \infty & 1 & 2 & 0 & \infty \\ \infty & 6 & 1 & \infty & 0 \end{pmatrix}$$

这个矩阵可以这样理解，行和列都是 5 个字段，分别代表着 5 个顶点。其中每个数值表示两个顶点之间的距离，如第 2 行第 5 列的 6，表示的是顶点“2”到顶点“5”的距离是 6。其中，∞ 表示正无穷，在这里表示初始状态下两个点没有连接。这种表示方法是矩阵论中常用的一种思维方式。

（2）迭代确定整个矩阵权重值。

$$\begin{pmatrix} 0 & 1 & 5 & \boxed{\infty} & \infty \\ 1 & 0 & \infty & 1 & 6 \\ 5 & \infty & 0 & 2 & 1 \\ \infty & 1 & 2 & 0 & \infty \\ \infty & 6 & 1 & \infty & 0 \end{pmatrix}$$

上面的矩阵是初始矩阵，画框的权重值表示的是第 1 个顶点到第 4 个顶点的距离，我们要通过迭代把这些数值求解出来。通过网状数据的传播路径可以看出来，从顶点“1”到顶点“4”没有直接相连的一条线路，如果想从顶点“1”走到顶点“4”只能通过 1-2-4 或者 1-3-4 两条路径中选择一条来走。这时候只要比较一下这两条路径中哪条距离最短就可以了，通过比对可以得到表 5-12。

表 5-12 不同路径的距离

路 径	距 离
1-2-4	1+1=2
1-3-4	5+2=7

所以选择距离更短的 1-2-4 这一条路径，这一点计算完成后矩阵变为

$$\begin{pmatrix} 0 & 1 & 5 & 2 & \infty \\ 1 & 0 & \infty & 1 & 6 \\ 5 & \infty & 0 & 2 & 1 \\ \infty & 1 & 2 & 0 & \infty \\ \infty & 6 & 1 & \infty & 0 \end{pmatrix}$$

接下来只要按照这样的方法迭代计算出矩阵中每个值就可以了，这个过程是一个动态逼近最优结果的过程。例如先确定了两个顶点 A 到 B 的一种路径的距离是 v_1，但是当我们遍历路径的时候发现 A 到 B 还有其他的路径，而且这种路径的距离是 v_2，这时候就要比较 v_1 和 v_2 的大小，最终 A 到 B 的距离会是 MIN(v_1, v_2)。当我们把所有路径都迭代一遍之后，就可以通过这个矩阵就可以推算出最终的顶点“1”到顶点“5”的最短路径。

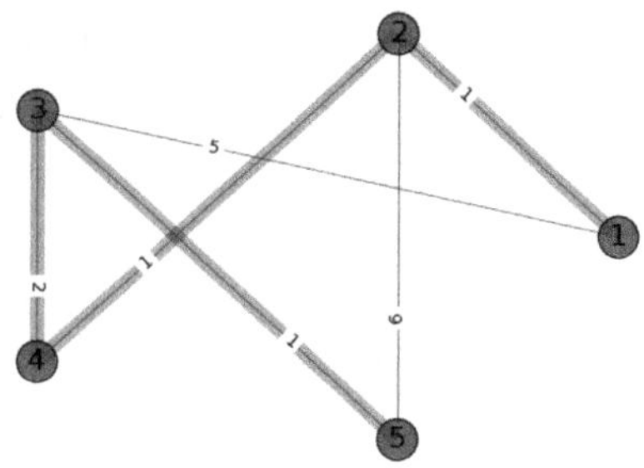

图 5-54 最短路径图

最终的顶点“1”到顶点“5”的最短路径用如图 5-54 所示粗线表示，即最短路径是 1-2-4-3-5。

3. 工程实现

前面介绍了 Dijkstra 的原理以及算法推导，现在来介绍一下具体的实现方式。我们在 Python2.7、Mac OS 环境下进行实验，下面是具体代码。

```
class Dijkstra():
      def __init__(self,graph, start, end):
          self.graph = graph
          self.start = start
          self.end = end
          self.weights = self.init_weights()
          self.Preds = self.init_Preds()
          self.S = self.init_S()
          self.shortest_path = []

     def calculate_preds(self):
```

```
            position = self.start
            while self.S[self.end-1] == False:
                try:
                    self.calculate_weight(position)
                    weight, vertex = min(
                            [ (weight, vertex)
                            for vertex, weight in enumerate(self.weights)
                            if self.S[vertex] == False]
                        )
                    if self.S[position-1] == False:
                        self.S[position-1] = True
                    position = vertex+1
                except:
                    print "Erro - Without shortest path, please check the vert
ex and weights"
                    self.S[self.end-1] = True

        def calculate_weight(self,position):
            for vertex , weight in self.graph.get(position).iteritems():
                if (weight + self.weights[position-1] <= self.weights[vertex-1]):
                    self.Preds[vertex-1] = position
                    self.weights[vertex-1] = weight + self.weights[position-1]

        def calculate_shortest_path(self):
            end = self.end
            self.shortest_path.append(end)
            while end != -1:
                if self.Preds[end-1] != -1:
                    self.shortest_path.append(self.Preds[end-1])
                end = self.Preds[end-1]
            self.shortest_path.reverse()

        def get_Pred(self, vertex):
            return self.Preds[vertex-1]
```

```
def get_weight(self,cost):
    return self.weights[cost-1]

def init_weights(self):
    weights = []
    for position in range(len(self.graph)):
        weights.append(float("inf"))
    weights[self.start-1] = 0
    return weights

def init_Preds(self):
    Preds = []
    for position in range(len(self.graph)):
        Preds.append(None)
    Preds[self.start-1] = -1
    return Preds

def init_S(self):
    S = []
    for position in range(len(self.graph)):
        S.append(False)
    return S
def set_labels(self):
    labels={}
    for position in self.graph.keys():
        labels[position]=position
    return labels

def get_edgelist(self):
    start =  self.start
    list_shortest_path = []
    for vertex in self.shortest_path:
        neighbor = (start,vertex)
        list_shortest_path.append(neighbor)
        start = vertex
```

```
        return list_shortest_path

    def get_list_weights_edge(self):
        list_weights_edge={}
        for position in self.graph.keys():
            for vertex, weight in self.graph.get(position).iteritems():
                if not(list_weights_edge.get((vertex,position))):
                    list_weights_edge[(position,vertex)] = weight
        return list_weights_edge
```

上面的代码主要是建立点和边的概念，然后通过动态的求解最终计算出两个顶点的最短路径。

- calculate_weight 和 calculate_preds：遍历所有关系图的网络数据，计算顶点到每个点之间的最短距离。
- calculate_shortest_path：计算两点间的最短路径。

输入数据源如下。

```
graph = {
        1: { 2: 1, 3: 5 },
        2: { 4: 1, 5: 6},
        3: { 4: 2, 5: 1},
        4: { 3: 2, 2: 1},
        5: { 2: 6, 3: 1},
        }
```

数据源结构表示一个边点的关系，其中 1: { 2: 1, 3: 5 }表示的是顶点“1”到顶点“2”的距离是 1，顶点“1”到顶点“3”的距离是 5。最终上面的 graph 数据集构成的数据如图 5-55 所示。

我们把 graph 数据导入，计算顶点“1”到顶点“5”的最短路径如下。

```
dijkstra = Dijkstra(graph,1,5)
dijkstra.calculate_preds()
dijkstra.calculate_shortest_path()
print "Shortest path : %s" %(dijkstra.shortest_path)
```

最终的结果展示如图 5-56 所示。

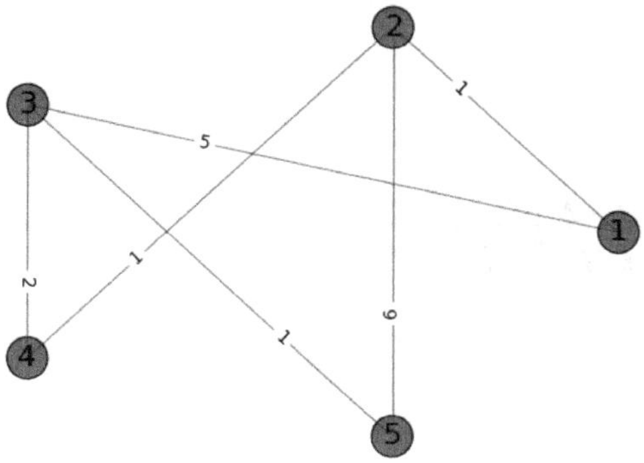

图 5–55 数据图示

```
Start: 1
End: 5
Shortest path : [1, 2, 4, 3, 5]
```

图 5–56 结果

经过计算返回从顶点“1”到顶点“5”的最终最短路径为 1-2-4-3-5，因为这张图的数据量较小，可以人工验证一下结果的准确性。以上就是对 Dijkstra 算法的一个简单实现，介绍了如何通过代码实现输入关系图状数据并且最终得到两点间的最短路径。

Dijkstra 算法是计算最短路径场景下最常用的算法，本节介绍了 Dijkstra 算法的一些原理、公式推导以及代码实现。Dijkstra 在很多的业务逻辑中都有特别重要的应用，希望这一节的介绍可以帮助读者对 Dijkstra 算法以及关系图算法的应用有一定的启发作用，另外 Dijkstra 算法中所体现的动态规划思想也是数据结构中非常重要的一种思路，加深理解动态规划对掌握和使用其他算法也是大有裨益的。

5.7 本章小结

本章分别针对机器学习领域常用到的分类、聚类、回归、文本、推荐和关系挖掘这几类算法进行了介绍，主要介绍了算法的一些基础理论、使用的方式及公式推导。在实际业务使用中，读者需要结合第 2 章场景解析章节中的内容来进行算法种类的选择。需要补充一点的是，例如当确定了使用分类算法，但是分类算法又包含了 K 近邻、朴素贝叶斯和逻辑回归等多种算法时，读者该如何选择？笔者的建议是，如果条件允许，尽可能多地尝试算法，选择效果最好的一种，因为每种算法究竟适合哪一种数据集并不绝对。另外，关于算法的调优工作，需要详细了解本章中介绍的每一个算法的推导原理，掌握其中关键参数的意义。关于如何通过机器学习算法解决真实的业务场景问题，可以参考第 8 章的案例实现部分。

第 6 章 机器学习算法——深度学习

前面的章节用了很长的篇幅介绍机器学习的一些基础概念，介绍了机器学习的数据预处理、特征工程、算法以及预测，这一章将重点介绍深度学习。随着人工智能逐渐升温，人脸识别、语音识别和文本的深度分析已经越来越多地应用到我们的日常生活中。另外，通过在工作中不断地了解一些客户的需求，我发现客户对深度学习或者是神经网络相关算法的咨询比重正在增加。这就意味着随着各大 IT 公司营销活动的推广或各种行业媒体的宣传，人工智能领域的一些名词（如云计算、深度学习和 GPU 计算等）已经被很多人所熟识。然而绝大部分的人虽然听说过深度学习算法，但是并不清楚其中的一些原理，所以需要有一些篇幅来对深度学习常接触到的知识进行介绍。以上就是深度学习之所以拆开作为单独一章来写的原因。

6.1 深度学习概述

深度学习（Deep Learning）算法是目前业内关注度非常高的一类算法，甚至很多技术分享或者技术会议，一听说有深度学习，马上就会引起广泛的关注。

下面就介绍一下深度学习的一些概念。首先，随着深度学习的发展，我们的生活中出现了哪些新的变化？最近比较火的一些技术营销，如 AlphaGo 和阿里云的 ET 机器人，它们的背后其实都是人工智能领域的深度学习算法的一些成果。通过一些媒介可以了解到，很多机器人都具备与人对话以及人脸识别的能力。人工智能给人们的印象就像是能通过一些机器算法来模拟人的思维过程，这也是人工神经网络算法诞生的原因，深度学习算法也是从人工神经网络算法衍生而来的。

6.1.1 深度学习的发展

深度学习算法起源于人类对大脑神经元的模仿。1958 年，约翰霍普金斯大学的 David Hubel 和 Torsten Wiesel 做了这样一个实验，他们给猫的大脑神经元处接入了电极，用来测量猫的视觉与神经元之间的关联。他们在猫的眼前展示各种各样形状的物品，希望发现是否在大脑中的某一个部位对特定的一类特征会有固定的反应。最后他们发现了一种神经元细胞叫作方向感知神经元(orientation selective cell),这种边缘性的反应是猫的神经元细胞，只在物体的边缘朝向某个方向时才会活跃。通过这个实验，人们发现了一些生理学上的规律，生物在识别某些个体的时候，大脑内部是做了层层抽象的，这些抽象就像通过神经元把每种事物拆分成颗粒，然后通过对这些颗粒的理解来做出一些反应。当我们看到一张张人脸的时候，其实在大脑内部已经把每一张面孔抽象成一个一个小的颗粒（见图 6-1）。

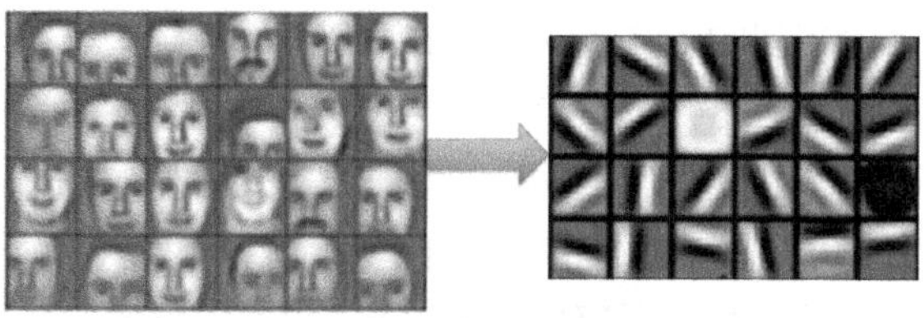

图 6–1　脑部抽象

研究发现，这种抽象工作不是一蹴而就的，而是通过神经元的逐层抽象来实现的，这就构成了神经网络的一个基础架构，深度学习也继承了这种架构，如图 6-2 所示。

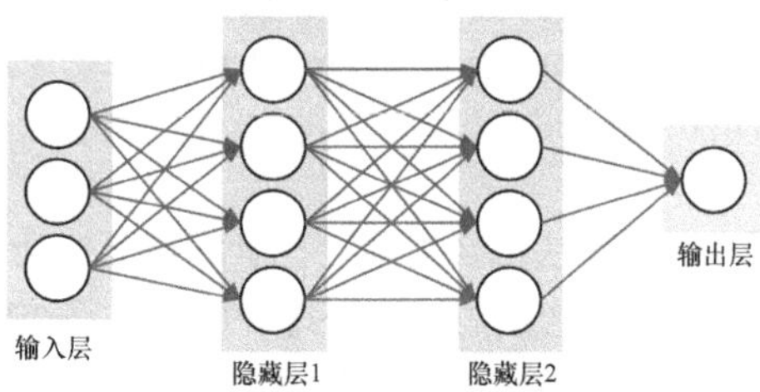

图 6–2　神经网络架构

数据通过输入层流入整个算法架构。例如，如果输入数据是一张人脸图片，那么在隐藏层 1 和隐藏层 2（隐藏层的数量可以很多，这里只画出两层）中人脸被抽象成颗粒，每个隐藏层的神经元会判断输入数据某一部分的特征信息，最终输出判断结果。在这样仿生物脑神经的架构基础上诞生了人工神经网络，深度学习算法就是继承了这样的架构，并且最终由机器学习界泰斗 Hinton 做出了算法层面的变革，将深度学习推向新高度。2006 年，

Hinton 发表了一篇关于深度学习的论文 *A Fast Learning Algorithm for Deep Belief Nets*，这篇论文真正开启了学术界和工业界关于深度学习的浪潮。深度学习很快在语音、图像、文本的学习和理解方面有了颠覆性的发展。

6.1.2 深度学习算法与传统算法的比较

深度学习归根结底也是机器学习的一种，如果说要做机器学习分类的话，除了分成监督学习、无监督学习、半监督学习和增强学习之外，从算法网络深度的角度来看还可以分成浅层学习算法和深度学习算法。

1. 浅层学习算法

浅层学习（Shallow Learning），顾名思义就是隐藏层比较少的神经网络，我们可以把支持向量机（SVM）和逻辑回归（LR）这样的算法都看作浅层学习，也可以叫作常规的机器学习算法，因为这些学习方法并没有涉及多层次的不断抽象特征的过程，算法的架构相比于深度学习比较简单。以逻辑回归为例，只是把数据带入 Sigmoid 公式，然后利用梯度下降或者其他方法，并通过结果和预测值之间的差值计算梯度，然后不断减小梯度以达到回归系数收敛。现在提到的浅层学习都是监督学习，那么监督学习之所以能生成模型并且对预测集进行预测，它的核心思想是最优化代价函数。浅层的算法计算中，通过求解梯度，找到函数最优化搜索的方向。但是这一思想仅限于浅层的机器学习算法，因为在浅层算法中，层数较少，很容易通过计算梯度把目标列的影响向前传递。然而在深度学习算法当中，因为隐藏层很多，每一层可以理解成一个函数式，在求解每一层的偏导系数的时候需要考虑多层复合函数的变量偏导，所以用传统浅层算法的思想对多层次的深度学习网络进行训练可能就无法达到比较理想的效果。

另一点浅层算法与深度学习算法不同的地方在于对特征的处理方面。第 4 章中也介绍了特征对一个算法正确性的影响。浅层算法在处理一些分类场景时，都要通过特征抽象或者是特征衍生这些方式来人为地构造特征，这些特征的好坏不单考验工程师的业务经验，同时也对模型训练有至关重要的影响。购物行为的这种结构化数据，见表 6-1。

表 6-1 购物行为数据

用户昵称	用户 ID	用户购买次数	用户性别	是否购买
星大大	4212	3	1	1
琪琪	2141	2	0	0

对于表 6-1 所示的这种结构化数据，其特征很容易抽象，但如果是图像或者语音文件，这样的数据的特征可能非常复杂，单靠人工规则构造特征是非常难以实现的，这部分复杂特征的处理也是浅层机器学习和深度学习的区别之处。

前面介绍了浅层学习的内容，可以看出在算法的模型调优思想以及特征处理两方面，浅层学习和深度学习还是有一定差别的。目前随着统计学理论以及计算能力的发展，逻辑回归和支持向量机等算法已经得到了非常普遍的应用，如在推荐系统或者是一些分类场景下的应用。在处理特征环境不复杂的一些场景中，浅层学习往往能达到比较好的效果，但是针对图片、语音、文本这种特征环境复杂的数据，可能就需要深度学习算法更多地发挥作用。

2. 深度学习算法

深度学习，从字面意思来看，突出的是“深”这个特点。算法的结构方面可以看到深度学习继承了神经网络的特点，也是由多层次组成的。图 6-3 中每个圆圈模仿的是大脑神经元，在数学中呈现的是计算节点。

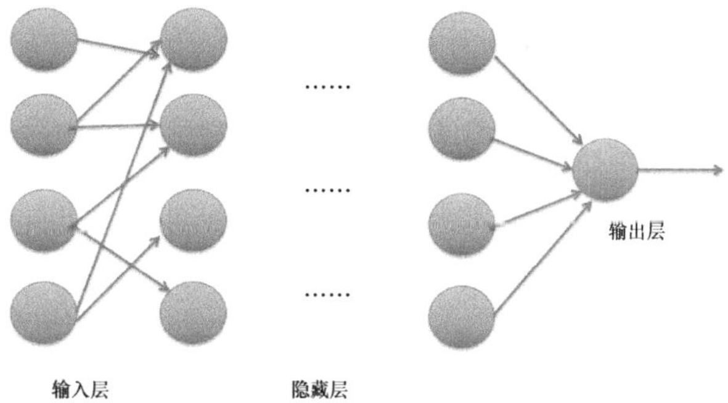

图 6–3 深度学习网络

深度学习是由输入层、隐藏层和输出层 3 部分组成，隐藏层可以包含很多层，可以是 7 层、8 层，甚至更多。相对比于浅层学习，深度学习显然在计算层次上更为复杂。因为深度学习的隐藏层很多，如果单纯使用浅层算法的模型优化思想来优化每一层的参数会对模型精度有非常不利的影响，所以在模型训练方面，深度学习采用了另一种思想——反向传播算法。

反向传播算法又称 BP 算法（backpropagation algorithm），是一种监督学习算法。BP 算法的核心思想是求导的链式法则。BP 算法常被用来求解神经网络中的最优化问题，跟浅层算法的最优化求解不同的地方是 BP 算法可以用链式法则对每一层迭代计算梯度，链式计算可以理解为当通过 BP 算法进行模型优化的时候，在求解梯度时可以考虑整个从后到前的全部链路的偏导，然后对每一层的权重进行更新。虽然 BP 算法是深度学习中一种简单高效的最优化算法，但是如果要应用到多层次的深度学习当中，那么目标列对前面每一层的影响一定是逐层衰减的。如图 6-4 所示，如果把最终的目标列对每一层的影响抽象成一个数值，那么在算法模型中如果有很多隐藏层出现，BP 算法的目标值对前方隐藏层的影响一定是逐层衰减的，这种衰减会造成模型的极大不准确，所以在深度学习的模型优化过程中往往需要通过很多辅助手段来优化 BP 算法。

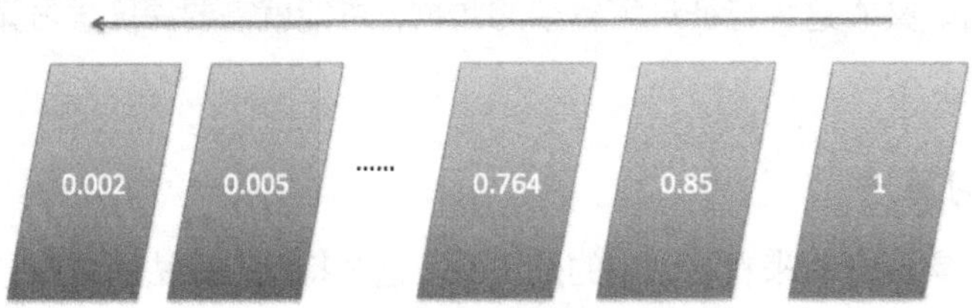

图 6–4　BP 算法传播

下面简单介绍优化的思想，深度学习训练模型的过程是双向训练的，从输入到输出作为第一条链路，从输出到输入是第二条链路（见图 6-5）。

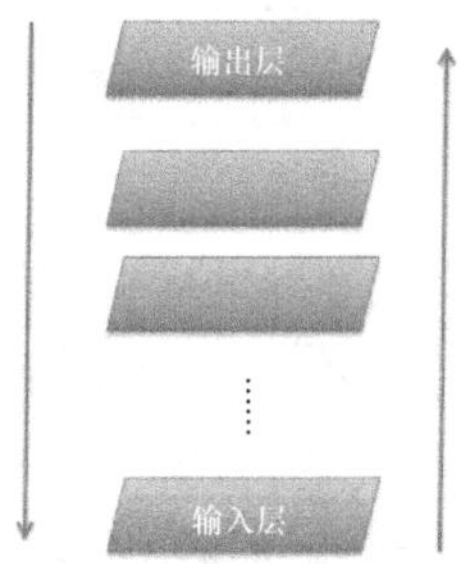

图 6–5　深度学习的两条链路

先讲第一条链路，深度学习自下而上的训练，每一次只针对一层网络进行训练，训练结果作为下一层的输入。这个过程有一点像模型系统对数据不断细化的抽象过程。例如，有一条输入数据是猫的头像图片，那么可能在第一层先抽象出猫的一些像素，然后在下面的一些隐藏层抽象出猫的一些线条，最后逐渐抽象出猫的轮廓。最终的模型整体效能就是辨识出输入数据是否是对猫的描述。那么第二条链路，也就是自上而下的这条链路，主要是借助反向传播的方式对每一层的参数进行调优，因为深度学习常常有超过 5 层的隐藏层，每一层的参数调优也是对结果有非常大影响的，这两条链路都涉及了很多数学方法的优化。

其实上文介绍的模型训练的逐层训练就是深度学习对特征不断抽象的过程。深度学习和浅层学习另一个特别大的区别体现在对特征的处理上，在浅层学习当中，特征都是通过人的手工加工和提取生成的，对图形数据这种特征复杂的场景扩展性很差。深度学习可以通过算法自动构建特征，将特征映射到不同的维度空间中，下面介绍深度学习逐层抽象并且构建特征的自动编码算法。

自动编码（AutoEncoder）的核心思想就是通过训练生成一个函数 F，使 $F(x)$约等于 x，也就是得到一个函数使输入和输出尽可能相等。做这件事有什么意义呢？我们先来观察下图 6-6。

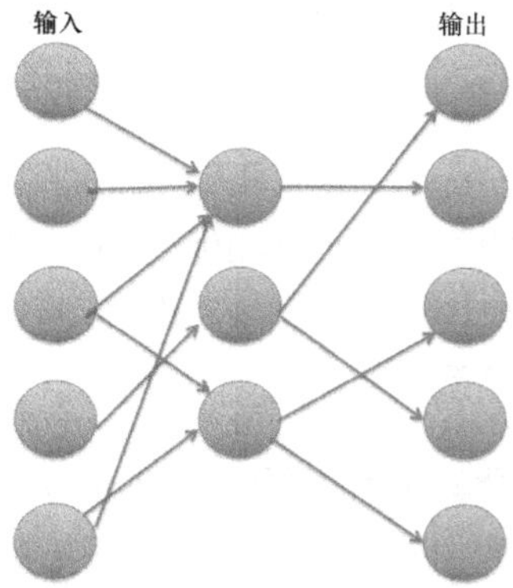

图 6–6 自动编码

如图 6-6 所示，每个圆圈代表一个神经元，如果输入是 5 个神经元的数据 x，通过 3 个神经元的转换输出的数据是 $F(x)$，如果 $F(x)\approx x$，也就意味着可以通过 3 维的数据重构了 5 维的输入数据，而且重构的数据与原始数据几乎相同。这个流程中做了信息的压缩，也就是说可以利用输入数据之间的相关性，通过自动的特征提取，利用低维的特征来还原高维数据。如果应用到图像模型的识别中，就相当于找到了一种方法可以通过点、边及线条还原出一副图像，这些点、边及线条就是通过自动编码挖掘出来的特征。

以上就是深度学习的模型训练以及特征抽取的一些介绍，介绍得比较简单。总体来说，深度学习在特征非常复杂的场景下会有比较好的表现，如图像识别、语音识别和文本分析这样的场景。

3. 区别总结

前面分别介绍了浅层学习和深度学习，相比于浅层机器学习算法，深度学习的架构层次更深，计算复杂性会比浅层学习大很多。

- 目标场景。目前浅层学习还是机器学习的主流应用，主要用于解决一些日志类的数据分析，特别是结构化数值类数据的一些预测场景。深度学习主要解决复杂特征场景，如图像识别、文本分析和语音识别这样的场景。随着深度学习的开源框架的发展以及计算资源的发展，越来越多的业务场景正在尝试通过深度学习来解决问题。这也就是国际上一些互联网巨头分别成立研究机构对深度学习进行大力投入的原因。
- 特征抽象。在特征的处理方面，浅层学习主要是通过人工手动构建特征，需要具备大量的业务背景知识，而且依赖于手工的特征抽取方式的扩展性不会特别好。深度学习采用了自动编码的方式，逐层抽象特征，对复杂的特征抽取场景有比较好的效果。
- 模型训练。在模型训练方面，浅层学习因为架构的层次较少，通过单层梯度下降的方法就可以有监督地对模型进行训练和优化。在深度学习中，往往要通过从前到后和从后到前两条链路来对模型进行训练和优化，而且在模型训练的过程中要考虑不同层次之间函数的偏导关系。

以上就是对深度学习和浅层学习之间差别的一些介绍和分析。

6.2 深度学习的常见结构

了解深度学习的读者一定经常听到几个深度学习的常用结构：DNN、CNN 和 RNN。深度学习的结构种类非常多，这 3 种是出现频率比较高的。其实这 3 种结构的模型并不是并列关系，DNN 是表示有深度学习网络的算法的统称，CNN 主要是一种空间概念上的深度学习结构，RNN 是时间概念上的深度学习结构。下面就来分别介绍一下这 3 种深度学习模型。

6.2.1 深度神经网络

深度神经网络（Deep Neural Network，DNN），从字面意思来理解的话，特指层次比较深的神经网络，其结构如图 6-7 所示。

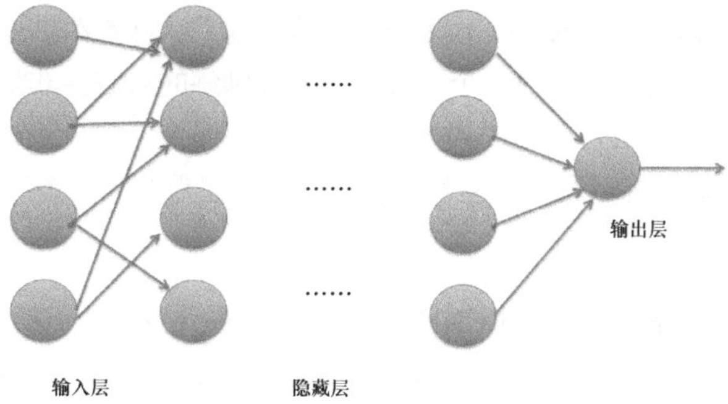

图 6–7 DNN 结构

DNN 是由深度学习领域的大师 Geoff Hinton 创造的并且被应用到各种场景之中。DNN 泛指多层次的神经网络，这些模型的隐藏层之间彼此相连。只是针对处理数据的种类和特点不同，衍生出各种不同的结构，如后面介绍的 CNN 和 RNN。

6.2.2 卷积神经网络

卷积神经网络（Convolutional Neural Network，CNN），是一种比较特殊的深度学习结构，主要是通过卷积来解决空间上一些复杂特征的问题。什么是空间问题呢？比较典型的就是图片识别问题。我们平时接触到很多车牌识别和人脸识别背后的模型训练都是依赖于 CNN 的。之所以卷积神经网络针对图片这种类型的数据有比较好的训练效果，是因为图片的特征非常复杂。因为算法只能处理规范标准的数据，所以对图片数据需要进行一次二进制的转换才可以进入算法模型进行训练。具体转化效果如图 6-8 所示（图片源自 A Beginner's Guide To Understanding Convolutional Neural Networks），这个案例中将一张小狗奔跑的图片数值化。

图 6–8 图片转换

在非结构化数据的数制转换过程中，图片数据会按照像素和大小被转换成矩阵状的二进制数据。例如，图片被转化成 32 × 32 × 3 的数组，32 × 32 表示的是图片像素，可以看作图片的长乘以高，乘以 3 表示 RGB（代表颜色）值。基于这样的数据形态，如果针对每一个像素点都进行特征训练，那么每一个隐藏层需要被训练的参数会非常庞大。而如果每个隐藏层的参数都过于复杂很容易造成局部过拟合的问题（参考第 1 章的介绍）。为了解决这种大量特征参数训练的问题，CNN 利用卷积核作为权重的向下传导中介，大大地降低了每一层的计算复杂度。

下面通过一张 LCNNLeNet-5 对 CNN 模型的描述图（见图 6-9）来介绍一下 CNN 的模型架构，LeNet-5 是一个 CNN 模型的开源组织，地址为 http://yann.lecun.com/exdb/lenet/。

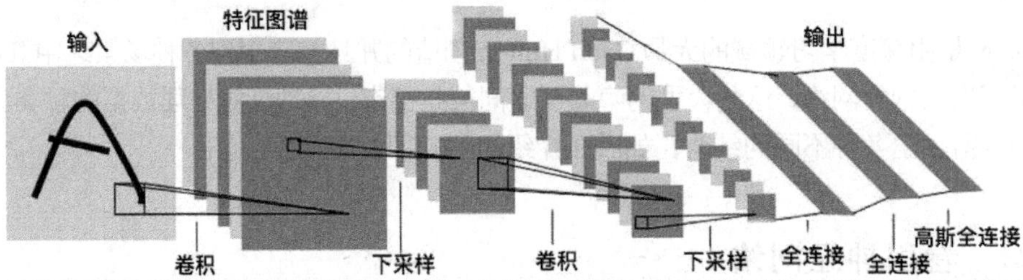

图 6–9 CNN 架构

图 6-9 中表示通过 CNN 实现手写字识别的架构，可以看到其中 CNN 架构包含卷积（Convolutions）、下采样（Subsampling）和全连接（Full Connection）几个关键元素，下面分别介绍一下这几部分内容。

（1）卷积（Convolutions）。首先介绍卷积核的原理，如图 6-10 所示，通过虚线标记出来的这个小方块就是一个卷积核。

卷积核可以理解成一个比图像尺寸更小的小方块，如图 6-10 所示，这个内容为“A”的大图片的尺寸是 5×5×3，那么卷积核可以是 3×3×3 的小方块，然后通过卷积核对输入数据矩阵进行扫描。

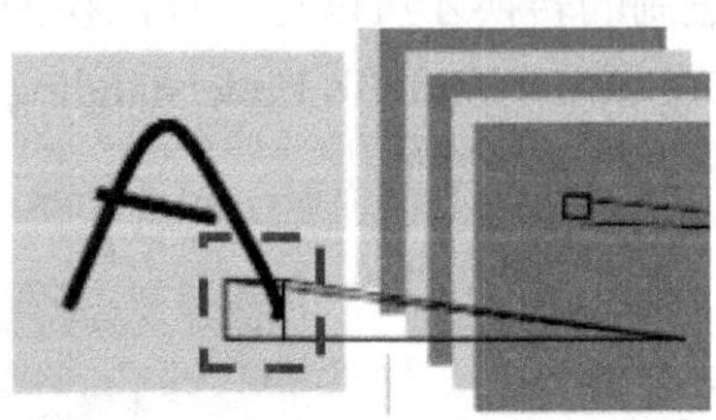

图 6–10 卷积核示例

下面通过一个例子介绍卷积核是如何扫描图片的，假设输入图片不考虑 RGB，是一个 5×5 的矩阵数据，如下所示。

3 5 2 6 8

2 4 5 9 6

5 7 8 4 1

3 6 2 7 3

3 7 5 6 8

然后我们来看下这组数据经过卷积核的处理会发生什么变化，假设卷积核是 3×3 的一个方块，卷积核矩阵如下。

−3 2 1

2 −5 3

4 5 −2

实际上在执行卷积计算的时候，卷积核需要对输入数据进行一遍扫描，这里选取扫描过程的一部分介绍卷积计算的原理（见图 6-11）。

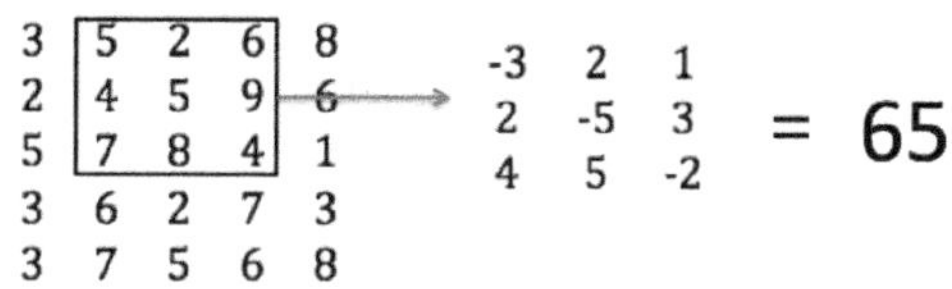

图 6–11 扫描原理

当扫描到输入矩阵内使用黑框圈出来的部分矩阵时，进行了如下计算。

$$-3\times5+2\times2+1\times6+2\times4-5\times5+3\times9+4\times7+5\times8-2\times4=65$$

把矩阵扫描一遍之后，输入从 5×5 的矩阵变为了 3×3 的矩阵，这就做到了参数的压缩，每层都通过一次卷积核处理，那么就可以把图片这种复杂参数的训练流程简化，通过卷积核也能学习出对输入数据的特征描述，整个 CNN 学习的过程就是在确定卷积核的具体数值。

（2）下采样（Subsampling）。当我们观察 LeNet-5 的 CNN 架构（见图 6-9）时可以发现，除了上面提到的卷积核处理卷积层，还有穿插的下采样层。下采样层的作用就是对图像进行自抽样，减少数据的处理量，使有效的信息得到尽可能的保留。下采样层在深度学习中也被表示为池化层（Pooling Layer）。池化方法有很多，这里介绍一种比较简单的方法——最大池化（Maxpooling），最大池化的原理是在每个小区域中选择最大值作为输出值。

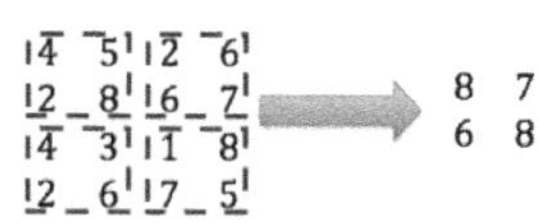

图 6–12 Maxpooling 案例

通过一个例子介绍下最大池化，如图 6-12 所示，输入数据为 4×4 的结构，可以拆分成 4 个 2×2 的小方块，最大池化取每一部分中最大的数值作为输出，这样的好处是保留了数据中的最主要特征而且能减小计算复杂度。

（3）全连接（Full Connection）。通过 CNN 架构（见图 6-9）我们了解到，经历了两次卷积和采样处理，生成了许多的特征图谱（Feature Map），这些特征图谱（Feature Map）可以看作对于输入图片的位置信息以及表现的描述，不同的特征图谱（Feature Map）会表示不同的内容，如某一个点的位置、字母中某一个模块的朝向等。但是我们需要解决的场景是识别输入图片中的字母“A”，光有这些特征图谱（Feature Map）是不够的，因为特征图谱（Feature Map）描述的是输入图片的各种细节信息，需要把这些信息进行汇总并且综合判断，返回我们需要的结果。全连接以及高斯连接会做一个分类结果的判断，判断输入结果是否为“A”。

到这里就完成了对 CNN 的简单介绍，如果想更详细地了解 CNN 架构还需要大量查阅资料，目前 CNN 在图片识别领域的应用非常广泛，主要是针对空间数据的处理，下面介绍一下对时间序列数据进行处理的深度学习架构 RNN。

6.2.3 循环神经网络

循环神经网络（Recurrent Neural Network，RNN）是一种环状的深度神经网络，常用来解决时序行为的问题。什么是环状网络？下面通过和 CNN 比对来介绍这种形态的网络的特点。从参数传导的角度来看，CNN 架构的每层参数是直接向下传导的，不会回流而且同层参数间没有传导。而 RNN 在隐藏层的输出可以作为自身的输入，参数可以环状传导，RNN 的结构如图 6-13 所示。

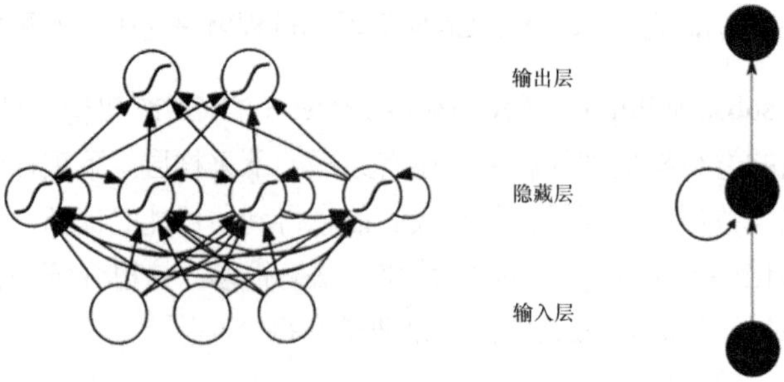

图 6-13 RNN 架构

对业务场景来讲，CNN 主要处理的是图片数据，图片数据其实是一种空间上的相互联系，如猫的图像中鼻子边上可能是嘴，CNN 解决的是空间的问题。但是对文本分析和语音识别来讲，下一个时间产生的文本会受到前一时刻文本的影响，也就是说在时间维度上是彼此关联的，所以 RNN 的环状特点就会更好地解决这种时序空间的联系。而且 CNN 解决的问题往往是输入数据长短格式固定的场景，如训练了一个 32 像素 × 32 像素的人脸识别模型，那么就只能对这个尺寸的数据进行预测。然而在很多场景中，如机器翻译，每次需要翻译的句子长短是不定的，这对 CNN 这种在输入格式中有固定要求的模型就不适合了，RNN 就没有这方面的限制。

简单说一下 RNN 训练的原理，如图 6-14 所示。

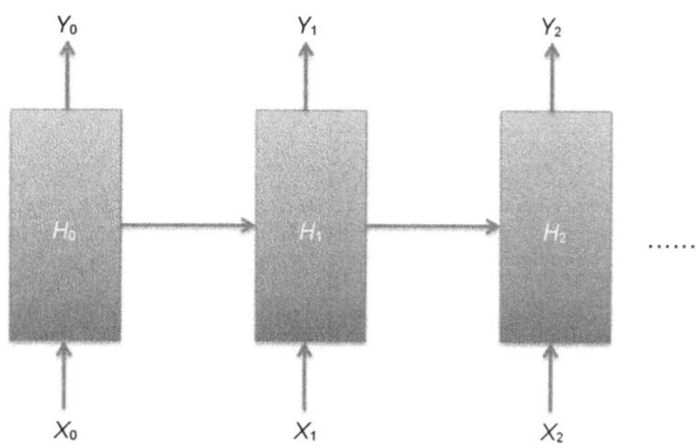

图 6-14 RNN 隐藏层结构

这张图表示 RNN 的隐藏层结构，X 作为输入，Y 为输出，H 表示每个隐藏层的参数。下面以图 6-14 为例介绍 RNN，例如需要预测文章接下来的 3 个字是什么，那么这 3 个字对应到 RNN 中为 3 个隐藏层。我们看到每一层在做计算的时候都会考虑到前一层的隐藏层参数以及当前时间序列的输入，如 H_1 在训练的时候考虑了 H_0 以及 X_1，对应到文章预测场景，就是每预测一个字都会考虑到上下文的联系。相比于 CNN 的隐藏层间参数不传导，RNN 的这种架构更适合对时间序列的数据进行预测。

目前 RNN 已经广泛应用于自然语言理解和股票预测等时间相关的场景下，也有很多 RNN 的衍生版本产生，比较成功的模型如 LSTM，所以如果想真正了解 RNN 的原理，还需要对其他模型研究进行相关探索。

6.3 本章小结

本章对深度学习的基本概念、与传统机器学习算法的区别以及几种常见的深度学习架构进行了介绍。深度学习是目前非常热门的机器学习研究方向，这是因为目前社会上积累了很多的非结构化数据，对这类数据的应用场景非常迫切。简单的一个人脸识别技术已经可以帮助我们开关手机，丰富拍照功能。随着深度学习技术的发展，更多的语音、文本和图像场景将随着各自准确性的提升而普遍应用到日常生活中。学习深度学习需要养成良好的论文和相关文献的阅读习惯，与传统的机器学习算法相比，深度学习需要更深入的专注度。

第 3 部分

工具介绍

第7章 常见机器学习工具介绍

通过前面的章节的学习，我们已经了解了与机器学习相关的算法理论，但在业务实践中光有理论是不够的，还需要有合适的工具。由于机器学习算法不同于传统的数据处理，涉及很多复杂的计算逻辑并且解决的数据量级通常比较大，所以如何选用合适的机器学习工具也是业务解决方案中非常关键的一个步骤，下面来着重介绍一下业界中比较热门的几款工具。

7.1 概述

随着人工智能的火热，很多企业甚至是数据挖掘爱好者开始尝试自己动手来挖掘数据中的价值。机器学习的基础设施包括数据、算法和工具。前面的章节已经介绍了数据和算法方面的内容，本章将重点介绍机器学习工具。机器学习工具从计算能力上来讲可以分为两种，即单机计算和集群计算。本章会分别对单机版机器学习工具、开源分布式机器学习工具以及企业级云机器学习工具进行介绍，如图 7-1 所示。

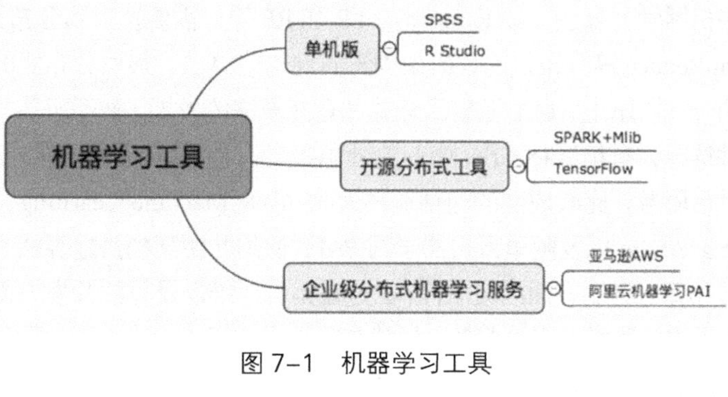

图 7–1　机器学习工具

首先介绍单机版的机器学习工具。如果读者有过数据挖掘的经历，一定会对下面几款工具都有一定了解：SPSS 和 R。这些都是单机版机器学习工具的代表，每一款产品都有自己的特点，SPSS 的操作更方便，R 的画图功能比较简洁。单机版工具的特点就是安装方便，比较好上手，因为单机版工具不依赖于底层计算集群的配置。但是单机版工具在计算能力上不能与分布式机器学习工具相提并论，往往只能进行一些数据的实验或者画图展示，在企业级数据处理和业务服务上相对比较乏力。

介绍完单机版机器学习工具之后，接下来讲一下分布式机器学习工具。笔者认为，真正的智能计算平台一定是具备处理大规模数据、提供丰富算法能力的计算平台。通常来讲，一套完整的机器学习工具的架构包括 4 层，如图 7-2 所示。

图 7-2　智能机器学习工具的架构

从上向下看，例如有一些业务上的需求，如搭建广告 DSP 系统、搭建商品推荐引擎。这些业务场景的需求建立在底层的机器学习算法上，如同第 2 章讲到的业务场景抽象的内容。底层的这些机器学习算法，如 K-means、LR 和 RF 等，需要映射到分布式计算架构上，通过 MPI 和 MapReduce 等分布式的代码架构来实现这些算法。最后分布式的代码架构把任务部署到底层的计算引擎上。目前随着云计算和智能算法的发展，智能机器学习算法的架构搭建也有了多种选择，有集群+Spark+Mlib 的开源组合，也可以使用一些云计算服务商的企业级机器学习平台服务，比较成熟的包括亚马逊的 AWS Machine Learning、微软 Azure 的 Machine Learning Studio 以及阿里云机器学习 PAI。使用开源架构搭建算法平台可能会提升自身对数据流转和算法订制方面的灵活性，但是在集群运维以及算法开发方面的开销也会比较大。使用企业级的机器学习平台服务，虽然在算法自定义上会有一定的限制，但是可以节省对环境依赖方面的投入，把更多的精力投入算法和业务相结合的层面。

以上是对机器学习工具的概述，接下来将分别对单机版机器学习工具、开源分布式机器学习工具和企业级云机器学习工具进行介绍，主要从相关依赖、操作的易用性及算法丰富程度等方面展开（注：本章的实验环境为 Mac OS 系统）。

7.2 单机版机器学习工具

对普通用户来讲，特别是一些算法能力还不扎实的数据挖掘初学者来讲，使用单机版的机器学习工具可以更快速地上手。本节将重点介绍两款工具，分别是 SPSS 和 RStudio。

7.2.1 SPSS

（1）简介。统计产品与服务解决方案（Statistical Product and Service Solutions，SPSS）软件是世界上最早的统计分析软件，由美国斯坦福大学的 3 位研究生 Norman H. Nie、C. Hadlai (Tex) Hull 和 Dale H. Bent 于 1968 年研究开发成功，同时成立了 SPSS 公司，并于 1975 年成立法人组织，在芝加哥组建了 SPSS 总部。2009 年 7 月 28 日，IBM 公司宣布用 12 亿美元现金收购统计分析软件提供商 SPSS 公司。如今 SPSS 已出至版本 22.0，而且更名为 IBM SPSS。迄今，SPSS 公司已有 40 余年的成长历史。

SPSS 软件的主要特点是操作界面极为友好。它将几乎所有的功能都以统一、规范的界面展示出来，使用 Windows 的窗口方式展示各种管理和分析数据方法的功能，对话框展示出各种功能选择项。用户只要掌握一定的 Windows 操作技能，熟悉统计分析原理，就可以使用该软件进行科研工作。

（2）安装。SPSS 是付费软件，具体安装方法简便。登录官网 http://www.spss.com.hk/software/?source=homepage&hpzone=nav_bar，下载 SPSS 工具，并且购买许可证，直接安装注册即可。这里演示使用的是 SPSS 21.0 版本，进入产品界面，如图 7-3 所示。

（3）运行实验。打开 SPSS 软件，提示导入数据源。SPSS 支持多种数据源输入，如图 7-4 所示。

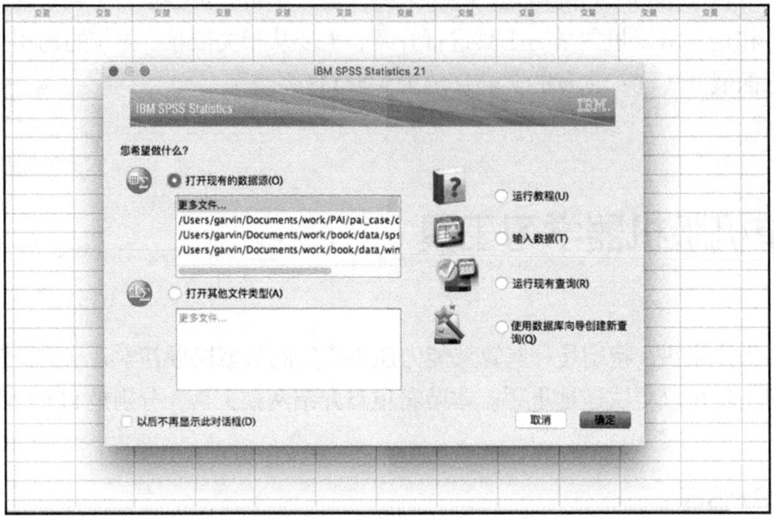

图 7–3　SPSS 界面

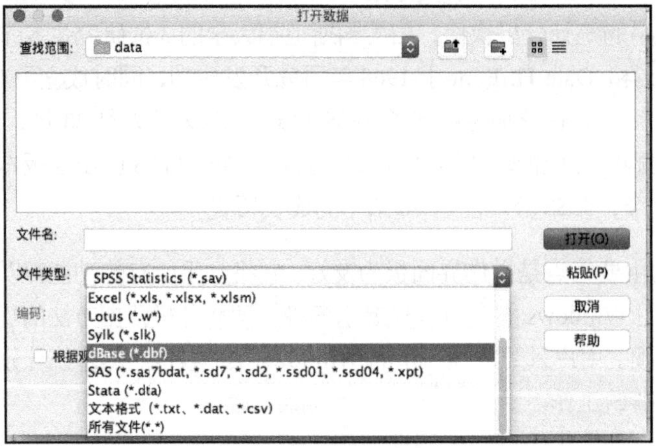

图 7–4　SPSS 数据源

这里导入的是 UCI 开源数据集的一组数据，是一个二分类的场景。利用这组数据做一个逻辑回归二分类的模型计算。把数据导入 SPSS 中，其中 dioxide_A 字段是目标列（目标列分为 0 和 1 两种值），其他字段是特征列，如图 7-5 所示。

打开菜单栏中的“分析”菜单，如图 7-6 所示，选择“二元 logistic 回归”。这里面的“因变量”表示目标列，“协变量”表示特征字段，单击“确定”按钮开始模型训练。

	fixed	acidity_A	volatile	acidity	citric	acid	residual	sugar	chlorides	free	sulfur_A	dioxide_A
1	7.4	.700	.00	1.90	.076	11	34	.9978	3.51	.56	9.4	0
2	7.8	.880	.00	2.60	.098	25	67	.9968	3.20	.68	9.8	0
3	7.8	.760	.04	2.30	.092	15	54	.9970	3.26	.65	9.8	0
4	11.2	.280	.56	1.90	.075	17	60	.9980	3.16	.58	9.8	1
5	7.4	.700	.00	1.90	.076	11	34	.9978	3.51	.56	9.4	0
6	7.4	.660	.00	1.80	.075	13	40	.9978	3.51	.56	9.4	0
7	7.9	.600	.06	1.60	.069	15	59	.9964	3.30	.46	9.4	0
8	7.3	.650	.00	1.20	.065	15	21	.9946	3.39	.47	10.0	1
9	7.8	.580	.02	2.00	.073	9	18	.9968	3.36	.57	9.5	1
10	7.5	.500	.36	6.10	.071	17	102	.9978	3.35	.80	10.5	0
11	6.7	.580	.08	1.80	.097	15	65	.9959	3.28	.54	9.2	0
12	7.5	.500	.36	6.10	.071	17	102	.9978	3.35	.80	10.5	0
13	5.6	.615	.00	1.60	.089	16	59	.9943	3.58	.52	9.9	0
14	7.8	.610	.29	1.60	.114	9	29	.9974	3.26	1.56	9.1	0

图 7-5 数据导入

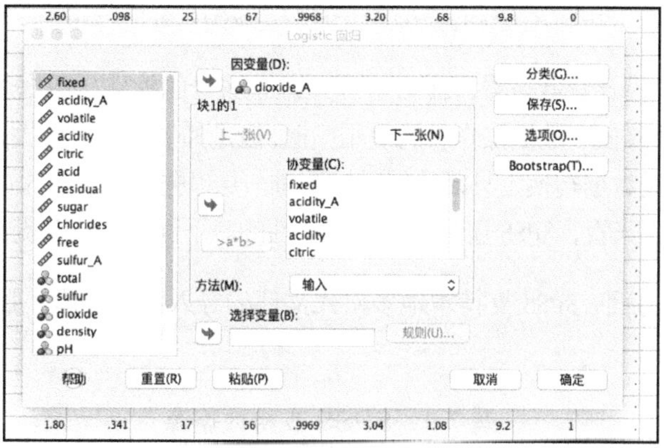

图 7-6 逻辑回归设置

最终的输出结果可以通过输出查看器来显示，模型的评估模块如图 7-7 所示。

方程中的变量

		B	S.E.	Wals	df	Sig.	Exp (B)
步骤 1[a]	fixed	.399	.200	3.973	1	.046	1.491
	acidity_A	-3.895	.897	18.842	1	.000	.020
	volatile	-2.884	1.036	7.745	1	.005	.056
	acidity	-.006	.103	.003	1	.953	.994
	citric	-2.473	2.486	.990	1	.320	.084
	acid	.039	.017	5.036	1	.025	1.040
	residual	-.026	.006	19.360	1	.000	.974
	sugar	-15.696	166.950	.009	1	.925	.000
	chlorides	.847	1.405	.363	1	.547	2.333
	free	1.925	.645	8.899	1	.003	6.855
	sulfur_A	.879	.188	21.946	1	.000	2.409
	常量	3.056	163.188	.000	1	.985	21.250

图 7-7 模型评估

逻辑回归的模型评估模块针对每一个特征都有多维度的表示。在这些统计指标中，下面 4 个指标比较关键。

- “B”：偏回归系数，也就是生成的线性模型的系数。
- “S.E”：标准误差。
- “Wals”：Wald 统计量。
- “EXP(B)”：变量的有时比。

最终这次实验生成的逻辑回归模型可以表示为

```
logistic=0.399*fixed-3.895*acidity_A-2.884*volatile-0.006*acidity-2.473*citric+0.
039*acid-0.026*residual-15.696*sugar+0.847*chlorides+1.925*free+0.879*sulfur_A+3.056
```

从 SPSS 的总体设计角度来看，SPSS 还是一款偏统计的软件。数据通过类 Excel 表格的方式进行操作，大大降低了数据操作者的使用门槛，但是如果想针对数据进行自定义的开发，无论是通过脚本还是数据转换工具都显得比较困难。要想进行大规模的数据挖掘工作，从算法自由度或是效率上来看，SPSS 还是有一定局限性的。下面是一些关键指标的详细描述。

在数据源支持方面，SPSS 支持本地多格式文件的导入和数据库、服务器数据连接（见表 7-1）。

表 7-1 SPSS 支持数据源

本地数据格式	数 据 库	服 务 器
*.sav; *.zsav; *.syd; *.sys; *.por; *.xls; *.xlsx; *.xlsm; *.slk; *.dbf; *.xpt; *sd7; *.dta; *.txt; *.dat; *.csv	ODBC	Cognos 服务器

在算法方面，SPSS 提供了常用的分类、聚类和回归算法，但是不支持算法细节的自定义，只支持算法的主要参数的调试（见表 7-2）。

表 7-2 SPSS 支持算法

类 别	算 法
常规统计类算法	均值、方差、单样本 T 检验、独立样本 T 检验和配对样本 T 检验等
线性模型	一般线性模型和广义线性模型
回归	线性回归、二元逻辑回归和多项逻辑回归等
聚类	K-means 和系统聚类等
神经网络	多层感知基和径向基函数等
评估和预测	模型预测和 ROC 曲线等

7.2.2 R 语言

（1）简介。如果读者是做数据挖掘相关工作的，一定会听说过 R 语言，现在很多对数据挖掘工程师的基本要求都包含这一条：熟悉 R 语言。R 语言究竟有哪些特性？我们通过本节简单地了解一下。先来介绍背景，R 是一款集统计计算和绘图功能于一体的软件。R 语言的前身是 S 语言，S 语言是由著名的 AT&T 贝尔实验室开发的用来数据分析和绘图的语言。后来经过新西兰奥克兰大学的 Robert Gentleman 等人在 S 语言的基础上继续开发，诞生了 R 语言的雏形。

R 语言主要具备下面一些优点。

- 开源。R 语言是一款完全开放源码的工具。因为开源，数据开发工作者可以自由地阅读 R 语言的源码，而且可以基于 R 语言的代码进行扩展，这也是 R 语言能在短时间内得到快速发展的原因。每天都有来自全世界的开源爱好者为 R 语言贡献代码包，使用者可以通过 install 命令轻松地安装这些扩展算法。R 语言不同于 SPSS 等软件，它可以自如地修改已有的算法，使算法跟自己的业务场景更加贴合。
- 跨平台。R 语言的跨平台特性大大加快了这项技术的传播，目前无论是在 Mac OS、Windows 或者 Linux 系统上都有较为稳定的版本可供使用。用户只需要一套代码，就可以把业务逻辑运行在不同的平台上。
- 较为完善的资料。因为目前 R 语言的开源贡献者众多，而且 R 语言无论在学术界或是工业界都有很多的应用，已经有大量的使用者贡献了许多可以参考的学习资料或者实例代码。关于 R 语言的一些应用，已经有相关图书资源可供参考。
- 可视化。R 语言在数据可视化方面也独具特色，提供了很多种画图包以及丰富的绘图功能，使生成的数据可以清晰地可视化展现出来。例如，画一条定义域为[-3,3]的 Sigmoid 函数曲线。Sigmoid 函数公式为

$$y=\frac{1}{1+e^{-x}}$$

用户只需要输入如下指令，就可以得到如图 7-8 所示的截图。

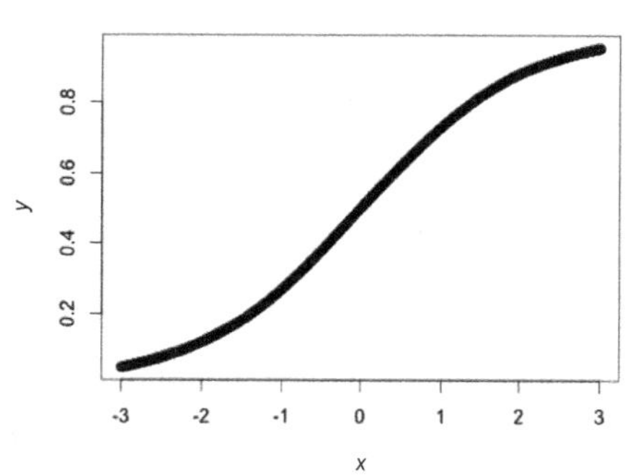

图 7-8 R 绘图

```
> x<-seq(-3,3,by=0.01)
> y<-1/(1+exp(-x))
> plot(x,y)
```

R 语言的使用方式是通过命令行的形式来实现的。R 语言的特点是比较简单、容易理解，配合上丰富的算法包，初学者基本上学习半天时间就可以跑通一整套复杂的数据挖掘实验。RStudio 是针对 R 语言的一款 IDE 工具，下面会通过一个案例，详细介绍如何通过 RStudio 跑通逻辑回归算法。

（2）安装。本书的实验环境是 Mac OX 10.11.1 EI Capitan 系统。使用 RStudio 需要首先安装 R 语言包，读者可以去官方网站下载 R 语言，地址为 https://www.r-project.org/，安装成功后，打开 R 看到的是一个命令行终端界面，如图 7-9 所示。

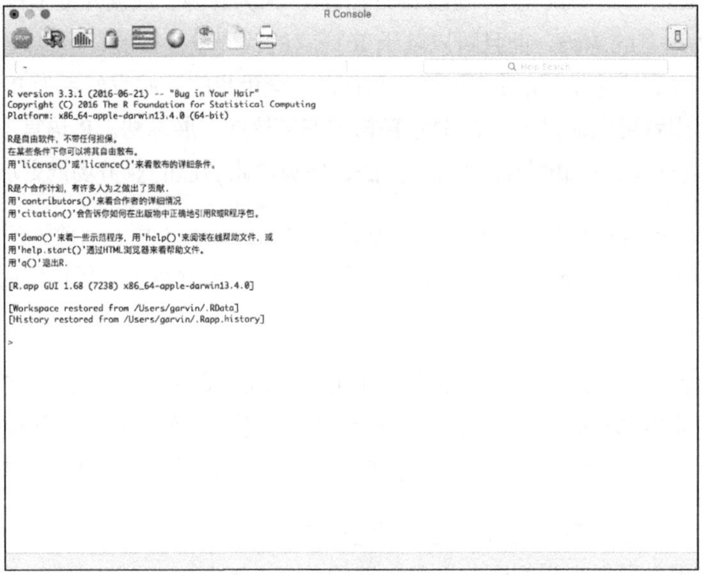

图 7-9　R 终端

安装 R 语言之后，就可以安装 RStudio，下载地址为 https://www.rstudio.com/，进入界面，如图 7-10 所示。

（3）运行实验。安装 RStudio 完成之后，本次实验将会针对一份开源数据集进行逻辑回归模型训练实验。首先导入数据，RStudio 支持多种数据格式的导入，部分格式可能需要安装对应的函数包。本次实验导入的是 CSV 格式文件，导入方法有两种，可以使用 RStudio 提供的 Import Dataset 按钮，也可以通过如下函数实现。

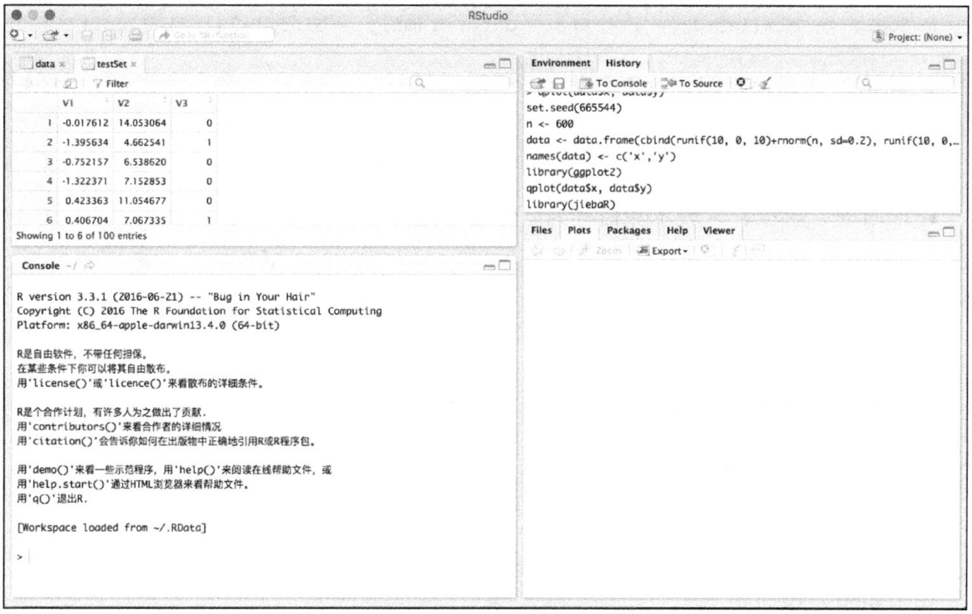

图 7-10 RStudio 界面

```
> data <- read.csv("~/Documents/work/book/data/data.csv", sep=";")
>  View(data)
```

导入数据之后，用户就可以可视化查看数据，如图 7-11 所示。

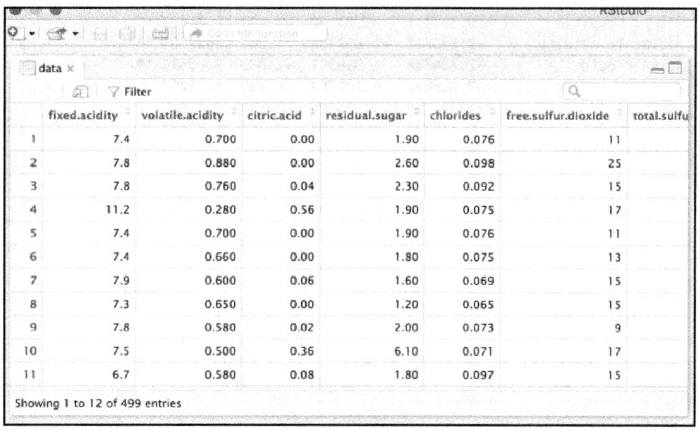

图 7-11 R 数据导入

下面介绍如何对数据进行逻辑回归处理。其实在 RStudio 里面只需要以下一行代码就可以实现。

```
mylogit <- glm(label ~ ., data = data, family = binomial(link='logit'))
```

- mylogit 表示逻辑回归对象名称。
- glm 是线性模型函数。
- label 是目标列，~ 表示除目标列以外的字段。
- data 表示数据集。
- binomial 表示二分类。
- link='logit'表示逻辑回归。

用户可以通过 summary 函数查看生成的模型。

```
summary(mylogit)
```

结果如图 7-12 所示。

```
Call:
glm(formula = label ~ ., family = binomial(link = "logit"), data = data)

Deviance Residuals:
    Min       1Q   Median       3Q      Max
-2.2998  -0.8404  -0.1758   0.8808   2.3967

Coefficients:
                       Estimate Std. Error z value Pr(>|z|)
(Intercept)            3.056350 163.187754   0.019  0.98506
fixed.acidity          0.399431   0.200390   1.993  0.04623 *
volatile.acidity      -3.895211   0.897362  -4.341 1.42e-05 ***
citric.acid           -2.884209   1.036392  -2.783  0.00539 **
residual.sugar        -0.006061   0.102764  -0.059  0.95297
chlorides             -2.472794   2.485806  -0.995  0.31985
free.sulfur.dioxide    0.038805   0.017292   2.244  0.02482 *
total.sulfur.dioxide  -0.026382   0.005996  -4.400 1.08e-05 ***
density              -15.696119 166.949515  -0.094  0.92510
pH                     0.847058   1.405472   0.603  0.54672
sulphates              1.924995   0.645295   2.983  0.00285 **
alcohol                0.879066   0.187647   4.685 2.80e-06 ***
---
Signif. codes:  0 '***' 0.001 '**' 0.01 '*' 0.05 '.' 0.1 ' ' 1

(Dispersion parameter for binomial family taken to be 1)

    Null deviance: 691.42  on 498  degrees of freedom
Residual deviance: 510.97  on 487  degrees of freedom
AIC: 534.97

Number of Fisher Scoring iterations: 5
```

图 7–12　逻辑回归结果

结果（见图 7-12）中的 Estimate 字段就是生成的逻辑回归模型系数，我们可以得到最终的逻辑回归模型如下。

```
logit=3.05+0.39*fixed.acidity-3.89*volatile.acidity-2.88*citric.acid-0.006*residual.sugar-2.47*chlorides+0.03*free.sulfur.dioxide-0.02*total.sulfur.dioxide-15.69*density+0.84*pH+1.92*sulphates+0.87*alcohol
```

另外，用户还可以通过 R 语言强大的图形展示功能查看一下模型的拟合情况。

```
> plot(mylogit)
```

此时可以看到结果如图 7-13 所示。

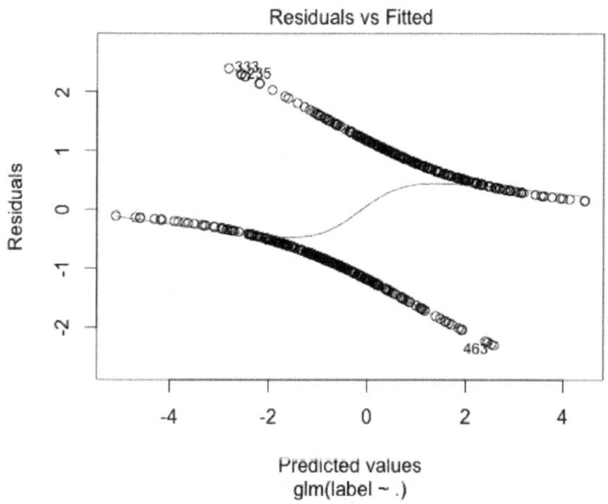

图 7–13 图形拟合曲线

通过上面的实验，读者可以简单了解 RStudio 以及 R 语言的语法和操作方式，可以看到 R 语言的语法是非常容易理解的，而且对结果的图形化展示功能也能让数据操作者更直观地观察结果输出。在数据源支持方面，RStudio 支持导入本地数据源，同时也支持服务器连接。具体支持的格式可以通过安装相应的插件来扩展，基本包含了 SPSS 的全部格式，对各种数据库文件也有良好的支持。

在算法支持方面，因为 R 语言是建立在开源社区之上的，所以有很多算法包可供选择，基本涵盖了特征工程、分类算法、聚类算法、回归算法和神经网络算法等常规机器学习算法，而且在算法扩展性方面，也支持对算法进行更大幅度的自定义改造。因为 R 语言具备如此多的优良特性，所以近期有越来越多的分布式系统正在对 R 语言进行改造，期盼 R 语言也可以实现分布式的计算，从而突破目前所遇到的计算资源上的瓶颈，未来的云 RStudio

会更加令人期待。总之，R 语言对于做数据挖掘的工程师来讲，是一个非常理想的实验环境，特别是在计算结果可视化呈现方面。

7.2.3 工具对比

通过上面对 SPSS 软件和 RStudio 两种单机版工具的介绍，我们大致对单机版机器学习工具有了一定的了解。两者在使用上存在一定区别，SPSS 软件通过类似于数据表格方式的数据操作形式，使数据处理更加直观和便捷。RStudio 通过命令行的方式进行函数的调用，使整个算法的逻辑更清晰。SPSS 软件和 RStudio 各有长处，SPSS 软件作为商业软件，它的可视化操作更便捷，特别是统计类算法组件的分类更为细致。RStudio 是开源软件，扩展性很好，而且在跨平台性能以及结果的可视化呈现方面非常出色。

两款软件对机器学习的初学者来讲都是非常实用的工具，但是它们也存在一定的缺陷，如在数据预处理方面的灵活性并不高，如果想进行特征工程工作可能需要很烦琐的步骤。另外，因为 SPSS 软件和 RStudio 通常都是运行在单机上面的，对大规模数据的处理能力还是比较低效的。作为大数据挖掘这门学科来讲，只有数据量足够大，甚至是 TB 级别，才能展现出数据带给我们的魅力和智慧。所以如果真的想进行大数据方面的研究，还是要着眼于分布式计算思想，下面将重点来介绍分布式机器学习工具。

7.3 开源分布式机器学习工具

前面介绍了一下单机版的机器学习工具 SPSS 软件和 RStudio，作为单机版的工具，不用关心集群配置和运维等操作，所以 SPSS 软件和 RStudio 都具有容易安装和上手的特点。但是在实际的使用过程中，特别是数据量比较大的情况下，就会出现效率低下的问题。对大规模的机器学习计算，需要通过分布式架构进行处理，本节将重点介绍一下目前比较流行的两种支持分布式机器学习工具，分别是 Spark MLib 和 Tensorflow。

7.3.1 Spark MLib

1. 简介

MLib 是 Spark 的机器学习算法库，是完全开源的。以 Spark 框架为基础构建的机器学习算法系统目前正在广泛地运用到各种领域当中。既然要从处理实际的工业界场景的角度出发，Spark 和 Hadoop 的 MapReduce 框架是目前业内最主流的两种开源分布式架构，难免要对它们进行一下对比，我们单从对机器学习算法的支持方面考虑如下。

（1）对多步迭代的支持。通过算法章节对算法的介绍，我们了解到大部分算法需要通过多步骤的迭代计算才可以实现，如梯度下降算法，需要通过多次迭代计算损失函数，然后才可以逐步逼近最优解。传统的 Hadoop 的 MapReduce 计算框架，在每次迭代的过程中都需要对硬盘进行读写，这样就造成了很大的 I/O 消耗，降低了效率。而 Spark 分布式计算框架是基于计算机内存来进行迭代计算的，通过将大量的计算工作在内存中处理的方式，可以大大减少对硬盘的数据读写，从而提高迭代类算法的计算效率。

（2）从集群通信的角度分析。Spark 的 Akka 和 Netty 通信系统在信息传递和数据传递两方面，从效率上来讲都远远优于 Hadoop 的 JobTracker 间的通信机制。

以上两点是从分布式计算架构的角度分析得到的 Spark 相较于 MapReduce 的优势，下面介绍 Spark MLib 库的一些属性。MLib 作为分布式机器学习算法库，设计的初衷是使机器学习算法更容易使用和扩展。MLib 包含了常规的机器学习算法，见表 7-3。

表 7-3 MLib 包含算法

基本统计类	全表统计、随机数据生成、T 检验、分层采样、相关系数检查
分类和回归	SVM、逻辑回归、线性回归、朴素贝叶斯、决策树、随机森林、GBDT、Isotonic Regression
聚类算法	K-means、PIC、LDA、Streaming K-means
降维	SVD、PCA
Frequent pattern mining	FP-growth、Association Rules、 PrefixSpan

对数据集的支持方面，Spark MLib 支持本地的一些向量和矩阵数据，同时支持底层的弹性分布式数据集（Resilient Distributed Dataset，RDD）。RDD 是分布式内存的一个抽象概念，提供一种高度受限的内存模型，可以看作 Spark MLib 的一个对象，运行在内存中。以上是对 Spark MLib 的基础介绍，下面介绍如何构建 Spark MLib 机器学习系统。

2. 安装配置环境

（1）首先下载 Spark，实验环境为 Mac OS，需要安装 jdk。Spark 下载地址为 http://spark.apache.org/downloads.html，下载完成后解压，在命令行终端进入 Spark 目录，执行如下命令就可以启动 Spark。

```
./sbin/start-master.sh
```

启动 Spark 之后，用户可以登录浏览器的 localhost://8080 查看，如图 7-14 所示。

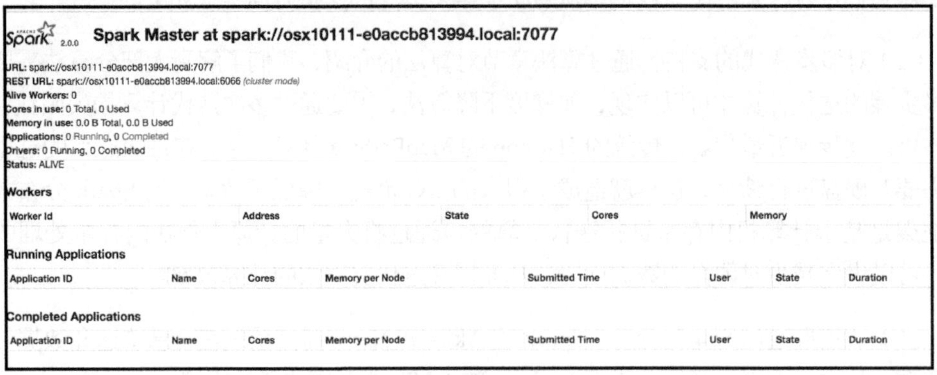

图 7–14　登录 Spark

（2）我们发现此时的 Workers 和 Running Applications 都是空的，因为 Spark 是基于分布式系统的计算框架，所以需要添加 Worker 才能让这个系统运行起来，否则是不能使用的。为了方便讲解，这里把本机添加成 Worker，添加其他集群机器的原理是相同的。添加 Worker 需要 deploy worker 的命令如下。

```
./bin/spark-class org.apache.spark.deploy.worker.Worker spark://IP:PORT
```

如果添加的是本机，IP:Port 可以通过图中的框线处得到，如图 7-15 所示。

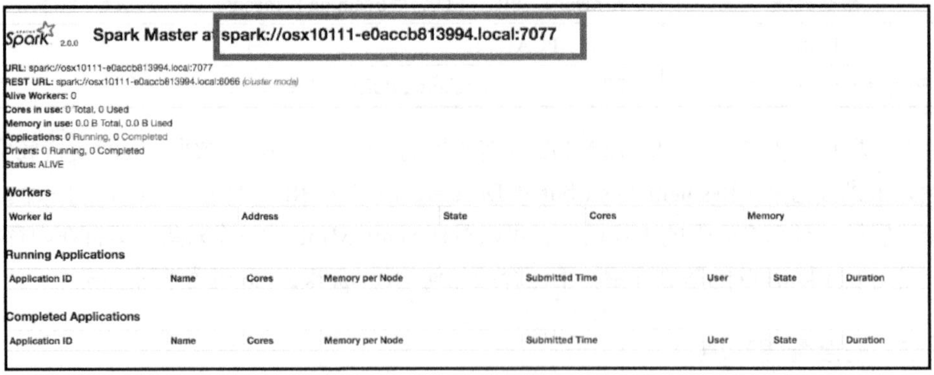

图 7–15　IP 图

将本机添加成 Worker 之后，再次刷新 localhost:8080 就可以看到 Worker 出现在列表中了，如图 7-16 所示。

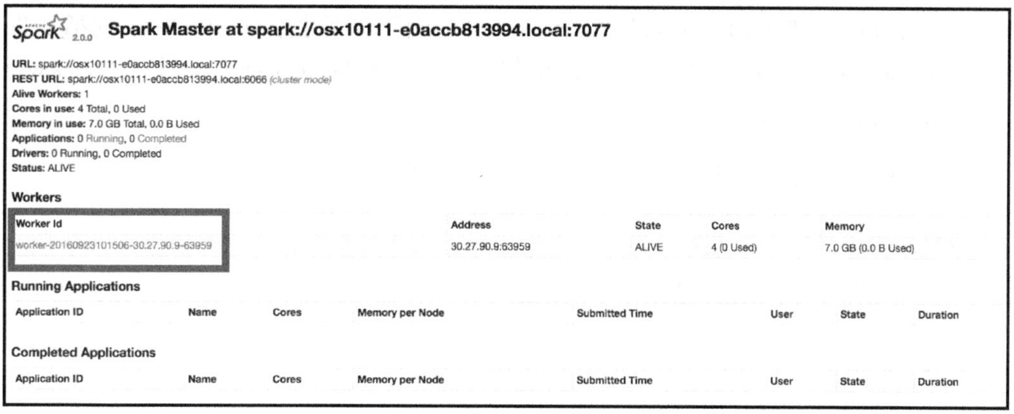

图 7–16 添加 Worker

3. 示例

通过前面的介绍，我们已经完成了底层的计算引擎的配置，接下来介绍如何在这样的引擎上运行代码逻辑。我们还是通过程序员最亲切的 Hello World 为例，讲一下如何推送代码逻辑到 Spark 计算引擎。

这里需要一个在本地编辑代码的工具，可以选用 Eclipse 或者是 IntelliJ IDEA，也可以选用其他熟悉的环境。本案例选用 IntelliJ IDEA。首先下载安装 Intellij IDEA，进入产品之后先要安装 Scala，因为 Spark 是支持 Scala 语言的（Scala 是一门多范式的编程语言，语法规则类似于 Java，是一种面向对象语言）。用户可以通过 IntelliJ IDEA 在线安装 Scala 的 SDK。

有了 Scala 的 SDK 之后，用户就可以新建一个 Scala 的 Project，如图 7-17 所示。

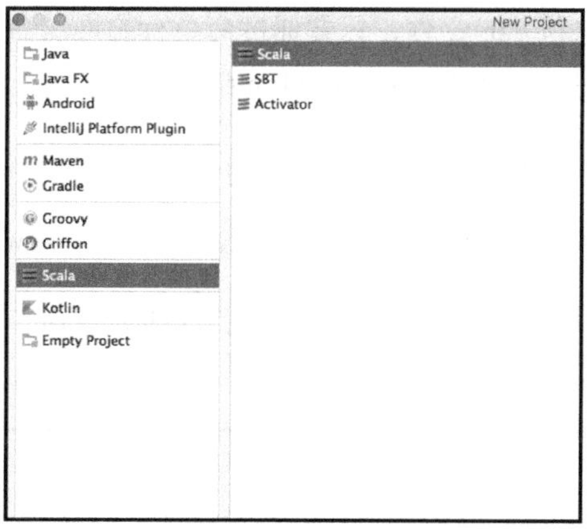

图 7–17 Scala 新建项目

设置新建立的 Project 名字为 hello world，然后就可以看到这样的 Project：包括 hello world 和 External Libraries 两个文件夹。右键单击 helloworld 文件夹下面的 src 文件夹→New→Scala class。需要设置新生成的文件是 Object 类型，如图 7-18 所示。

设置 Name 为 Test，然后在文件中添加一段"Hello World"的代码如下。

```
/**
  * Created by garvin on 16/9/23.
  */
object Test {
    def main(args:Array[String]):Unit={
      println( "hello world" )
    }
}
```

这样一个简单的打印 hello world 的代码就写好了，接着我们把这段代码打包成 jar 文件。单击菜单栏中的 build，选择 build artifacts→build，整个程序的打包工作就开始了。打包完成之后可以在输出的 out 文件夹中看到生成的 helloworld.jar 文件，如图 7-19 所示。

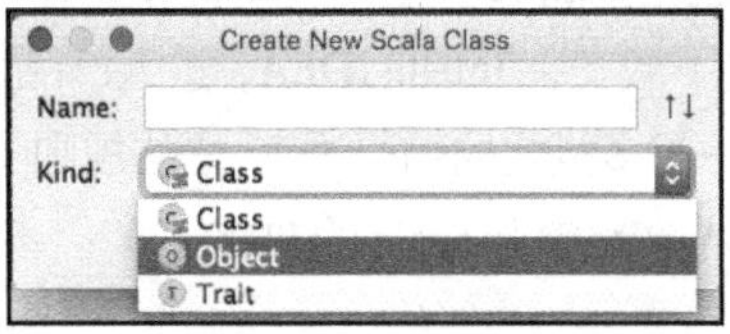

图 7–18　生成新 class

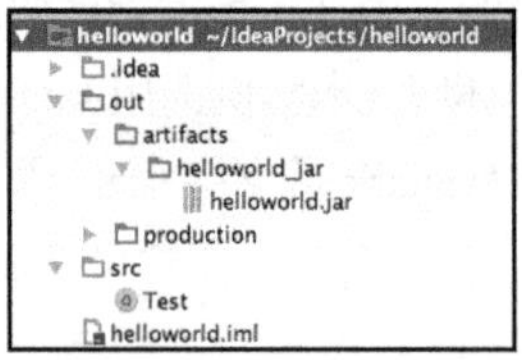

图 7–19　输出文件列表

现在有了线下的算法包 jar 文件，只要通过命令行的推送命令把算法包推送到 Spark 计算引擎上就可以了。用户可以通过 spark-submit 命令来完成以上任务，具体代码如下。

```
./bin/spark-submit --class Test --master spark://localhost:7077 helloworld.jar
```

这里指派了执行任务的 Worker 节点是 master，后面是 helloworld.jar 文件的路径。

最终的计算结果可以在终端中直接显示出来，"hello world"被打印出来，如图 7-20 所示。

图 7–20　结果

4. 逻辑回归实验

前面已经讲了环境的搭建，这节介绍一下如何跑通一个逻辑回归实验。首先需要添加MLib等算法依赖包，打开IntelliJ IDEA的Project Structure，然后单击左边的Modules按钮，在列表中找到Dependencies，然后可以单击下方的加号添加相关的依赖。具体依赖可以手动下载添加，也可以通过配置Maven安装，如图7-21所示。

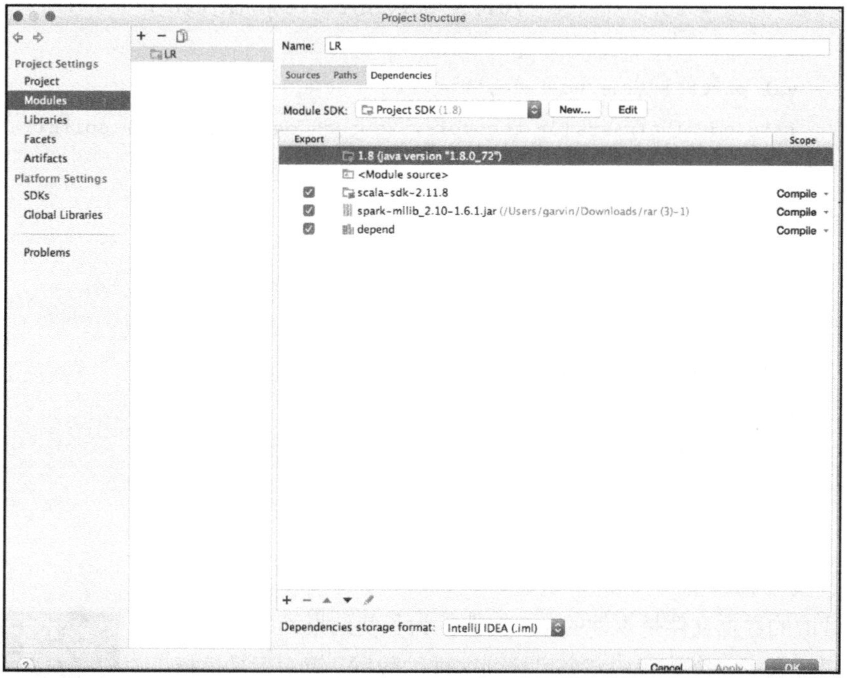

图7-21 添加依赖

添加完依赖之后就可以在新建的object中（同上文的hello world）进行代码的编写。实验代码如下。

```
/**
 * Created by garvin on 16/9/23.
 */
import org.apache.spark.mllib.classification.LogisticRegressionWithSGD
import org.apache.spark.mllib.linalg.Vectors
import org.apache.spark.mllib.regression.LabeledPoint
import org.apache.spark.{SparkConf, SparkContext}
```

```
object Test {
  def main(args: Array[String]) {
    val conf = new SparkConf().setMaster("local[4]").setAppName(this.getClas
s().getSimpleName().filter(!_.equals('$')))
    val sc = new SparkContext(conf)

    val data = sc.textFile("/Users/garvin/Desktop/LR.txt")
    val parsedData = data.map { line =>
      val parts = line.split(',')
      LabeledPoint(parts(0).toDouble, Vectors.dense(parts(1).split(' ').map(
_.toDouble)))
    }.cache()
    parsedData.foreach(println)
    val model = LogisticRegressionWithSGD.train(parsedData, 50)
    val target = Vectors.dense(-1)
    println("model.weights:")
    println(model.weights)
    println(model.predict(Vectors.dense(10)))
    sc.stop
  }
}
```

- 读取的数据文件是本地的 txt 文件，为了使结果简单，这里只设置了一个特征和一个目标列这样的数据。第一行是目标列，通过逗号分隔，部分数据如图 7-22 所示。
- 代码中需要关注的是 LogisticRegressionWithSGD 这个函数，里面封装的是逻辑回归梯度下降算法的逻辑。通过这个算法可以看出来 MLib 中算法封装的使用还是相对比较友好的。
- 最终打印出来的是唯一一个特征的权重，还有对第 10 个数据的预测结果。

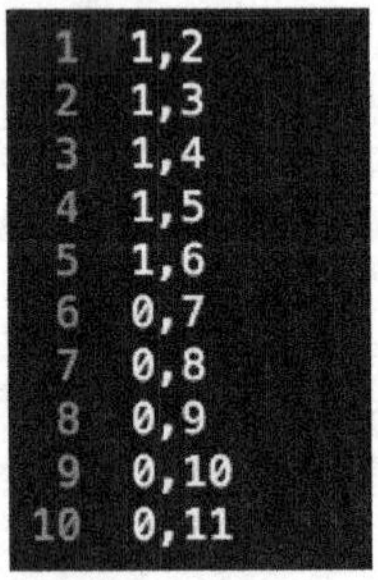

```
1,2
1,3
1,4
1,5
1,6
0,7
0,8
0,9
0,10
0,11
```

图 7–22　部分数据

按照上一节介绍的方式把这个计算逻辑发布到 Spark 计算引擎上，我们就可以看到终端不断地打印出计算引擎 Executor 的信息，最后会打印出代码中设置的输出结果，如图 7-23 所示。

```
16/09/23 15:38:01 INFO DAGScheduler: Job 46 finished: treeAggregate at GradientD
escent.scala:239, took 0.019051 s
16/09/23 15:38:01 INFO GradientDescent: GradientDescent.runMiniBatchSGD finished
. Last 10 stochastic losses 0.6307644134901648, 0.6301608260893138, 0.6296184986
476802, 0.6293831586494314, 0.6292340893598364, 0.629169306843859, 0.62913723850
30662, 0.629124248479972, 0.6291189226820649, 0.6291169842584432
model.weights:
[-0.10590621151462869]
1.0
0.0
```

图 7-23 计算结果

5. 小结

通过一个实例，本节讲解了如何部署 Spark 分布式计算框架以及如何在 Spark 上面运行逻辑回归算法。Spark MLib 作为一个开源的分布式机器学习算法库包含着丰富的算法，而且在算法的操作层面上做得也比较友好。因为开源的原因，不断地有算法贡献者为 MLib 注入活力。关于 Spark MLib 库还有一个特别实用的属性需要介绍一下。我们知道机器学习的问题并不是一步算法实验就可以解决的，一个完整的流程需要包括数据的预处理、特征工程、算法运算、预测和评估。如果需要处理的数据量很大，这些步骤都需要分布式来处理，这就需要一个办法把这些步骤都串起来。Spark MLib Pipeline 的出现，解决了 MLib 在处理复杂机器学习上的弊端，提供了更加方便的方法以构建机器学习工作流。一个 Pipeline 在结构上会包含一个或多个 PipelineStage，每一个 PipelineStage 都会完成一个任务，如数据预处理和特征工程等，这样一来整个的机器学习流程就可以串起来。依靠 Pipeline 加上 MLib 的机器学习算法库，就可以构建一套完整的数据挖掘流程，虽然 Spark 在部署和运维上可能还有一些比较麻烦的地方，但是未来随着开源社区的发展，Spark MLib 会是开源分布式机器学习解决方案中不错的选择。

7.3.2 TensorFlow

1. 简介

TensorFlow，是一个开源的机器学习框架，是基于著名的 DistBelief 开发的。最初的 TensorFlow 由“谷歌大脑”团队的研发人员开发，是用来研究深度神经网络的工具，但是随着架构的不断完善，整个系统已经被改造得可以适用于多种不同的场景。Google 在 2015 年将 TensorFlow 开源后，迅速得到来自 IT 行业各界的强烈反应。Android 作为 Google 开源产品的标杆，已经占领了移动端市场，人们都在猜测，TensorFlow 或许是 Google 进军人工智能市场的一把“尖刀”。目前来看，TensorFlow 具备着优良的特性，而且在新的版本中已经支持了分布式计算。在未来一段时间里，TensorFlow 势必要引领机器学习的一段潮流。

先来简单介绍一下什么是 TensorFlow，从字面意思来理解，Tensor 表示张量，是指任意维度的数据。在 TensorFlow 中，数据是通过数据流的形式在算法节点中流转的。我们通过深度学习的一张架构流程图（见图 7-24）来解释。

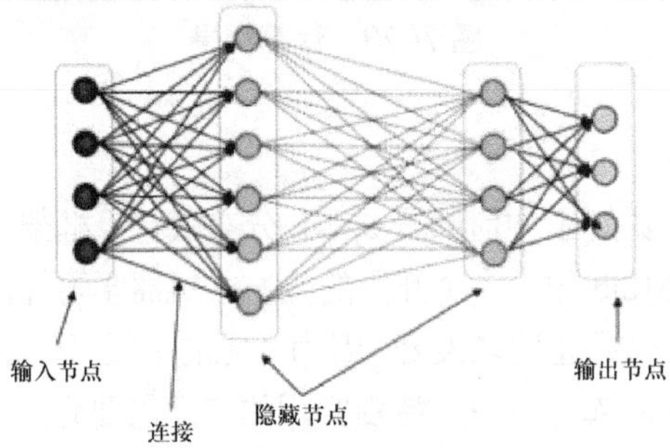

图 7–24 深度学习

通过这张深度学习的架构图来分析，图 7-24 中竖形单元表示算法层，有输入层、隐藏层和输出层，每个圆形的单元是计算节点。TensorFlow 中的数据以数据流的形式在计算节点中流动。从前向后流，就是前向传播，从后向前流，就是后向传播，Flow 表示的就是数据的这种流动。仅从字面意思来看，TensorFlow 的具体计算形式已经表现得很清楚了。

下面简单介绍下 TensorFlow 的一些特性。

（1）灵活性。TensorFlow 的灵活性不只表现在对算法的支持上，也表现在架构方面。TensorFlow 支持单机计算和分布式计算,同时也可以将计算在 CPU 和 GPU 之间灵活切换。只需要一个简单的 API 就可以将计算部署在本地机器、手机设备、云服务器的 CPU 或者 GPU 上面，TensorFlow 让计算的分发和部署更加灵活。

在对算法的支持方面，TensorFlow 不单单是一个神经网络库，它还可以看作机器学习的编程架构，开发者可以将自己的算法逻辑写成流图的形式，然后就可以把自己定义的算法运行在 TensorFlow 的架构中去。因为 TensorFlow 是开源的，用户可以对神经网络中的任何细节进行自定义，充分实现代码和算法方面的灵活性。

（2）易用性。TensorFlow 可以自动计算梯度，只需要手动设置好计算架构，设置好目标函数，然后向系统中灌入数据即可，中间的计算和参数权重变化都是自动完成的，同时系统也提供了办法帮助用户监督整个计算流程。在具体使用方面，虽然 TensorFlow 的底层代码是通过 C++来编写的，但是可以通过 Python 接口来创建计算流图。用户在逻辑代码的计算框架编写方面也比较容易上手。

（3）良好的资源调度能力。TensorFlow 可以帮助开发者充分利用计算资源。对计算资源的调度可以高度自定义，可以自由调用 CPU 和 GPU，同时也支持线程、队列和异步计算等。TensorFlow 让开发者可以充分利用自身的硬件资源，而且可以让数据流在不同的机器上自由流转。

2. 实验环境搭建

前面介绍了 TensorFlow 的一些概要和基本性能，接下来介绍搭建 TensorFlow 的实验环境，并且跑通程序员们最熟悉的程序——Hello World。使用的环境是 Mac OS 系统，因为本书以介绍产品为目的，这里就只配置本地单机版的运行环境，实际上 TensorFlow 是有支持分布式版本的。

（1）安装 pip。pip 是 Mac 系统中的一个 Python 的安装工具，TensorFlow 可以通过 pip 自动安装，具体命令如下。

```
sudo easy_install pip
sudo easy_install --upgrade six
```

如果已经安装了 pip，可以忽略这一步。

（2）安装 Virtualenv。Virtualenv 是一个用于隔离本地 Python 环境的工具，因为 TensorFlow 在使用过程中需要对环境参数做一定的调整，所以推荐安装 Virtualenv 来进行隔离。具体的操作步骤是首先安装 Virtualenv，命令如下。

```
sudo pip install --upgrade virtualenv
```

然后在 Virtualenv 环境中创建一个 tensorflow 目录，命令如下。

```
virtualenv --system-site-packages ~/tensorflow
```

激活环境，可以通过 activate 和 activate.csh 两种方式，命令如下。

```
source ~/tensorflow/bin/activate  # If using bash
source ~/tensorflow/bin/activate.csh  # If using csh
```

（3）安装 TensorFlow。现在就可以通过 pip 在这个环境下安装 TensorFlow 了，根据 Python 的版本不同而选择不同的安装命令如下。

```
# Python 2
(tensorflow)$ pip install --upgrade $TF_BINARY_URL
# Python 3
(tensorflow)$ pip3 install --upgrade $TF_BINARY_URL
```

命令中的 TF_BINARY_URL 需要根据系统版本，Python 版本是否支持 GPU 来进行选择。

```
# Mac OS X, CPU only, Python 2.7:
(tensorflow)$export TF_BINARY_URL=https://storage.googleapis.com/tensorflow/
mac/cpu/tensorflow-0.10.0-py2-none-any.whl  # Mac OS X, GPU enabled, Python 2.7:
(tensorflow)$export TF_BINARY_URL=https://storage.googleapis.com/tensorflow/mac
/gpu/tensorflow-0.10.0-py2-none-any.whl
# Mac OS X, CPU only, Python 3.4 or 3.5:
(tensorflow)$export TF_BINARY_URL=https://storage.googleapis.com/tensorflow
/mac/cpu/tensorflow-0.10.0-py3-none-any.whl
# Mac OS X, GPU enabled, Python 3.4 or 3.5:
(tensorflow)$export TF_BINARY_URL=https://storage.googleapis.com/tensorflow/
mac/gpu/tensorflow-0.10.0-py3-none-any.whl
```

（4）示例。前面已经把 TensorFlow 的计算环境安装完毕，我们激活 Virtualenv 下面的 TensorFlow 后，会进入到 Python 的隔离环境中，命令行终端的最前端会出现“tensorflow”的字样。下面介绍 Hello world 的执行代码。

```
#tf
import tensorflow as tf
hello = tf.constant('Hello world!')
sess = tf.Session()
print(sess.run(hello))
```

constant 是 TensorFlow 的一种数组，这里就不详细介绍了。下面主要来说一下 Session 的概念，Session 表示会话的概念，在 TensorFlow 系统中，用户通过会话来与 TensorFlow 系统交互。一般的模式是先建立会话，然后在会话中添加节点和边，再通过 Session 来与 TensorFlow 交互。执行上面的这个代码文件，就会看到返回的结果，如图 7-25 所示。

```
(tensorflow) osx10111-e0accb813994:bin garvin$ python /Users/garvin/tensorflow/
project/tf.py
Hello, TensorFlow!
```

图 7-25 结果

综上，一个单机版的 TensorFlow 就已经安装成功，并且跑通了 Hello World 实验。

3. 手写字图片识别实验

前面介绍了 TensorFlow 的环境配置，下面结合 TensorFlow 官网上提供的案例，介绍一下如何搭建手写字图片识别的实验。什么是手写字图片识别呢？即通过一些打标的手写字图片进行训练，生成模型，通过模型识别其他没有打标的图片中的数字。我们分几步来介绍整个实验的搭建，实验环境为 Mac OS。

（1）数据源。先来看一下我们的数据源，数据源是 MNIST 的一份数据库，地址为 http://yann.lecun.com/ exdb/mnist/。

在数据库中有打标的训练数据图片，这些图片是通过二进制编码压缩过的，训练样本一共 6 万个左右。因为是通过二进制压缩来保存的图片，不够直观，我们可以通过一段程序来还原这些图片。该程序依赖于 pillow，可以先进行安装，命令如下。

```
sudo pip install pillow
```

然后在解压的二进制图片路径下运行如下代码，就可以还原图片。

```
from PIL import Image
import struct


def read_image(filename):
  f = open(filename, 'rb')
  index = 0
  buf = f.read()
  f.close()
  magic, images, rows, columns = struct.unpack_from('>IIII' , buf , index)
  index += struct.calcsize('>IIII')
  for i in xrange(images):
    image = Image.new('L', (columns, rows))
    for x in xrange(rows):
      for y in xrange(columns):
        image.putpixel((y, x), int(struct.unpack_from('>B', buf, index)[0]))
        index += struct.calcsize('>B')
    print 'save ' + str(i) + 'image'
```

```
    image.save( str(i) + '.png')
def read_label(filename, saveFilename):
  f = open(filename, 'rb')
  index = 0
  buf = f.read()
  f.close()
  magic, labels = struct.unpack_from('>II' , buf , index)
  index += struct.calcsize('>II')

  labelArr = [0] * labels
  for x in xrange(labels):
    labelArr[x] = int(struct.unpack_from('>B', buf, index)[0])
    index += struct.calcsize('>B')
  save = open(saveFilename, 'w')
  save.write(','.join(map(lambda x: str(x), labelArr)))
  save.write('\n')
  save.close()
  print 'save labels success'
if __name__ == '__main__':
  read_image('train-images-idx3-ubyte') #图片文件路径
  read_label('train-labels-idx1-ubyte', 'label.txt')#label 路径
```

训练集的图片如图 7-26 所示，全部是黑底白字的，大小为 28 像素×28 像素的手写体数字，数字分 0～9 共 10 种。

图 7-26 训练集

通过第 6 章的学习，我们知道机器学习是针对矩阵数据的统计算法，需要把图片转换成向量表示。可以通过把图片映射成矩阵的形式来进行图片的量化，因为图片是二维的，28 像素×28 像素的图片可以映射成 28×28 的矩阵，如图 7-27 所示。

根据图片的亮度等属性可以给每个小像素点一个数值表示。我们把 28×28 的矩阵展开，就变成了长度是 28×28=784 的一个向量。训练集一共 6 万张图片合在一起，就变成了一个 60000×784 这样的矩阵。因为训练样本由 0～9 的数字构成，存在 10 种可能，可以通过长度是 10 的向量表示。比如图片表示的数字是 5，就表示成（0,0,0,0,0,1,0,0,0,0,）（从左数第 6 个字段为 1，因为计数是从 0 开始），3 就表示成（0,0,0,1,0,0,0,0,0,0），在向量中每个位置代表一个数字。目标队列对应的 60000 个样本展开，就是 60000×10 的矩阵。以上，

我们通过图片的量化，训练数据已经变成了可供算法计算的矩阵。特征列是 60000 × 784 的矩阵，目标列是这些图片对应的 60000 × 10 的矩阵。

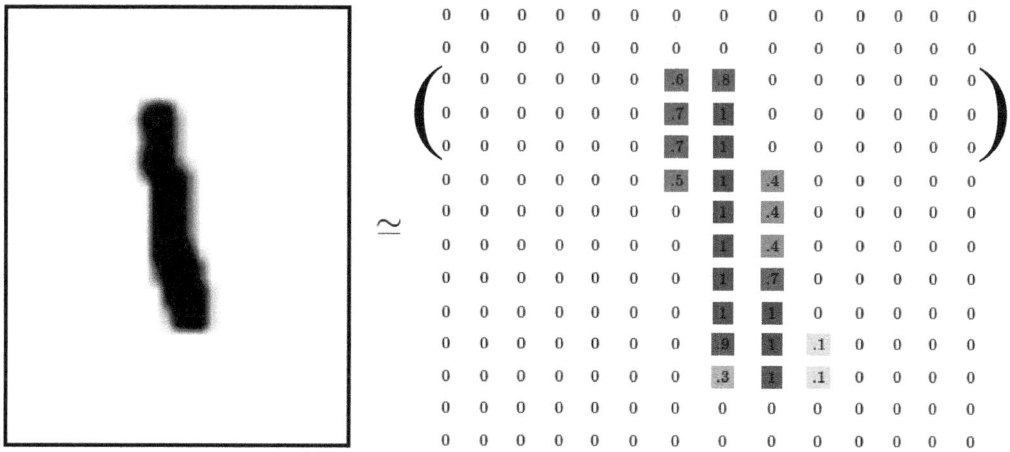

图 7-27 图片量化

（2）Softmax。通过前面的数据源讲解，我们看到了手写字识别已经抽象成一个有监督的多分类问题。在算法章节（第 5 章）介绍过二分类的逻辑回归，这里介绍一个多分类算法——Softmax，通过 Softmax 算法可以解决 10 分类问题。

根据监督学习的特性，在这个场景下可以得到图 7-28 所示的矩阵计算公式。

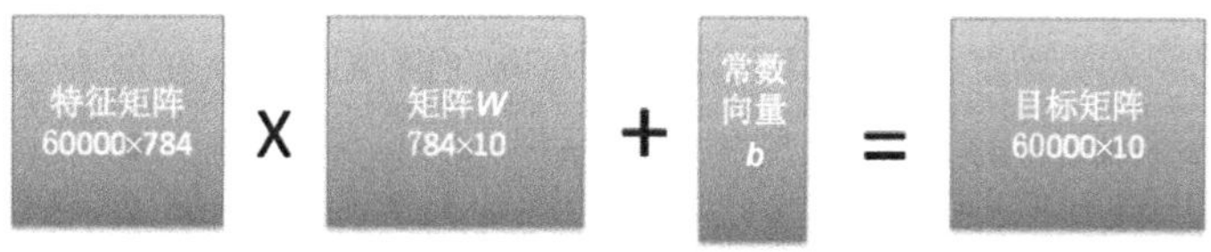

图 7-28 矩阵计算公式

也就是说，我们只要求得图中的矩阵 ***W*** 和常量 ***b***，就可以搭建算法模型。

把场景抽象成这样的一个公式：***Y*=*WX*+*b***。其中，***Y*** 是目标矩阵，***X*** 是特征矩阵，***W*** 是需要计算的特征权重矩阵，***b*** 是常数向量。我们已经得到了 ***Y*** 和 ***X*** 的矩阵，只要求得 ***W*** 和 ***b*** 的值就可以了，如图 7-29 所示。这就有点像之前介绍的逻辑回归最优化问题，当时是使用梯度下降算法来解的，在 Softmax 中也采用类似的方法，只不过 Softmax 是多分类场景。

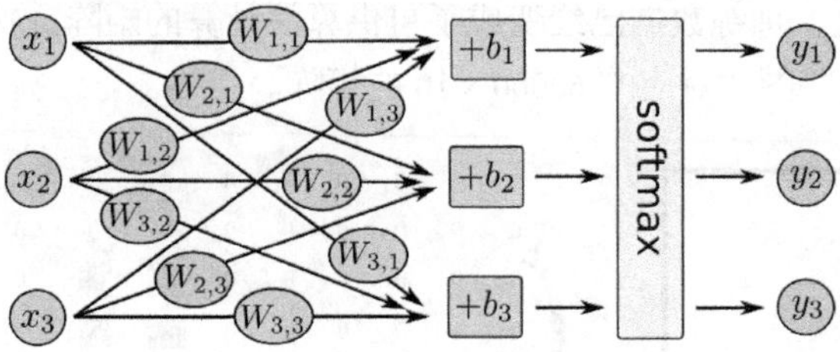

图 7-29 Softmax

（3）代码实现。现在来介绍具体代码的实现，首先需要训练模型，并且把模型存储下来，以备未来预测的时候使用，训练模型的代码如下。

```
import tensorflow as tf
from tensorflow.examples.tutorials.mnist import input_data

#import data
mnist = input_data.read_data_sets("MNIST_data/", one_hot=True)

# Create the model
x = tf.placeholder(tf.float32, [None, 784])
W = tf.Variable(tf.zeros([784, 10]))
b = tf.Variable(tf.zeros([10]))
y = tf.nn.softmax(tf.matmul(x, W) + b)

# Define loss and optimizer
y_ = tf.placeholder(tf.float32, [None, 10])
cross_entropy = -tf.reduce_sum(y_*tf.log(y))
train_step = tf.train.GradientDescentOptimizer(0.01).minimize(cross_entropy)

init_op = tf.initialize_all_variables()
saver = tf.train.Saver()


# Train the model and save the model to disk as a model.ckpt file
# file is stored in the same directory as this Python script is started

with tf.Session() as sess:
```

```
    sess.run(init_op)
    for i in range(50000):
        batch_xs, batch_ys = mnist.train.next_batch(1)
        sess.run(train_step, feed_dict={x: batch_xs, y_: batch_ys})

    save_path = saver.save(sess, "model1.ckpt")
    print ("Model saved in file: ", save_path)
```

这段代码会自动到 MNIST 上面去下载训练集，训练完成后会在代码目录下生成 model1.ckpt这样一个模型文件，我们可以通过这个模型文件进行预测。

下面找一张图片作为预测集，图片最好是 28 像素×28 像素的，而且背景和字的颜色最好有明显区分。这里使用图 7-30 所示的图片作为预测集。

图 7–30 预测集图片

在预测过程中，首先需要用代码把图片处理成可以被算法预测的格式，代码如下。

```
def imageprepare(argv):
    """
    This function returns the pixel values.
    The imput is a png file location.
    """
    im = Image.open(argv).convert('L')
    width = float(im.size[0])
    height = float(im.size[1])
    newImage = Image.new('L', (28, 28), (255)) #creates white canvas of 28x28 pixels

    if width > height: #check which dimension is bigger
        #Width is bigger. Width becomes 20 pixels.
        nheight = int(round((20.0/width*height),0)) #resize height accordi
ng to ratio width
        if (nheigth == 0): #rare case but minimum is 1 pixel
            nheigth = 1
        # resize and sharpen
        img = im.resize((20,nheight), Image.ANTIALIAS).filter(ImageFilter.SHARPEN)
        wtop = int(round(((28 - nheight)/2),0)) #caculate horizontal pozition
```

```
            newImage.paste(img, (4, wtop)) #paste resized image on white canvas
        else:
            #Height is bigger. Heigth becomes 20 pixels.
            nwidth = int(round((20.0/height*width),0)) #resize width according
to ratio height
            if (nwidth == 0): #rare case but minimum is 1 pixel
                nwidth = 1
              # resize and sharpen
            img = im.resize((nwidth,20), Image.ANTIALIAS).filter(ImageFilter.SHARPEN)
            wleft = int(round(((28 - nwidth)/2),0)) #caculate vertical pozition
            newImage.paste(img, (wleft, 4)) #paste resized image on white canvas

        #newImage.save("sample.png")

        tv = list(newImage.getdata()) #get pixel values

        #normalize pixels to 0 and 1. 0 is pure white, 1 is pure black.
        tva = [ (255-x)*1.0/255.0 for x in tv]
        return tva
```

这里输入的参数是图片的地址，图片需要用 png 格式存储。

接下来就是预测了，导入训练好的模型 model1.ckpt 以及图片转换程序的输出结果。

```
def predictint(imvalue):
    """
    This function returns the predicted integer.
    The imput is the pixel values from the imageprepare() function.
    """

    # Define the model (same as when creating the model file)
    x = tf.placeholder(tf.float32, [None, 784])
    W = tf.Variable(tf.zeros([784, 10]))
    b = tf.Variable(tf.zeros([10]))
    y = tf.nn.softmax(tf.matmul(x, W) + b)

    init_op = tf.initialize_all_variables()
```

```
saver = tf.train.Saver()
with tf.Session() as sess:
     sess.run(init_op)
     saver.restore(sess, "model1.ckpt")
     #print ("Model restored.")

     prediction=tf.argmax(y,1)
     return prediction.eval(feed_dict={x: [imvalue]}, session=sess)
```

输入参数是前面图片转换代码的返回值，注意设置预测模型的地址。通过在 Tensorflow 环境下执行这段代码，结果可以通过命令行终端打印出来，如图 7-31 所示。

```
(tensorflow) osx10111-e0accb813994:bin garvin$ python /Users/garvin/Documents/w
ork/book/code/tf/predict.py
8
```

图 7-31 结果

通过上面的案例介绍，我们跑通了这样的一套流程，包括搭建 TensorFlow 环境→训练手写数字识别文字→训练集数字识别，成功把写有数字 8 的图片中的数字识别了出来。需要注意的是，本案例只是最基础的模型训练方法，通过 TensorFlow 可以做非常复杂的模型，如果需要在精度上做突破，则需要掌握深度学习的一些算法和调参的方法。另外，因为模型训练需要依赖大规模的训练数据，本文只使用了 MNIST 的基础的样本集，如果是千万级别的图片训练，在复杂算法情况下可能要依赖于分布式计算来处理。所以如果在工业界想落地图片中印刷文字识别（OCR）或者是其他深度学习的训练，需要掌握的不光是算法层面的东西，对分布式架构也需要有一定的了解才可以。

4. 小结

通过本节的介绍，我们了解了 TensorFlow 的特性、单机环境搭建以及手写图片识别实验的训练流程，整个 TensorFlow 的实验流程还是相对比较顺畅的。另外，在算法层面上，虽然 TensorFlow 只开源了一年，但是已经涵盖了很多算法组件，特别是深度学习的算法组件，相对其他机器学习工具来讲，TensorFlow 的算法更为丰富。通过 TensorFlow 的官网了解到，目前 TensorFlow 已经支持了 DNN、RNN 和 CNN 这几种的深度学习模型结构，而且对逻辑回归这样的浅层机器学习方法也已经支持了。作为一个开源的算法平台，目前 TensorFlow 还处于婴儿时期，相信未来随着社区的不断壮大，TensorFlow 会像 Spark MLib 那样涵盖越来越多的算法，而且一定会衍生出越来越丰富的开发者工具供数据挖掘工程师使用。再补充一点，目前 TensorFlow 的官网已经有了比较丰富的实例可供学习和参考，只要理解了其流图形式的数据流转，在 TensorFlow 架构中自己开发一套算法的难度也并不大，外加 TensorFlow 对 Python 的支持，TensorFlow 会是一款不错的数据挖掘工具。

7.4 企业级云机器学习工具

前面介绍的分别是单机版的机器学习工具和开源的分布式机器学习工具，虽然这些工具大多都具备友好的操作方式和丰富的算法，但是在企业级服务方面还是存在一些缺陷，这种缺陷主要体现在以下几个方面。

（1）性能因素。先来介绍数据量的问题，目前比较大的一些数据生产网站，如 Facebook 和淘宝等，每天产生的数据量是 PB 级别的。单机版的工具处理数据量的极限通常只有 GB 级别。对开源的机器学习平台解决方案，如在集群上搭 Tensorflow 或者 Spark，通过增加机器的方式可以达到很好的性能，而且确实也有很多大规模的互联网公司是这么做的。但是因为分布式集群的调优和运维等工作会消耗大量的人力及物力，所以中小型公司不一定有足够的资源或是技术能力来搭建这样的集群。试想一下，如果为了跑一个大的逻辑回归模型，需要搭建几百台机器这样的集群，需要有一整套运维的代码，需要有回归测试的机器，需要调优……这些问题如果使用 AWS ML 或者阿里云机器学习 PAI 这样的企业级机器学习服务就可以避免了，而且大公司的云服务平台也更加稳定，在目前快速迭代更新的互联网时代，谁都承受不了自己集群服务出现哪怕一分钟的故障。

（2）算法与计算的解耦。计算机程序的设计理念是不同的功能尽可能解耦、模块化，这一点也同样适用于云计算的不同工程角色之间。如果搭建了一款开源的分布式系统，而且聘用了算法工程师，其实工程师在做算法应用的时候是要分心考虑分布式计算架构的，这就是算法和计算引擎没有完全解耦造成的局面。笔者认为最好的人员架构体系应该是分布式架构工程师只关心计算架构的东西，算法工程师只关心算法调优和模型训练这样算法层面的东西。算法与计算的解耦可以让工程师们放手去做自己更擅长的东西，从而解放生产力。这也是使用企业级的机器学习服务的好处。

（3）上下游体系。企业级的数据挖掘流程与学校的实验是不同的。在学校里跑一个算法，画一幅展示图、证明一个公式可能就够了，但是在企业级的机器学习应用中，一定需要的是算法模型反哺自身的业务。光有一个算法工具包是不够的，在企业级服务中，我们不能每天搬运日志数据到本地，计算和预测完之后再把结果搬回业务中去。这里面涉及很多算法上下游体系的打通问题，比较常用的就是部署和调度、在线预测 API 服务等。用 AWS 和阿里云的好处就是可以省去自己搭建调度服务、在线预测服务这样的工作，在平台上进行实验，然后一键部署就会帮我们把上下游的关系链路打通，直接拿着生成的 API 嵌入自己的业务逻辑就可以了。接下来详细介绍亚马逊机器学习平台和阿里云机器学习平台 PAI。

7.4.1 亚马逊 AWS ML

1. 简介

Amazon Web Service（AWS）是亚马逊在 2006 年推出的云计算服务，主要优势是能够以根据业务发展来扩展的较低可变成本来替代前期资本基础设施费用。根据亚马逊提供的数据，AWS 已经为全球 190 个国家和地区的企业提供支持。AWS 目前是云计算行业的领军者，曾经击败过 IBM 获得美国中情局的云服务大额订单。亚马逊机器学习（Amazon Machine Learning），是 2015 年 4 月份推出的一款能够帮助开发者使用历史数据开发并部署预测模型的服务。这些模型有广泛的用途，包括对欺诈行为的检测、防止用户流失并改进用户支持。亚马逊机器学习是通过向导的方式为开发者提供关于机器学习模型的创建和调试流程的指导，从而部署并扩展模型，支持数十亿级别数据量的预测。

亚马逊通过向导的方式建立实验，并且把机器学习服务和 Amazon Simple Storage Service（Amazon S3）、Amazon Redshift、Amazon Relational Database Service（Amazon RDS）集成，让客户使用存储在 AWS 云服务上的数据，做到整个云服务的生态打通。

2. 机器学习实验

（1）账号注册。首先要申请 AWS 的账号，AWS 对每个应用都一定的免费额度可用来试用。本书的实验需要开通 Amazon Machine Learning 和 Amazon Simple Storage Service 两个产品，分别是计算和存储的模块。

用户通过网址 http://docs.aws.amazon.com/AmazonS3/latest/gsg/SigningUpforS3.html 可以开通。

（2）AWS S3 添加存储。Amazon S3 是一种面向 Internet 的存储服务。该服务旨在让开发人员能更轻松地进行互联网规模计算。Amazon S3 提供一个简单的 Web 服务界面，用户可通过它随时在 Web 上的任何位置存储和检索任一大小的数据。此服务让所有开发人员都能访问与亚马逊网站一致的高扩展性、高可靠性、高安全性和快速价廉的存储设施。进入 Amazon S3，我们可以看到 AWS 是通过存储桶（Bucket）作为存储单元。数据的读写、删除等工作是通过对象来进行的，每个对象会分配到唯一的存储桶中。对象不区分是否是结构化数据、图片或 txt，任意格式的数据都可以存储。创建存储桶之后，需要把用于机器学习训练的数据提交到数据桶的一个存储对象当中，如图 7-32 所示。

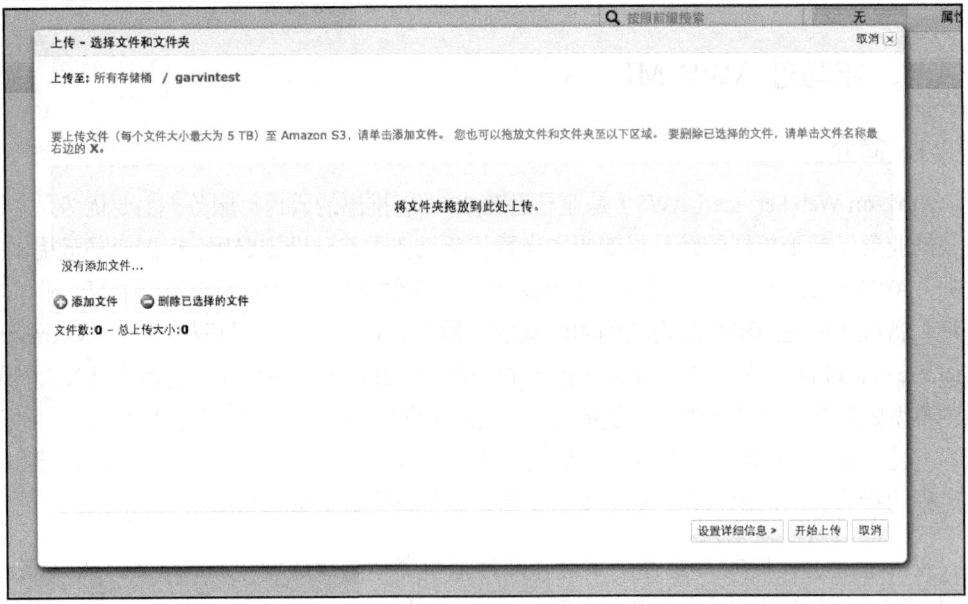

图 7–32　上传数据

因为 AWS 的机器学习只支持 CSV 文件的预测，所以我们需要提供一份 CSV 格式的数据。

（3）AWS ML。把 CSV 数据存在 AWS S3 中之后，就可以到 AWS 的机器学习产品页进行训练了，首先是配置数据源，把 S3 中的数据源配置好，如果格式符合要求，AWS 会做一次自动 Schema 匹配（上传数据与自建数据表的字段匹配）的工作，如图 7-33 所示。

把数据源导入之后，需要进行 Schema 的配置，AWS 提供可视化的数据操作，用户可以通过如图 7-34 所示的工具来配置。

AWS 的机器学习工具可以识别每个字段名还有这个字段的数据类型，包含 Binary、Categorical、Numeric 和 Text 共 4 种数据类型。目前，AWS 的机器学习工具只支持有监督的二分类计算这样一个场景，所以需要在配置 Schema 这一步设置一下 Target，Target 的就是目标列，具体的算法原理可以参考逻辑回归算法（第 5 章）介绍。

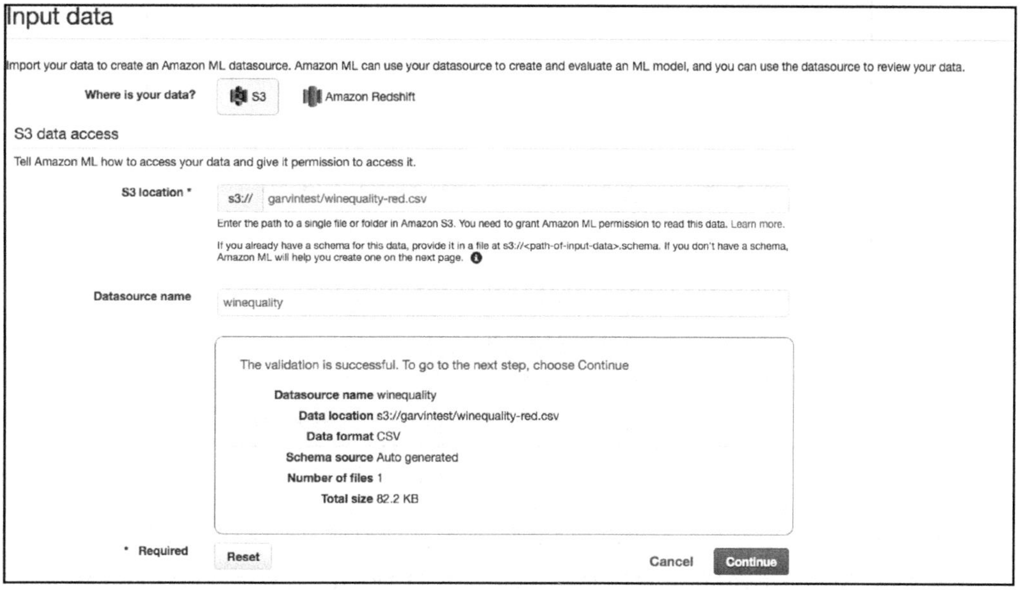

图 7-33　配置数据源

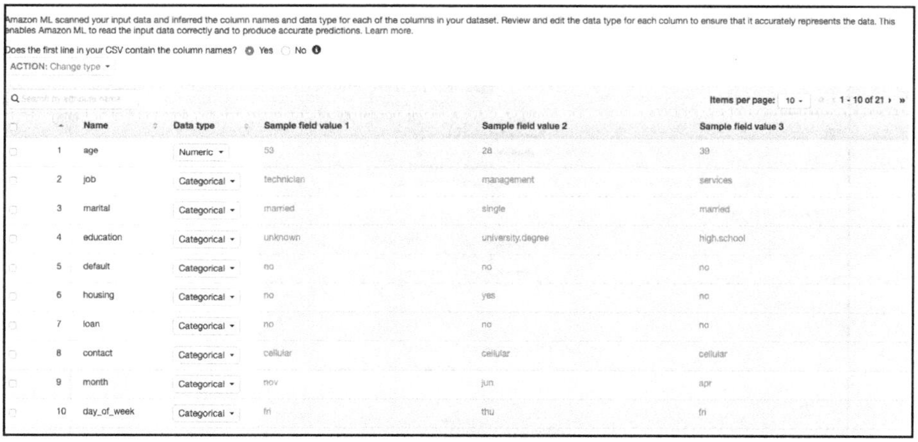

图 7-34　Schema 配置

前面配置好算法的数据源后，下面就是预测模型的训练工作。这里有一个步骤是模型拆分，默认的方案是 70%的数据用来训练，剩下 30%的数据用来评估模型效果。设置页面，如图 7-35 所示。

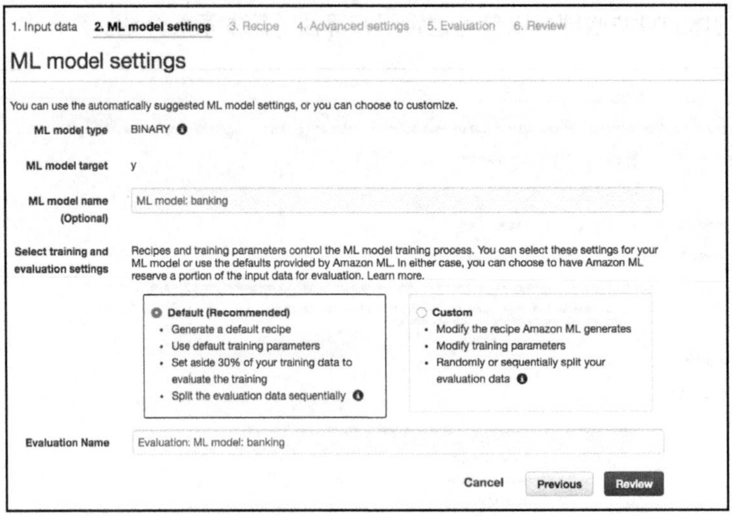

图 7-35 模型训练配置

配置好模型训练的参数后就可以开始模型训练了，模型的训练结果页如图 7-36 所示，结果分为 4 个模块展示，分别是 ML model summary、Datasource、Evaluations 和 Predictions，下面分别介绍这 4 个模块。

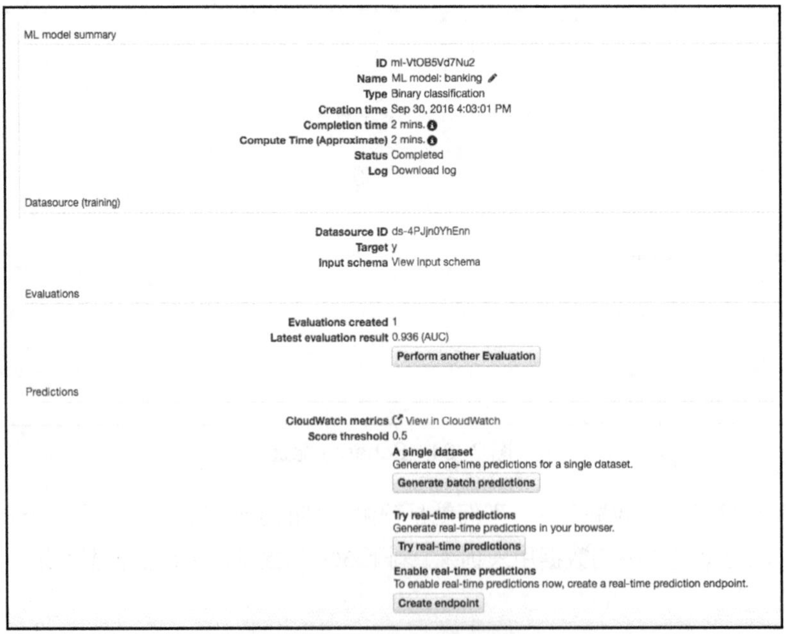

图 7-36 模型训练结果

- ML model summary，主要展示模型训练的一些基本指标，如时长等因素。通过查看日志，如图 7-37 所示，可以看一下每一次算法迭代计算结果，包括 accuracy、recall 和 f1-score 等这些关键因素。

```
16/09/30 08:08:11 INFO: Begin training.
16/09/30 08:08:22 INFO: initial-training: l1=0.0 l2=1.0E-6 likelihood-function=logreg max-passes=10 max-model-size=104857600 (100.00 MB) readable=false
16/09/30 08:08:23 INFO: learner-id=1050 model-configuration:        learning-rate=0.01
16/09/30 08:08:23 INFO: learner-id=1050 model-convergence:          negative-log-likelihood=1.000000e+00 (delta=1.000000e+00) is-converged=no
16/09/30 08:08:23 INFO: learner-id=1050 active-features:            updates=0000000000 min=0000000 max=0000000 mean=0000000 total-sum=0000000000
16/09/30 08:08:23 INFO: learner-id=1050 active-features-quantiles:  quantile-10=0000000 quantile-50=0000000 quantile-90=0000000
16/09/30 08:08:23 INFO: learner-id=1050 model-status:               model-size=0 (0.00 MB) #params=0 #pruning-calls=0000000000
16/09/30 08:08:23 INFO:
16/09/30 08:08:23 INFO: learner-id=2101 model-configuration:        learning-rate=0.1
16/09/30 08:08:23 INFO: learner-id=2101 model-convergence:          negative-log-likelihood=1.000000e+00 (delta=1.000000e+00) is-converged=no
16/09/30 08:08:23 INFO: learner-id=2101 active-features:            updates=0000000000 min=0000000 max=0000000 mean=0000000 total-sum=0000000000
16/09/30 08:08:23 INFO: learner-id=2101 active-features-quantiles:  quantile-10=0000000 quantile-50=0000000 quantile-90=0000000
16/09/30 08:08:23 INFO: learner-id=2101 model-status:               model-size=0 (0.00 MB) #params=0 #pruning-calls=0000000000
16/09/30 08:08:23 INFO:
16/09/30 08:08:23 INFO: learner-id=3535 model-configuration:        learning-rate=1.0
16/09/30 08:08:23 INFO: learner-id=3535 model-convergence:          negative-log-likelihood=1.000000e+00 (delta=1.000000e+00) is-converged=no
16/09/30 08:08:23 INFO: learner-id=3535 active-features:            updates=0000000000 min=0000000 max=0000000 mean=0000000 total-sum=0000000000
16/09/30 08:08:23 INFO: learner-id=3535 active-features-quantiles:  quantile-10=0000000 quantile-50=0000000 quantile-90=0000000
16/09/30 08:08:23 INFO: learner-id=3535 model-status:               model-size=0 (0.00 MB) #params=0 #pruning-calls=0000000000
```

图 7-37 日志数据

- Datasource，查看 Schema 等信息，跟前面的 Schema 介绍类似。

- Evaluation，对模型的评估模块，单击进去出现如图 7-38 所示界面。

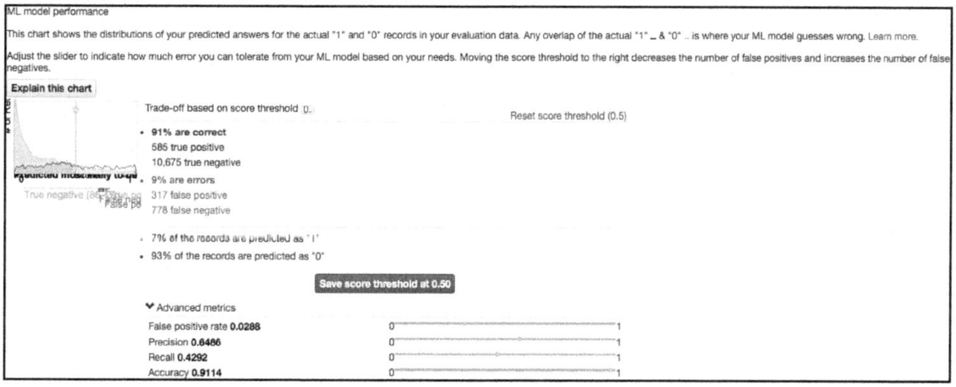

图 7-38 模型评估

通过模型评估可以观测 False positive rate、Precision 和 Recall、Accuracy 这几个数值，也可以通过一个 ROC 曲线来直观地分析模型效果，二分类场景中的阈值也可以在这里调整，默认是 0.5。

- Predictions，这个模块有以下 3 个按钮。

Generate batch predictions：离线训练功能，可以通过生成的预测模型对 AWS S3 中存储的其他数据源进行预测。

Real-time predictions：实时预测的测试，就是把实验生成的模型生成在线服务 API，然后把这个 API 做了前端的封装，如图 7-39 所示。

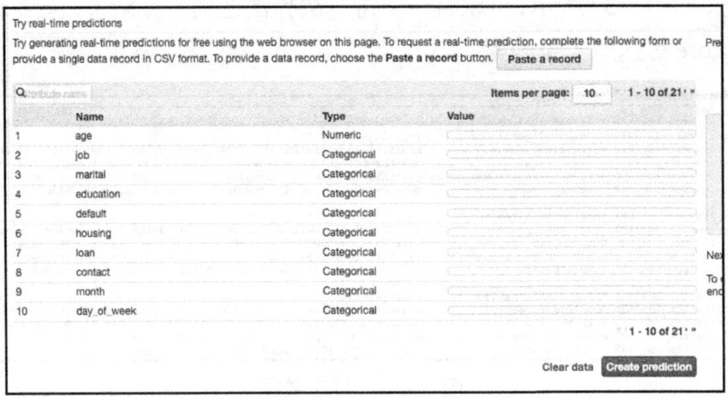

图 7-39　预测 API

Create endpoint：生成实验模型的在线预测 API，用户可以调用这个 API 进行实时的预测。

3. 小结

本节主要介绍了 AWS ML 的一些背景知识以及功能，利用 AWS S3 和 AWS ML 配合搭建了一套二分类场景的实验。通过实验可以看出来亚马逊机器学习的几点特性。第一是整个流程的操作简便，通过向导模式指导用户一步一步地进行实验的搭建，包括数据源的配置、Schema 的设置、预测模型的设置和结果的查询。如果其中一步没有设置正确，就无法进行下一步的操作，确保了整个流程的连贯，而且对问题的排查也比较容易。第二是可视化操作体验，所有功能都可以通过单击按钮来实现，对初学者来讲十分方便。

AWS ML 的短板也比较明显，最大的问题是算法过于单一，只支持一个逻辑回归二分类场景算法是远远不够的，而且也没有提供算法调参的选项。第二个就是自由度不高，因为是向导式的操作方法，每一步都需要严格按照规定的方案去做，没办法通过中间的一些脚本或者 SQL 语句来自定义逻辑。基于以上问题，如果是业务逻辑比较单一，通过二分类就可以解决而且不打算对算法的研究投入过多精力的话，无论在向导式的流程还是计算效率方面，AWS ML 是一个不错的选择。但是如果业务比较复杂，涉及聚类、文本、关系分析这些场景，AWS ML 目前的功能就略显不足。

7.4.2　阿里云机器学习 PAI

前面介绍了亚马逊的企业级机器学习服务 AWS ML，本节将介绍一款国内目前比较成熟的机器学习平台，来自阿里云的机器学习 PAI。

1. 简介

阿里云机器学习 PAI 是一款几乎涵盖了所有种类机器学习算法的机器学习平台。阿里云机器学习的底层计算引擎是阿里云研发的飞天分布式计算引擎，可以处理 EB 级别的数据。算法平台本身涵盖了从数据预处理、特征工程、机器学习算法、模型评估、预测和部署一整套的机器学习算法解决方案，因为打通了整条数据挖掘的链路，使得阿里云机器学习可以不单作为一款科学研究的工具，也可以作为企业级的算法解决方案来使用。

我们先来了解下这款产品的功能架构，如图 7-40 所示。

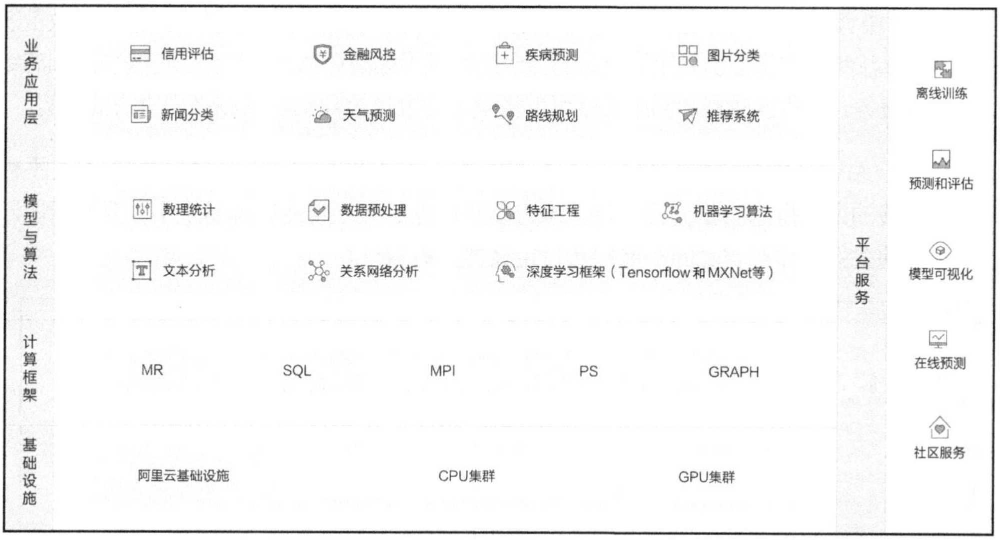

图 7-40 机器学习平台架构

自下向上来分析架构图，阿里云机器学习的最底层是支持异构调度（指 CPU 和 GPU 混合分布）的分布式计算引擎，支持 GPU 主要是为了更好地支持上层的深度学习算法。在计算基础设施上面的计算架构层支持了几款主流的分布式架构 MR（Map Reduce）和 PS（Parameter Server）等。在实际的操作中，用户对计算框架和基础设施这两层是无感知的，用户只需要考虑自己的场景适用于哪些算法即可，做到了算法和计算架构的解耦。模型与算法层是用户直接操作的一层，提供了 90 余种算法组件，简单列举一下这款产品中支持的算法组件（见表 7-4）。

表 7-4 支持算法组件

数据源	支持 Mysql、MaxCompute 数据源（阿里云的一款分布式计算引擎）和 OSS（阿里云非结构化数据存储）
数据预处理	采样、过滤、SQL 操作、数据类型转换、拆分、缺失值填充、归一化和标准化等
特征工程	特征变换、特征重要性评估、特征选择和特征生成等
统计分析	全表统计、协方差矩阵、T 检验、皮尔森系数和经验概率密度图等
机器学习算法	逻辑回归、随机森林、K-Means、KNN、GBDT、朴素贝叶斯和线性回归
文本分析	分词、ngram-count、文本摘要、Word2Vec 和 Doc2Vec 等
关系图算法	K-Core、最短单元路径、标签传播分类、标签传播聚类、最大联通子图和 PageRank
深度学习框架	Tensorflow、MXNet 和 Caffe

表 7-4 中大致列举了阿里云机器学习平台提供的一些算法组件，可以看出组件的数量以及覆盖的算法种类非常多。另外整个算法平台还提供了模型评估、可视化、在线预测和离线训练这些服务，利用这些算法和服务就可以搭建如金融风控和疾病预测这样的场景案例。

相较于 AWS ML 的向导式算法模型搭建流程，如图 7-41 所示，阿里云机器学习平台采用拖拉拽的方式搭建实验流程，向导式的模型训练建立方式能更容易上手，但是阿里云这种拖拉拽式的操作对实验的扩展性和自定义性更有保证。

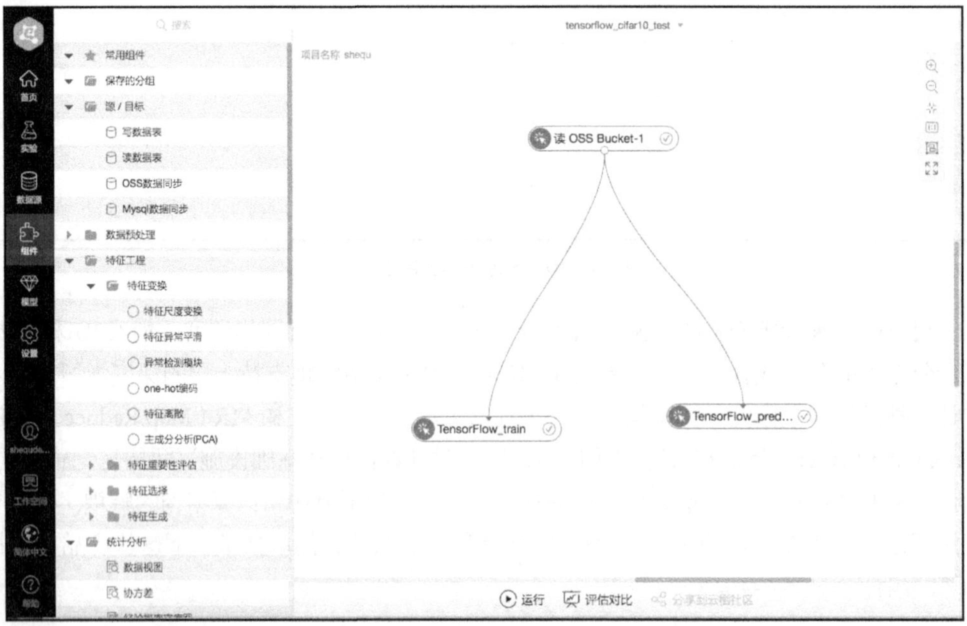

图 7-41 阿里云机器学习平台界面

进入操作界面，我们可以看到左边是一个个算法组件可供拖曳，把组件拖拽到中间的画布上，然后按照算法逻辑连线，在最右边的设置框中定义每一个组件的参数。这样的体验给人一种搭积木式的感觉，不需要去考虑底层的计算资源和运维这些因素，算法工程师只要把精力聚焦到业务的场景以及算法的搭配即可。

在使用阿里云机器学习平台进行实验的时候有一点需要注意，因为在搭建数据预处理、特征工程和机器学习算法等环节时都有很多的组件供选择（AWS ML 选择余地相对单一），所以要求使用者具备一定的机器学习基础。这些基础的数据挖掘背景其实可以通过前面的章节来学习，下面还是介绍下如何搭建一套机器学习的算法流程。

2. 机器学习实验

阿里云机器学习 PAI 是阿里云数加上的一款针对人工智能领域的产品，我们进入产品的详情页 https://data.aliyun.com/product/learn，然后查看如何快速地搭建一套实验。

（1）账号注册。进入产品详情页之后，单击右上角注册账号，首先完成阿里云的账号注册，单击“立即开通”按钮，如图 7-42 所示，进入后端控制界面。

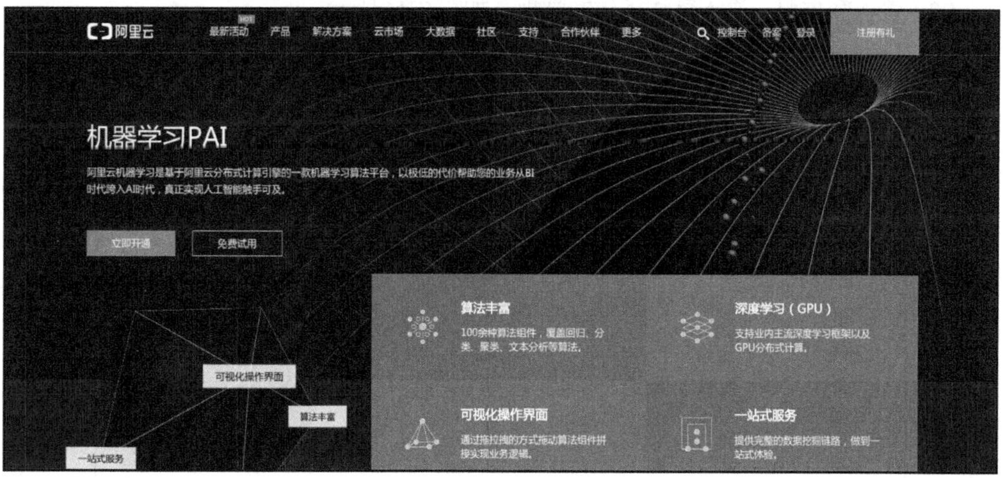

图 7–42 产品详情页

进入控制台之后，在机器学习的标签下面单击“创建项目”，建立 MaxCompute 项目，这个就是机器学习算法下层的计算资源。MaxComupute 项目创建完成后，单击相关项目下的“进入机器学习”按钮就可以跳转到阿里云机器学习平台的首页，如图 7-43 所示。

图 7-43 阿里云机器学习首页

首页其实已经内置了很多算法模板，可以通过这些模板轻松地学习整个产品的使用方式。单击“新建空白试验”按钮，进入实验的搭建环境中。

（2）输入数据源。进入算法搭建的画板，如图 7-44 所示。

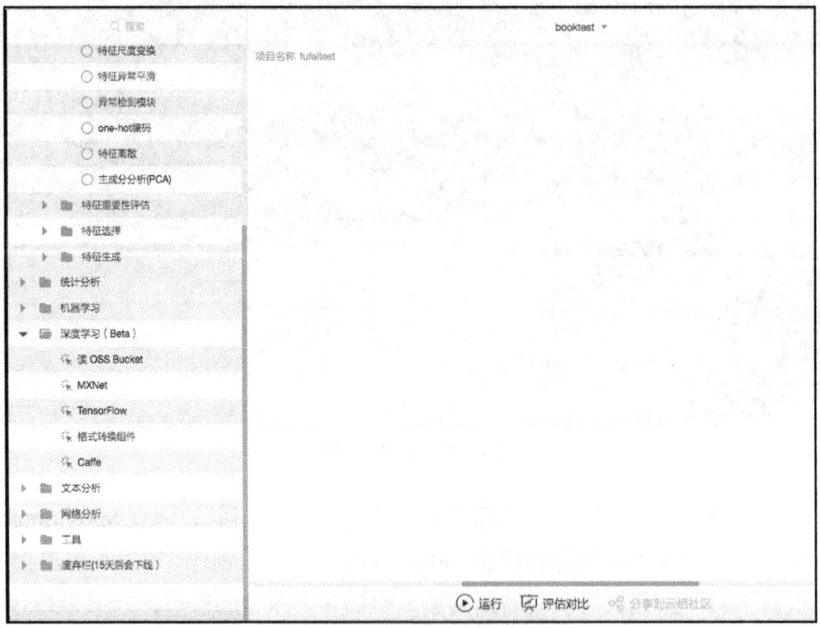

图 7-44 实验搭建

因为机器学习实验首先要考虑数据的导入，阿里云机器学习支持多种数据源，这里我们使用的是把本地数据上传到 MaxCompute 表中作为数据源。在左侧的菜单列表中找到“数据源”，单击创建表，如图 7-45 所示。

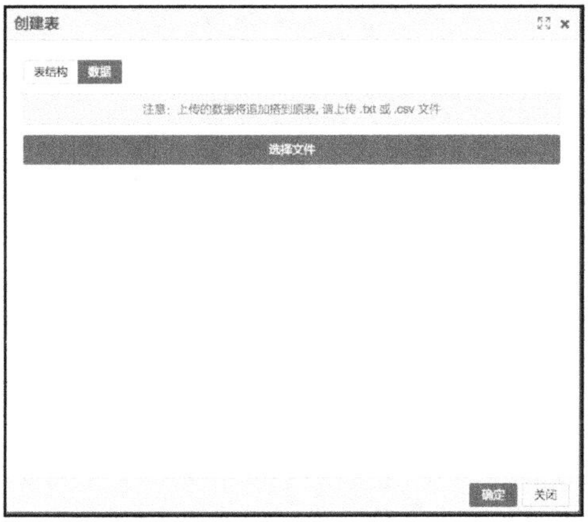

图 7–45 创建表

此处支持把本地的 TXT 或者 CSV 数据上传，然后把上传好的数据表组件拖到画布上，右击组件选择“查看数据”，就可以看到数据都已经导入数据表中，如图 7-46 所示。

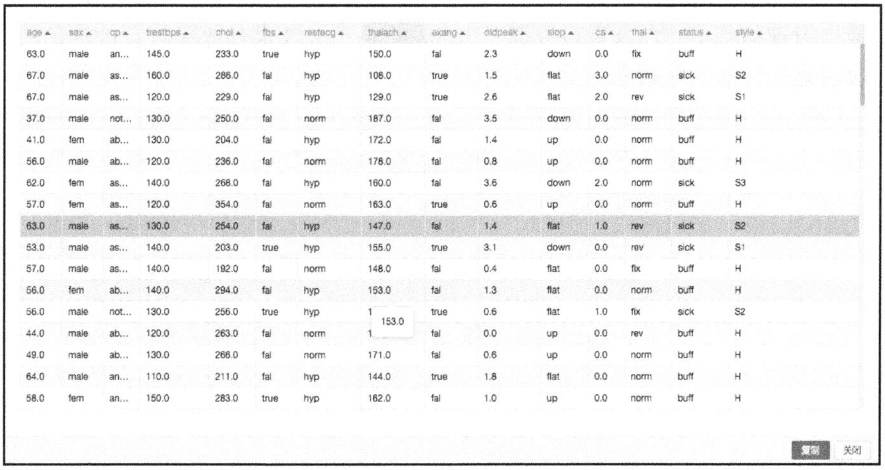

age	sex	cp	trestbps	chol	fbs	restecg	thalach	exang	oldpeak	slop	ca	thal	status	style
63.0	male	an...	145.0	233.0	true	hyp	150.0	fal	2.3	down	0.0	fix	buff	H
67.0	male	as...	160.0	286.0	fal	hyp	108.0	true	1.5	flat	3.0	norm	sick	S2
67.0	male	as...	120.0	229.0	fal	hyp	129.0	true	2.6	flat	2.0	rev	sick	S1
37.0	male	not...	130.0	250.0	fal	norm	187.0	fal	3.5	down	0.0	norm	buff	H
41.0	fem	ab...	130.0	204.0	fal	hyp	172.0	fal	1.4	up	0.0	norm	buff	H
56.0	male	ab...	120.0	236.0	fal	norm	178.0	fal	0.8	up	0.0	norm	buff	H
62.0	fem	as...	140.0	268.0	fal	hyp	160.0	fal	3.6	down	2.0	norm	sick	S3
57.0	fem	as...	120.0	354.0	fal	norm	163.0	true	0.6	up	0.0	norm	buff	H
63.0	male	as...	130.0	254.0	fal	hyp	147.0	fal	1.4	flat	1.0	rev	sick	S2
53.0	male	as...	140.0	203.0	true	hyp	155.0	true	3.1	down	0.0	rev	sick	S1
57.0	male	as...	140.0	192.0	fal	norm	148.0	fal	0.4	flat	0.0	fix	buff	H
56.0	fem	ab...	140.0	294.0	fal	hyp	153.0	fal	1.3	flat	0.0	norm	buff	H
56.0	male	not...	130.0	256.0	true	hyp	1 153.0	true	0.6	flat	1.0	fix	sick	S2
44.0	male	ab...	120.0	263.0	fal	norm	1	fal	0.0	up	0.0	rev	buff	H
49.0	male	ab...	130.0	266.0	fal	norm	171.0	fal	0.6	up	0.0	norm	buff	H
64.0	male	an...	110.0	211.0	fal	hyp	144.0	true	1.8	flat	0.0	norm	buff	H
58.0	fem	an...	150.0	283.0	true	hyp	162.0	fal	1.0	up	0.0	norm	buff	H

复制 关闭

图 7–46 数据表

（3）搭建实验。根据上文介绍的机器学习的整套流程，拿到数据源之后，还要进行数据预处理、特征工程、机器学习、预测和评估等组件的搭配，最后拼接成如图 7-47 所示效果的实验流程。

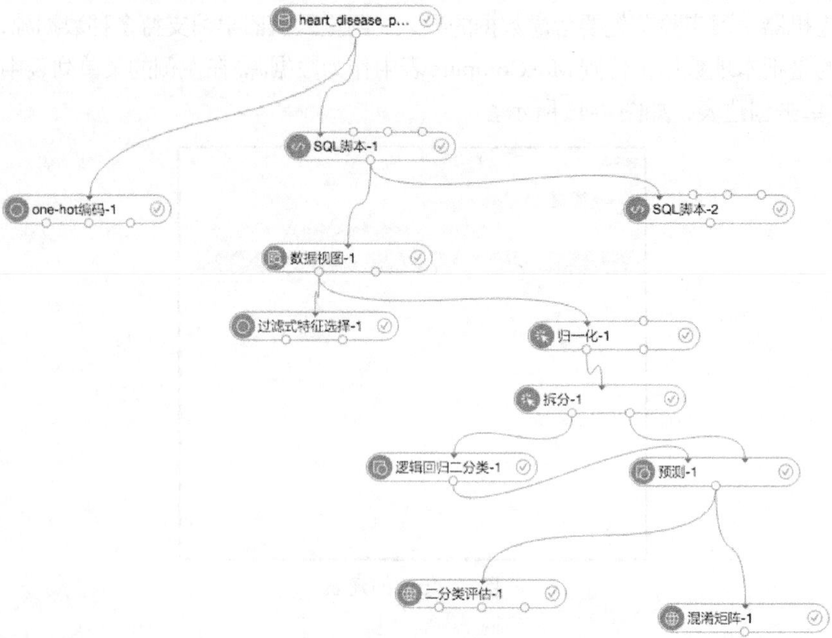

图 7–47 实验流程

（4）模型评估。在这个实验中，我们使用了逻辑回归算法，可以右键单击“二分类评估”模块查看评估结果，在这里可以通过 ROC 曲线和 K-S 曲线等可视化的评估工具对实验效果进行模型评估（见图 7-48）。

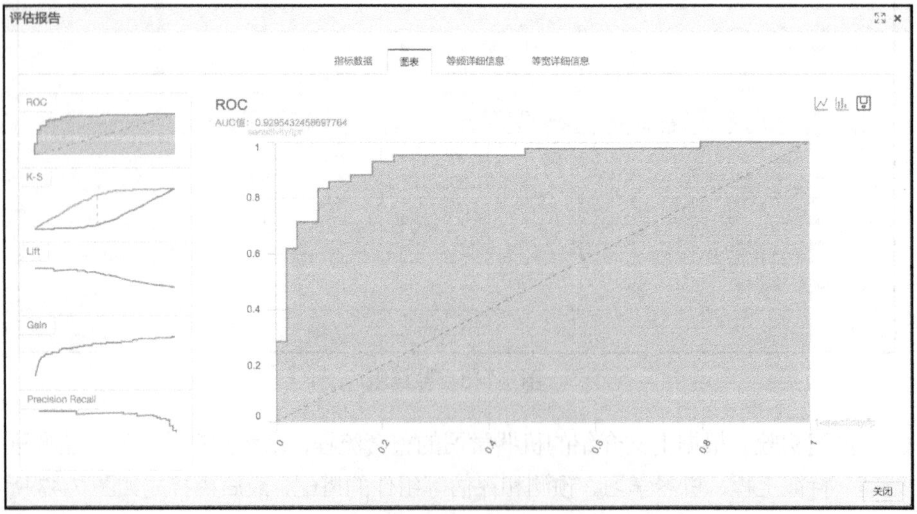

图 7–48 模型评估

我们也可以在最左边的“模型”标签下面，找到实验对应的模型，右击“查看模型”，看一下逻辑回归训练生成的模型参数，如图 7-49 所示。

图 7–49　模型参数

（5）部署。前面我们通过阿里云机器学习平台已经训练生成了模型并且进行评估，接下来介绍整个实验流程如何应用到实际的生产环境中。通常来讲，机器学习的模型有两种部署方式，一种是离线调度，另一种是在线预测。

离线调度通常应用在对实时性要求不高的场景下。例如做一个球赛预测系统，只要每次在比赛前一天晚上启动预测的服务即可，因为比赛往往是周期性的，所以这个系统也就是一个周期性调度系统。这个预测服务可能会包含预先录入的历史全量数据，然后通过实验更新机器学习算法模型，对下一场的结果进行一个预测。这个离线调度可以配合阿里云的另一款产品“大数据开发套件”来实现，“大数据开发套件”跟“阿里云机器学习”已经打通，用户可以直接在“大数据开发套件”中关联机器学习实验，通过大数据开发套件的地址 https://data.aliyun.com/product/ide 进入产品页，单击“数据开发”，选择相应的项目（需要跟阿里云机器学习中需要被调度的项目一致）。在新建任务的功能下选择“机器学习”，然后就可以通过配置相应的时间调度参数来周期性地调度离线模型，如图 7-50 所示。

建立了一个机器学习的实验调度之后就可以关联到阿里云机器学习平台中对应的实验，然后通过设置调度日期来进行离线的调度训练，如图 7-51 所示。

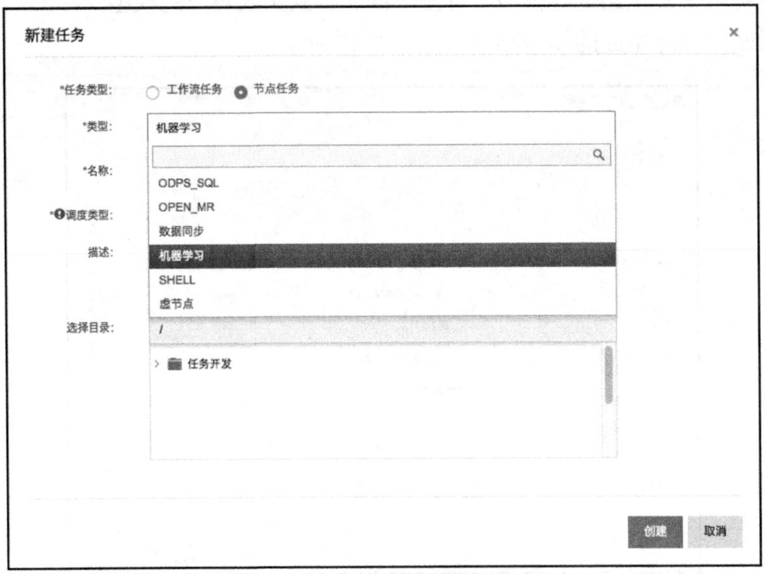

图 7–50　机器学习实验调度

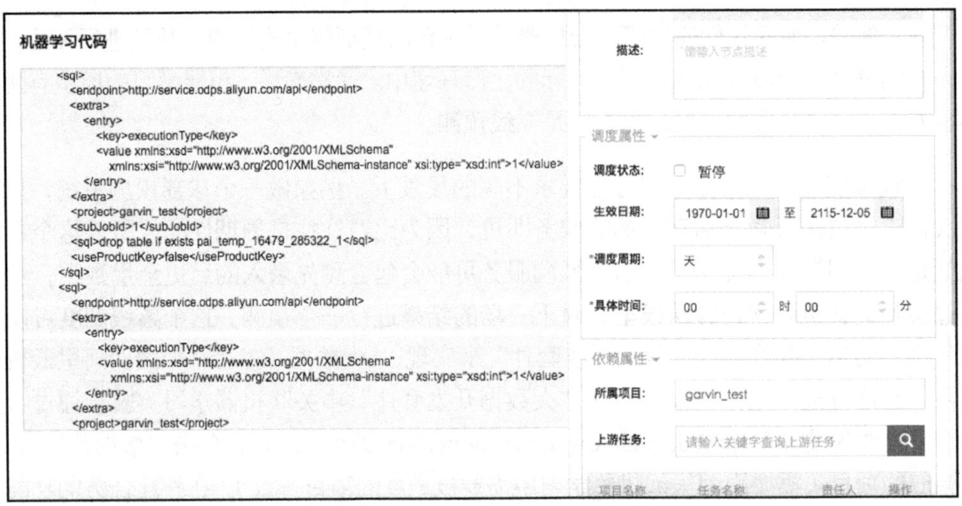

图 7–51　机器学习调度配置

相比于离线调度，在线预测适合于对实时性要求非常高的场景。因为机器学习算法最终生成的是一个预测模型，在线预测就是把这个模型进行部署使其可以在线服务。以心脏病预测案例为例，我们可以通过历史数据生成疾病预测模型，然后把模型部署为在线模型，如图 7-52 所示。

在真实的应用场景下，每进来一名患者，都可以通过阿里云机器学习的在线预测 API，如图 7-53 所示，对其是否患病进行预测。

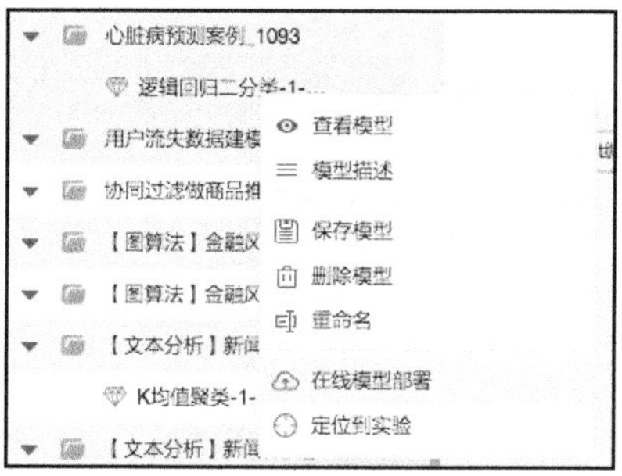

图 7-52　模型部署

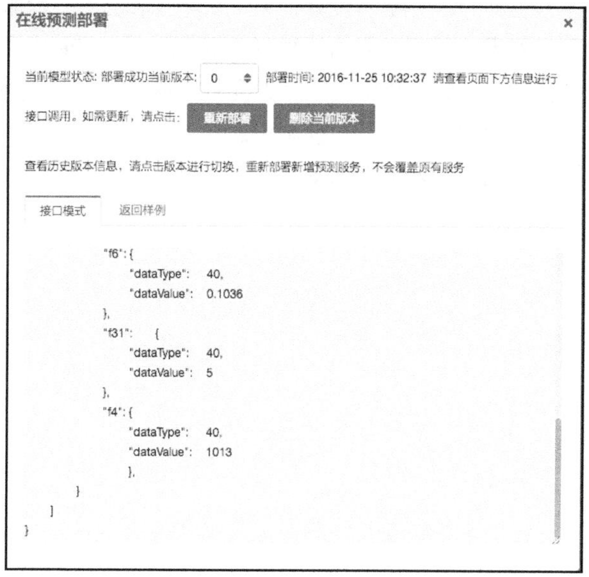

图 7-53　模型 API

3. 小结

前面介绍了阿里云机器学习平台的功能和实际操作方法。这款机器学习平台跟亚马逊的机器学习平台是两种设计思路的产品。亚马逊的平台偏向于新手用户，更容易上手，但是解决的用户场景较为单一而且给用户的可自定义空间非常小。阿里云的机器学习平台需要一定的上手门槛，但是可以解决比较丰富的场景而且扩展性比较强。总体来看，阿里云机器学习平台的算法比较丰富，而且成熟度很高，无论是对企业级用户或者是机器学习的爱好者来讲，使用阿里云机器学习平台都是一个不错的选择。

7.5　本章小结

本章针对不同特点的机器学习工具进行了介绍，分别介绍了单机版机器学习工具、开源分布式机器学习工具和企业云机器学习服务。笔者认为，在实际挑选工具的时候主要以完成自身业务价值作为基础原则，如果数据量非常小，只有几十兆数据，那么选择单机版工具即可。企业级的机器学习服务主要解决的是运维成本以及算法服务的问题。TensorFlow作为主流的深度学习计算框架，会有越来越多的云服务商将TensorFlow部署在云端进行售卖。如果是深度学习的使用者，建议选择Caffe或者TensorFlow这样的开源深度学习架构进行学习。如果数据量非常大而且对服务稳定性要求较高的情况，建议选择企业云服务的机器学习相关工具，目前阿里云机器学习平台已经增加了对TensorFlow、Caffe和MXNet等开源深度学习框架的支持。

第 4 部分

实战应用

第8章 业务解决方案

前面的章节中对机器学习的整个流程都进行了介绍，针对每一个数据挖掘环节中可能用到的组件都进行了描述。但是可能有的读者还会比较迷惑，因为当了解机器学习有这么多的流程之后，往往会提出这样的问题——如何在实际的业务场景中把这些复杂的机器学习流程串起来？本章将针对不同业务场景的真实案例，具体讲解如何通过机器学习算法来解决问题。

本章选用开源数据集作为实验数据，用阿里云机器学习平台（具体操作方式见第 7 章关于平台工具的介绍）作为实践平台来介绍每一个案例，因为阿里云机器学习平台的算法比较丰富而且每一步都能可视化展示，方便读者拆解和理解数据挖掘的完整链路。我们最终的目的不是验证实验结果，而是希望通过这些案例真正帮助读者建立起机器学习建模的整套逻辑，笔者坚信实践是理解算法的最有效途径。

8.1 心脏病预测

提到大数据或是人工智能，人们往往会联想到这些新技术对传统行业的变革和影响。现在人工智能算法已经深入到了很多传统领域，并且在这些领域引发数字化的变革，本节就来介绍一下如何通过机器学习算法解决医疗行业的心脏病预测问题。

8.1.1 场景解析

心脏病是人类健康的头号杀手，每年全世界有 1/3 的死亡人口是由心脏病引起的，在我国每年有几十万人死于心脏病。在本案例中，我们通过用户的真实体检数据来预测用户是否患有心脏病，预测准确率超过 80%。

数据集地址（选用 UCI 开源数据集）如下。

http://archive.ics.uci.edu/ml/datasets/Heart+Disease?spm=5176.doc34929.2.1.WR0KlR

下面是数据结构以及各个字段数据的说明（部分数据如图 8-1 所示）。

age ▲	sex ▲	cp ▲	trestbps ▲	chol ▲	fbs ▲	restecg ▲	thalach ▲	exang ▲	oldpeak ▲	slop ▲	ca ▲	thal ▲	status ▲	style ▲
63.0	male	an...	145.0	233.0	true	hyp	150.0	fal	2.3	down	0.0	fix	buff	H
67.0	male	as...	160.0	286.0	fal	hyp	108.0	true	1.5	flat	3.0	norm	sick	S2
67.0	male	as...	120.0	229.0	fal	hyp	129.0	true	2.6	flat	2.0	rev	sick	S1
37.0	male	not...	130.0	250.0	fal	norm	187.0	fal	3.5	down	0.0	norm	buff	H
41.0	fem	ab...	130.0	204.0	fal	hyp	172.0	fal	1.4	up	0.0	norm	buff	H
56.0	male	ab...	120.0	236.0	fal	norm	178.0	fal	0.8	up	0.0	norm	buff	H
62.0	fem	as...	140.0	268.0	fal	hyp	160.0	fal	3.6	down	2.0	norm	sick	S3
57.0	fem	as...	120.0	354.0	fal	norm	163.0	true	0.6	up	0.0	norm	buff	H
63.0	male	as...	130.0	254.0	fal	hyp	147.0	fal	1.4	flat	1.0	rev	sick	S2
53.0	male	as...	140.0	203.0	true	hyp	155.0	true	3.1	down	0.0	rev	sick	S1

图 8-1　部分数据

数据中每个字段的含义见表 8-1。

表 8-1　字段含义

字 段 名	含　义	类　型	描　述
age	年龄	String	对象的具体年龄
sex	性别	String	对象的性别 female 和 male
cp	胸部疼痛类型	String	痛感由重到无 typical、atypical、non-anginal 和 asymptomatic
trestbps	血压	String	血压数值
chol	胆固醇	String	胆固醇数值
fbs	空腹血糖	String	血糖含量大于 120mg/dl 为 true，否则为 false
restecg	心电图结果	String	是否有 T 波，由轻到重为 norm 和 hyp
thalach	最大心跳数	String	最大心跳数
exang	运动时是否心绞痛	String	true 为有心绞痛，false 为没有
oldpeak	运动相对休息的 ST depression	String	ST 段压数值
slop	心电图 ST segment 的倾斜度	String	ST segment 的 slope，程度分为 down、flat 和 up
ca	透视检查看到的血管数	String	血管数量
thal	缺陷种类	String	由轻到重 norm、fix 和 rev
status	是否患病	String	buff 是健康，sick 是患病

针对以上的数据要做以下几点分析。

1）首先对这个场景要进行抽象，我们拿到了一份体检数据。这份数据包含很多维度，要解决的问题是预测对象是否患有心脏病。对象是否患病只有两种可能，患病或者不患病。又因为这份数据是打标好的（字段 status 是目标列），也就是说它是一个监督学习场景。于是我们可以把问题定性为一个二分类问题，这样就可以通过查找二分类相关的算法来找到具体的解决办法，在这一步把算法确定了下来。

2）分析数据。数据其实是半结构化数据，很多字段都是 String 类型，可能需要进行特征的抽象。在数据质量方面，没有出现乱码或者是空字符的数据，可以确定字段 status 为目标列，其他列为特征列。

3）因为这份数据全部是打标好的数据，可以通过拆分数据集的方法对训练生成的模型进行评估，80%的数据进行训练，20%的数据来预测和评估。

如上所述，利用之前介绍过的知识对数据集进行了场景解析。总结一下，我们得到了如下这些结论。

- 这是一个二分类的监督学习场景，可以选用逻辑回归和 SVM 等二分类算法。
- 数据为半结构化数据，需要做特征抽象。
- 因为数据都是打标数据，可以利用拆分数据集的方式对生成模型进行评估。

有了以上这些结论，下面就可以指导接下来的实验搭建流程了。

8.1.2 实验搭建

首先看一下最终搭建好的整个实验的逻辑图，如图 8-2 所示。

整个实验的流程是按照从上到下来执行的，我们从纵向把实验切分为数据源、数据预处理、特征工程、训练和预测和评估 5 个部分。横向来看的话，通过拆分组件把实验拆成了训练和预测两个分支。下面从纵向来介绍一下每个环节用到的算法以及原理。

（1）数据源。通过阿里云机器学习平台的上传本地数据（UCI 的开源数据集地址在 8.1.1 节已经提供）的功能把数据上传到 Maxcompute 表里。单击鼠标右键查看数据，如果数据上传成功，则可以看到如图 8-3 所示的数据展示。

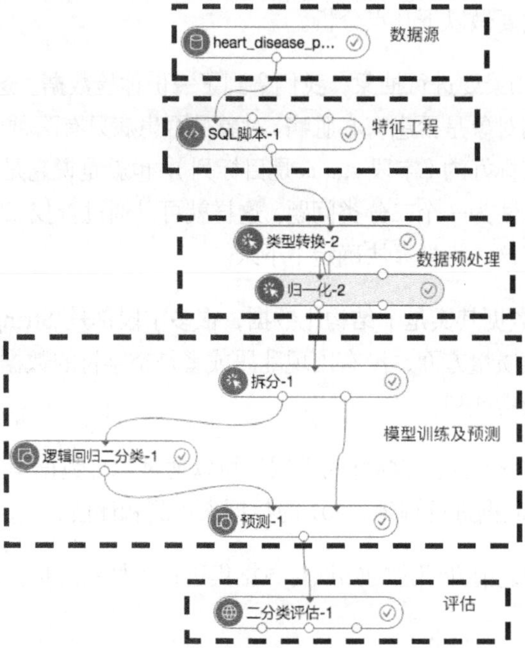

图 8-2 心脏病预测实验

age	sex	cp	trestbps	chol	fbs	restecg	thalach	exang	oldpeak	slop	ca	thal	status	style
63.0	male	an...	145.0	233.0	true	hyp	150.0	fal	2.3	down	0.0	fix	buff	H
67.0	male	as...	160.0	286.0	fal	hyp	108.0	true	1.5	flat	3.0	norm	sick	S2
67.0	male	as...	120.0	229.0	fal	hyp	129.0	true	2.6	flat	2.0	rev	sick	S1
37.0	male	not...	130.0	250.0	fal	norm	187.0	fal	3.5	down	0.0	norm	buff	H
41.0	fem	ab...	130.0	204.0	fal	hyp	172.0	fal	1.4	up	0.0	norm	buff	H
56.0	male	ab...	120.0	236.0	fal	norm	178.0	fal	0.8	up	0.0	norm	buff	H
62.0	fem	as...	140.0	268.0	fal	hyp	160.0	fal	3.6	down	2.0	norm	sick	S3
57.0	fem	as...	120.0	354.0	fal	norm	163.0	true	0.6	up	0.0	norm	buff	H
63.0	male	as...	130.0	254.0	fal	hyp	147.0	fal	1.4	flat	1.0	rev	sick	S2
53.0	male	as...	140.0	203.0	true	hyp	155.0	true	3.1	down	0.0	rev	sick	S1
57.0	male	as...	140.0	192.0	fal	norm	148.0	fal	0.4	flat	0.0	fix	buff	H
56.0	fem	ab...	140.0	294.0	fal	hyp	153.0	fal	1.3	flat	0.0	norm	buff	H

图 8-3 数据

（2）特征工程。因为数据是半结构化的，所以需要把字符型特征转化成算法可以处理的数值表示，实现特征抽象。通过第 4 章介绍的特征工程方面的知识来实现这个功能，下面来看 SQL 语句。

```
select age,
(case sex when 'male' then 1 else 0 end) as sex,
```

```
(case cp when 'angina' then 0  when 'notang' then 1 else 2 end) as cp,
trestbps,
chol,
(case fbs when 'true' then 1 else 0 end) as fbs,
(case restecg when 'norm' then 0  when 'abn' then 1 else 2 end) as restecg,
thalach,
(case exang when 'true' then 1 else 0 end) as exang,
oldpeak,
(case slop when 'up' then 0  when 'flat' then 1 else 2 end) as slop,
ca,
(case thal when 'norm' then 0  when 'fix' then 1 else 2 end) as thal,
(case status  when 'sick' then 1 else 0 end) as ifHealth
from  ${t1};
```

${t1}是承接的数据源表，通过 SQL 实现的特征抽象的方式如下。如果特征是二值型的，如 sex 这个字段有 male 和 fem 两种，就把 sex 抽象成 0 和 1。如果特征的数值是多值型，如 restecg，就按照严重程度从 0 到 1 再到 2 来抽象。经过 SQL 语句的这一层特征抽象，最终生成的结果就全部转化成了数值型了，如图 8-4 所示。

age ▲	sex ▲	cp ▲	trestbps ▲	chol ▲	fbs ▲	restecg ▲	thalach ▲	exang ▲	oldpeak ▲	slop ▲	ca ▲	thal ▲	ifhealth ▲
63.0	1	0	145.0	233.0	1	2	150.0	0	2.3	2	0.0	1	0
67.0	1	2	160.0	286.0	0	2	108.0	1	1.5	1	3.0	0	1
67.0	1	2	120.0	229.0	0	2	129.0	1	2.6	1	2.0	2	1
37.0	1	1	130.0	250.0	0	0	187.0	0	3.5	2	0.0	0	0
41.0	0	2	130.0	204.0	0	2	172.0	0	1.4	0	0.0	0	0
56.0	1	2	120.0	236.0	0	0	178.0	0	0.8	0	0.0	0	0
62.0	0	2	140.0	268.0	0	2	160.0	0	3.6	2	2.0	0	1
57.0	0	2	120.0	354.0	0	0	163.0	1	0.6	0	0.0	0	0
63.0	1	2	130.0	254.0	0	2	147.0	0	1.4	1	1.0	2	1
53.0	1	2	140.0	203.0	1	2	155.0	1	3.1	2	0.0	2	1
57.0	1	2	140.0	192.0	0	0	148.0	0	0.4	1	0.0	1	0
56.0	0	2	140.0	294.0	0	2	153.0	0	1.3	1	0.0	0	0
56.0	1	1	130.0	256.0	1	2	142.0	1	0.6	1	1.0	1	1
44.0	1	2	120.0	263.0	0	0	173.0	0	0.0	0	0.0	2	0

图 8-4　特征工程处理结果

（3）数据预处理。数据预处理主要通过“类型转换组件”先把数据类型全部转化成 double 型（机器学习算法普遍对 double 型数据的支持比较好），然后通过“归一化组件”对数据进行去量纲处理，把全部数值都归一化到 0 和 1 之间，如图 8-5 所示。

sex	cp	fbs	restecg	exang	slop	thal	ifhealth	age	trestbps	chol	thalach	oldpeak	ca
1	0	1	1	0	1	0.5	0	0.70...	0.4811320...	0.244...	0.603053...	0.370967...	0
1	1	0	1	1	0.5	0	1	0.79...	0.6226415...	0.365...	0.282442...	0.241935...	1
1	1	0	1	1	0.5	1	1	0.79...	0.2452830...	0.235...	0.442748...	0.419354...	0.6666666666666666
1	0.5	0	0	0	1	0	0	0.16...	0.3396226...	0.283...	0.885496...	0.564516...	0
0	1	0	1	0	0	0	0	0.25	0.3396226...	0.178...	0.770992...	0.225806...	0
1	1	0	0	0	0	0	0	0.5625	0.2452830...	0.251...	0.816793...	0.129032...	0
0	1	0	1	0	1	0	1	0.6875	0.4339622...	0.324...	0.679389...	0.580645...	0.6666666666666666
0	1	0	0	1	0	0	0	0.58...	0.2452830...	0.520...	0.702290...	0.096774...	0
1	1	0	1	0	0.5	1	1	0.70...	0.3396226...	0.292...	0.580152...	0.225806...	0.3333333333333333
1	1	1	1	1	1	1	1	0.5	0.4339622...	0.175...	0.641221...	0.5	0

图 8-5 数据预处理结果

（4）训练和评估。数据进入“拆分组件”，在组件中数据按照 7∶3 的比例随机拆分，拆分原则按照随机采样的算法实现，70%的数据用来训练模型，30%的数据用来预测。这样做的目的是运用大部分的数据训练生成模型，然后用小批量数据验证模型的准确性。训练结束后可以在左侧的模型标签中找到训练生成的模型，单击鼠标右键查看模型，就可以看到逻辑回归的结果，结果如图 8-6 所示。

逻辑回归二分类

在输入数据为稀疏的时候，不显示 weight 全是 0 的特征

字段名	权重 1	权重 0
sex	2.241650782424807	-
cp	3.121230054243235	-
fbs	-0.0518654829227824	-
restecg	0.6164008389559992	-
exang	1.532271181601632	-
slop	1.283693042635415	-
thal	1.067496868766566	-
age	-1.621583499632015	-

保存到ODPS: pai_lr_coefficient_xlab_m_logisticregress_285327_v0 保存 关闭

图 8-6 逻辑回归模型

通过比较逻辑回归模型中不同系数的大小，我们就可以判断哪些特征对是否患病影响最大。通过图 8-6 的结果可以看出，cp 和 sex 对是否患有心脏病这个目标值的影响最大（具体原理请参见第 3 章关于特征重要性评估的内容）。单击鼠标右键选择“预测组件”，就可以看到真实结果和预测结果的比较，如图 8-7 所示。

ifhealth ▲	prediction_result ▲	prediction_score ▲	prediction_detail ▲
1	1	0.9948654240316156	{ "0": 0.005134575968384403, "1": 0.9948654240316156}
0	0	0.9439420141066057	{ "0": 0.9439420141066057, "1": 0.05605798589339427}
1	1	0.8364566313210378	{ "0": 0.1635433686789622, "1": 0.8364566313210378}
0	0	0.8667892674430565	{ "0": 0.8667892674430565, "1": 0.1332107325569435}
0	0	0.9208617168295431	{ "0": 0.9208617168295431, "1": 0.07913828317045692}
1	0	0.6020331948525534	{ "0": 0.6020331948525534, "1": 0.3979668051474466}
0	0	0.9983310299822465	{ "0": 0.9983310299822465, "1": 0.001668970017753493}
0	0	0.9843317658762636	{ "0": 0.9843317658762636, "1": 0.01566823412373637}
1	0	0.9541826418140896	{ "0": 0.9541826418140896, "1": 0.04581735818591037}
0	0	0.5348615458694048	{ "0": 0.5348615458694048, "1": 0.4651384541305952}
1	1	0.9942481016720607	{ "0": 0.00575189832793932, "1": 0.9942481016720607}
0	1	0.5840279704708249	{ "0": 0.4159720295291751, "1": 0.5840279704708249}
1	1	0.9783519373629029	{ "0": 0.02164806263709707, "1": 0.9783519373629029}

图 8–7　模型预测结果

ifhealth 是数据的真实目标值，prediction_result 是预测值，prediction_score 是置信度（置信度表示模型对预测结果的信心，数值越大表示结果越可信）。

（5）模型评估。因为本次实验是一个二分类场景，已经通过“预测组件”拿到了预测值和真实值的结果，但是我们需要更直观地验证实验是否准确，所以选择了“二分类评估组件”对结果进行评估。单击鼠标右键选择“二分类评估组件”，查看评估报告，就可以看到可视化的评估结果，ROC 曲线如图 8-8 所示。

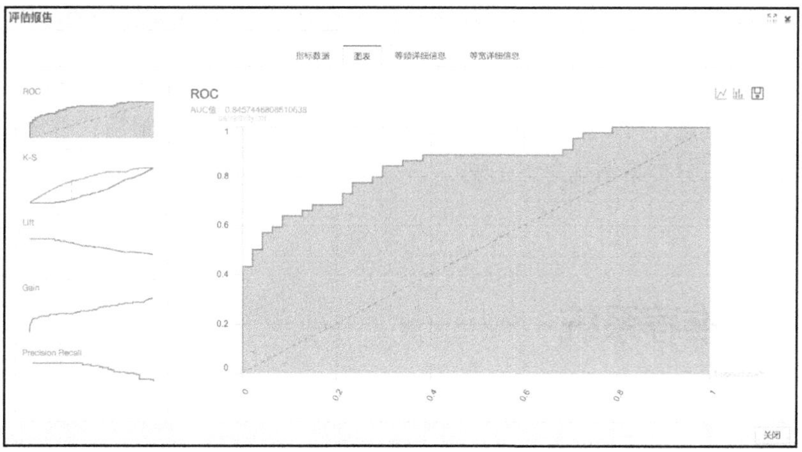

图 8–8　ROC 曲线

评估报告的“指标数据”标签下可以看到其他评估参数，如图 8-9 所示。

Index ▲	Value
负样本数	47
正样本数	44
总样本数	91
AUC	0.8457
F1 Score	0.7789
KS	0.5513

图8-9　评估参数

通过ROC曲线和这些参数（具体参见第1章中的结果评估）就能评估出模型的质量，这里通过训练得到了预测准确率F1值为0.78的模型。通过比对模型的质量就可以决定是否将模型运用到真实的业务场景中或者重新进行训练调整。在实际的应用场景下，用户可以将生成的模型在线部署并且生成API，利用这个API就可以实时对每一条增量数据进行预测，搭建实时的心脏病预测系统。

8.1.3　小结

本实验利用真实的心脏病患者体检数据建立了一套心脏病预测模型，并且使用这个模型对预测集进行预测，得到了80%左右的准确率。整个实验中没有进行很多模型的调优以及多个算法的组合，实验的主要目的是展示整个数据挖掘的全链路流程，并且通过算法真正解决业务问题。我们再来回顾一下操作步骤，首先要做场景的解析，分析数据并且把场景抽象成二分类问题，接着根据数据挖掘的流程把实验搭建起来。最后，心脏病预测这个简单的监督学习二分类案例就介绍完成。

8.2　商品推荐系统

商品推荐是当下机器学习算法应用中比较成熟的一个场景，当我们打开浏览器进入电商网站时，都可以看到在侧框出现商品推荐。这些推荐的背后可能是很复杂的框架，如基于用户画像和历史购买数据的推荐引擎，也有可能是简单按照人群划分的一类推荐。推荐系统作为电商购物系统中的重要组成部分，很多读者都希望了解其中的一些原理，本节就利用推荐算法——协同过滤，搭建一套商品推荐系统。

8.2.1 场景解析

协同过滤算法是常用的商品推荐算法，协同过滤的原理就是找出特性相同的一类人群或者物品，然后通过群体的划分来进行推荐。下面通过一个商品推荐的例子来说明。例如，有 3 种商品分别是手机、手机壳和马桶，当一个用户购买了手机之后，他最有可能购买的产品是手机壳还是马桶呢？通常来讲应该是手机壳，因为两者的关联性更强。我们通过协同过滤算法就是希望找出类似于这种手机和手机壳的对应关系。本案例通过简单的实验搭建一套基于协同过滤的推荐系统。

本案例采用的数据集来自网络开源的用户购物行为数据集，如图 8-10 所示。

user_id	item_id	active_type	active_date
10944750	1461	0	6月9日
10944750	1461	0	6月10日
10944750	1461	0	6月10日
10944750	1461	0	6月10日
10944750	1461	0	6月10日
10944750	19414	0	6月28日
10944750	24869	0	4月18日
10944750	7150	0	6月7日
10944750	7150	1	6月7日
10944750	7150	0	6月7日

图 8–10　购物数据集

数据集中各字段含义见表 8-2。

表 8-2　各字段定义

字　段　名	含　义	类　型	描　述
user_id	用户编号	string	购物的用户 ID
item_id	物品编号	string	被购买的物品 ID
active_type	购物行为	string	0 表示点击、1 表示购买
active_date	购物时间	string	行为发生时间

通过图 8-10 中的数据，我们了解到这是一个典型的电商购物数据的日志记录，数据包含了可以用于协同过滤算法的字段——用户以及商品（user-item）对，还包含了每个 user-item 对的行为方式以及发生时间。通过以上数据，我们就可以把整个实验的评估场景也抽象出来，按照时间对数据进行拆分，如选择用户前 3 个月的购物数据去做协同过滤算法，找到如手机和手机壳这样的高频成交对，然后再用后几个月的购物数据去验证这些成交对的准确性。具体的推荐原则如下。例如通过协同过滤算法得到了商品 A 和商品 B 经常被打包购买，那么当一个用户购买了商品 A 之后，就推荐商品 B 给他，这是一种基于商品属性的关联规则。

以下对上述分析内容做一个归纳。

- 数据集适合于通过协同过滤算法做推荐。
- 通过算法可以找到成交可能性高的商品对 A 和 B。
- 当用户购买 A 时，推荐用户商品 B。

下面介绍如何通过算法组件把这套推荐系统搭建起来。

8.2.2 实验搭建

首先来介绍整个实验的逻辑，如图 8-11 所示。

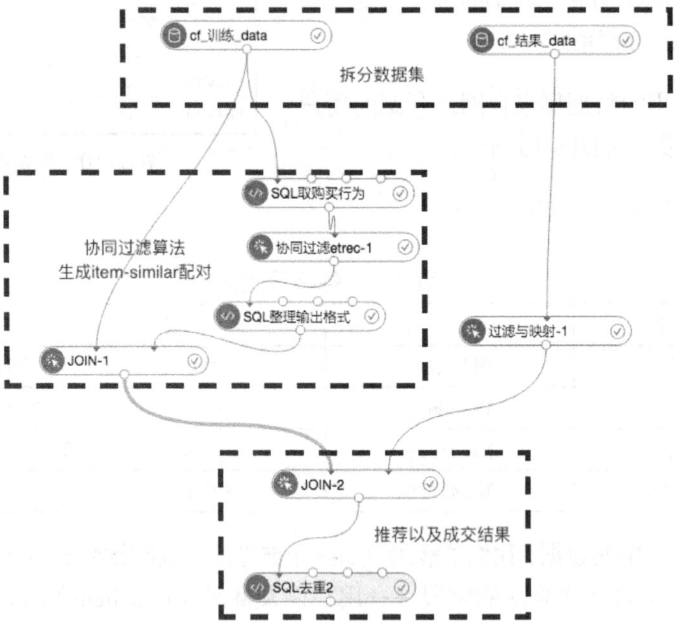

图 8–11 推荐系统逻辑

我们可以纵向地把整个推荐系统分为 3 个部分，分别是拆分数据集、协同过滤算法计算、推荐以及结果层，每一层的具体说明如下。

（1）拆分数据集。数据集包含 4～8 月的用户购物数据，按照上文分析的思路，把数据集进行拆分。4～6 月的数据用来做协同过滤算法训练，找到对应的 item-similar 对，对应的数据源组件是“cf_训练_data”。通过基于物品的协同过滤算法对 7 月和 8 月中用户的可能购买商品进行推荐，对应组件是“cf_结果_data”。

（2）协同过滤算法。这部分用到了 4 个组件，首先通过组件“SQL 取购买行为”把发生购买行为的数据选择出来，用到的 SQL 语句如下，选择 active_type 为 1 的数据，数字 1 表示用户购买的对应商品。

```
select *  from ${t1}  where active_type=1 ;
```

然后在“协同过滤 etric 组件”的选择字段配置中选取 user_id 和 item_id 两个字段进行协同过滤训练，如图 8-12 所示。这两个字段分别表示购物者以及被购买商品的 ID。

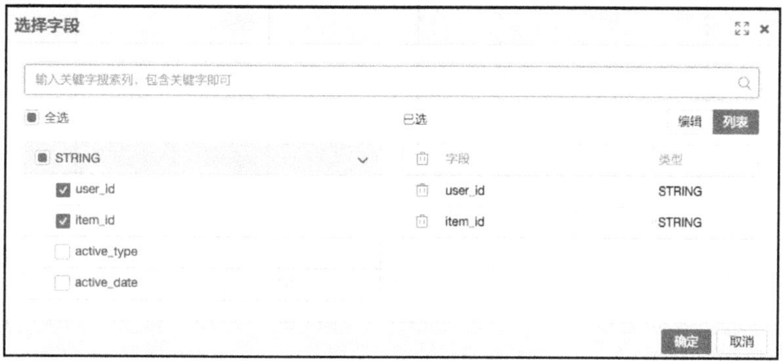

图 8–12　字段选择

最终“协同过滤 etric 组件”的生成结果如图 8-13 所示。

itemid ▲	similarity ▲
1000	15584:0.2747133918
10014	18712:0.05229603127
10066	3228:0.2650900672
1008	24507:1
10082	18024:0.1781525919
1010	18024:0.2104947227
10133	14020:0.2070609237
1015	18024:0.2104947227

图 8–13　协同过滤结果

生成的结果有两个字段，itemid 表示其中被购买物品 ID，similarity 是一个“K:V”对（一种数据表示形式），K 表示的是产品 ID，V 代表着相似度权重。以图 8-13 中第一行数据为例，“商品 1000”和“商品 15584”被同时购买的权重为 0.2747，这个权重越大表示“商品 1000”和“商品 15584”同时被购买的概率越大。

通过下面的“SQL 整理输出格式组件”把上面的 K:V 对结构展开，SQL 语句如下。

```
select itemid,SPLIT_PART(similarity,':',1) as similar_item from ${t1};
```

最后通过“join 组件”就可以整理成如图 8-14 所示的输出形态。

图 8-14 的意义为若 user_id 用户购买了 itemid 商品，那么 user_id 也很有可能购买 similar_item。以图 8-14 的第一条数据为例，user_id 为 19500 的用户一旦购买了产品 143，就会为他推荐产品 7105。

（3）推荐以及成交结果。这一步的操作比较简单，就是将推荐数据跟用户的真实购买数据进行一个 SQL 的 join 操作，得到推荐成功的结果。在"join 组件"中拿到了推荐成功的列表，因为列表中会有重复的条目，所以加上一个"SQL 去重组件"删除重复项。单击鼠标右键查看"SQL 去重组件"，就得到了通过本次实验搭建的推荐引擎的真实命中了哪些推荐条目，如图 8-15 所示。

user_id ▲	itemid ▲	similar_item ▲
19500	143	7105
19500	2610	14020
19500	2655	14020
19500	3190	16463
19500	5254	29099
19500	6542	3228

图 8–14　join 组件输出

user_id ▲	item_id ▲
69500	15315
154500	8689
232000	7868
299750	11080
746000	7105

图 8–15　命中条目截图

通过协同过滤算法搭建的一套简单的推荐系统至此就完成了，因为协同过滤本来就是针对商品推荐场景所研发的算法，所以在整个实验过程中并没有很多难理解的地方或者复杂的操作。协同过滤算法的本质其实是聚类，在实际的使用过程中需要带入大量的数据计算，才能达到比较理想的效果。

8.2.3　小结

本案例通过协同过滤算法搭建了一套简单的商品推荐系统，在实际业务中如果想提高推荐商品的命中率，需要做大量的优化工作，包括人物画像以及购买行为的回归算法分析，协同过滤往往只是整个推荐链路的一个补充。本案例作为一个简单的推荐系统实验，希望能给读者在设计实际业务的落地方案方面带来一点启示。

8.3　金融风控案例

随着互联网金融行业的发展，人们可以在网上做各种借款、理财和保险等金融业务，随之而来的问题是服务提供方如何将风险控制到最低。常用的一种风控方法就是通过用户的社交行为做风险管控。例如我们开一家 P2P 对外借贷业务，需要评估贷款人的信用，这些信用可以通过贷款人交友圈子的整体信用来做一个判断。本案例就是通过关系图算法挖掘人员关系网络中的彼此信用，实现一个金融风险控制的场景。

8.3.1 场景解析

本案例是一个基于人物社交关系的金融风控案例，数据源是一张表示用户间熟识程度的表，用户之间的熟识程度可以通过通话记录和血缘关系计算生成。然后我们只知道数据表中两名用户的属性，这个属性表示用户为欺诈用户或者是信用用户的概率。通过以上信息，我们需要利用关系图算法计算出整个关系网络中每个用户的信用分。在本案例中，希望可以通过计算出全部图关系网络中每个人的信用指标，从而为金融的风险控制做参考。

先来看下数据集，关系图算法的特点在第 5 章已经介绍了，这类算法需要点边相连的数据集做训练。在本案例中，笔者随机生成了一份实验数据，如图 8-16 所示。

start_point	end_point	count
Enoch	Evan	10
Enoch	Gregary	2
Gregary	Hale	6
Evan	Hugo	2
Evan	Jeff	4
Gregary	Keith	7
Jeff	Keith	5
Hale	Jeff	11
Keith	Leif	3
Keith	Lionel	1
Leif	Mick	4

图 8–16 风控数据集

这份数据集包含 3 个字段，分别是 start_point、end_point 和 count，分别对应了图关系中的起始点、终点以及两点间的权重，字段描述见表 8-3。

表 8-3 字段描述

字 段 名	含 义	类 型	描 述
start_point	边的起始节点	string	人
end_point	边的结束节点	string	人
count	关系紧密度	double	数值越大，两人关系越紧密

我们还已知其中两名用户的的信用指数，如图 8-17 所示。

在这个图关系网络中，Enoch 是信用用户，权重是 1；Evan 是欺诈用户，权重是 0.8。权重表示用户属性程度的强弱，数值越大程度越强。因为关系图网络中的输入数据点彼此相连，可以把整个关系图网络通过通联图表示出来，如图 8-18 所示。

point ▲	point_type ▲	weight ▲
Enoch	信用用户	1
Evan	欺诈用户	0.8

图 8–17　信用指数

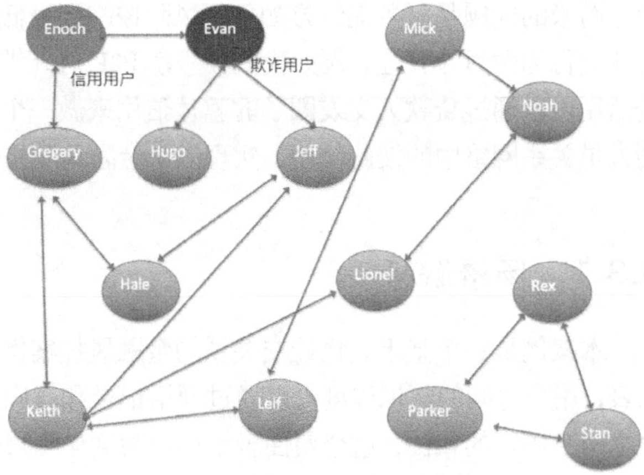

图 8–18　关系图网络

在这份数据集中我们只知道部分用户的信用打标状况，希望通过这部分标签对全网用户的信用指标进行预测，所以可以推断出这是一个半监督场景的问题。又因为数据集是一个关系图网络数据集，基于这样的前提条件，选用标签传播算法最为合理，因为标签传播就是解决关系属性传播的半监督机器学习算法。

以上分析的归纳如下。

- 因为是部分数据打标的场景，希望通过部分打标数据对全量数据进行预测，这是一个半监督学习算法。
- 数据为点边相连的关系图状数据，需要选择关系图算法。
- 基于以上两点选择标签传播算法。

下面介绍如何搭建这个实验场景。

8.3.2　实验搭建

实验的逻辑如图 8-19 所示。

在本案例中，我们把实验拆分成 3 个部分：数据源、获得最大联通子图、标签传播算法及评估。下面分别介绍每一部分的功能。

（1）数据源。数据源包含两部分，一部分是全网所有人之间的关系数据，通过“人员数据表组件”表示，另一个是部分人员的信用指标，通过“标记数据组件”表示。将这两份数据分别作为标签传播算法两个输入桩的数据源。

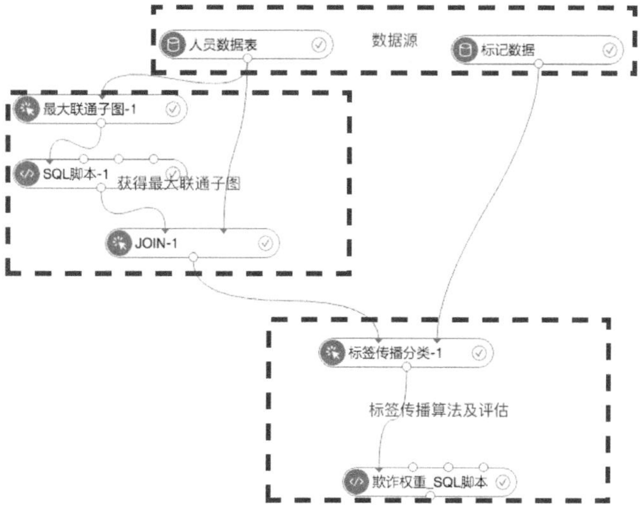

图 8–19　金融风控实验逻辑

（2）获得最大联通子图。最大联通子图的算法虽然在前面的文章没有介绍，但是功能非常容易理解，就是找到关系图网络中相互连接的对象个数最多的联通图。例如，在图 8-20 中框起来的小联通子图就是需要通过最大联通子图算法排除的数据。

“最大联通子图组件”的输出结果如图 8-21 所示。

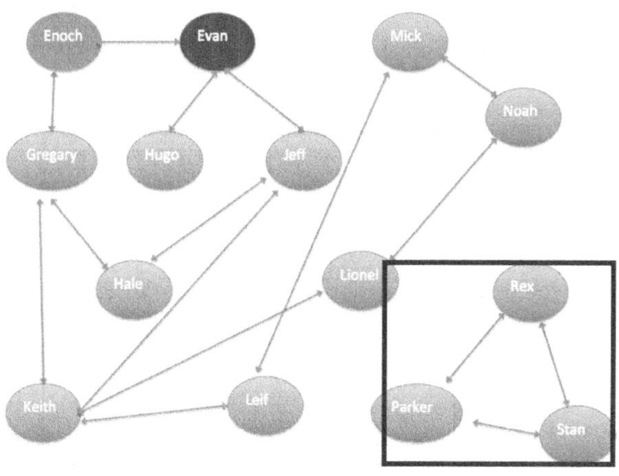

图 8–20　最大联通子图

node1	grp_id
Hale	Noah
Leif	Noah
Rex	Stan
Hugo	Noah
Keith	Noah
Jeff	Noah
Parker	Stan
Evan	Noah
Lionel	Noah
Mick	Noah
Gregary	Noah
Noah	Noah
Stan	Stan
Enoch	Noah

图 8–21　最大联通子图输出

这个组件输出两个字段，第一个字段是所有的关系图网络中的对象，第二个字段是每个对象所属于的关系团伙(这里面每个团伙用一个内部对象代替)。我们只要通过以下 SQL 语句把最大的团伙挑选出来即可。

```
select node1 from ${t1} where grp_id='Noah';
```

至此，我们就得到了最大联通子图，如图 8-22 所示。

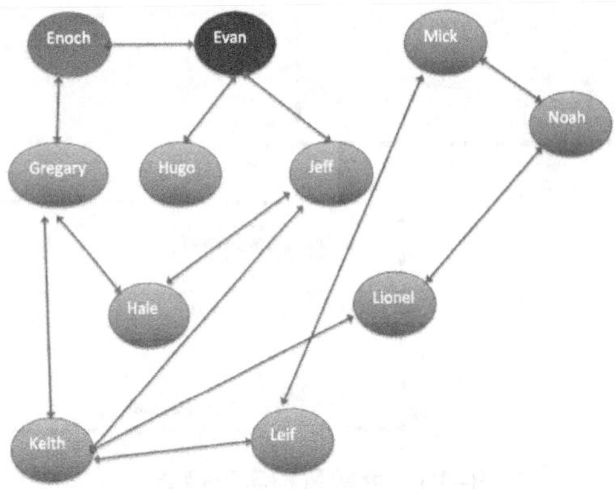

图 8-22　最大联通子图

(3)标签传播算法及结果评估。“标签传播分类组件”连接了最大联通子图以及部分人员的打标信息，最终的输出结果如图 8-23 所示。

我们得到的标签传播算法的结果包含每个对象是欺诈用户的概率以及是信用用户的概率，weight 数值越大表明概率越大。对同一个用户而言，欺诈权重与信用权重的和为 1。我们可以通过“欺诈权重 SQL 脚本组件”把每个用户是欺诈用户的概率抽取出来，如图 8-24 所示。

node ▲	tag ▲	weight ▲
Hugo	欺诈…	1
Keith	欺诈…	0.2264783897173419
Keith	信用…	0.7735216102826581
Jeff	欺诈…	0.34784053907648443
Jeff	信用…	0.6521594609235155
Lionel	欺诈…	0.2938277295951075
Lionel	信用…	0.7061722704048925
Gregary	信用…	1
Enoch	信用…	1
Hale	信用…	1
Leif	欺诈…	0.24091136964145973
Leif	信用…	0.7590886303585404

图 8-23　标签传播分类算法结果

node ▲	tag ▲	weight ▼
Hugo	欺诈用户	1
Evan	欺诈用户	0.8
Noah	欺诈用户	0.42059743476528927
Jeff	欺诈用户	0.34784053907648443
Mick	欺诈用户	0.3113287445872401
Lionel	欺诈用户	0.2938277295951075
Leif	欺诈用户	0.24091136964145973
Keith	欺诈用户	0.2264783897173419

图 8-24　欺诈用户数据

通过上面的操作就可以拿到整个关系图网络中每个用户的欺诈指数，那么这个指数就可以用来帮助金融机构进行金融业务的风险控制。

8.3.3 小结

本案例通过标签传播算法以及最大通联子图解决了一个半监督场景下的金融风险控制问题。随着互联网数据的积累以及人物间网络关联的打通，关系图网络算法的应用已经越来越广泛，特别是在金融风控或者社交关系挖掘等方面。希望可以通过本案例的介绍，为大家普及关系图网络的应用。

8.4 新闻文本分析

互联网上有众多用户，每天都有大量的媒体资讯产生，为了更有效地把资讯推送给目标用户，往往需要对大量的文本信息进行分类处理。传统的互联网媒体大多都是通过人工识别的方式把新闻资料按照类别分类，但是随着近年来互联网数据量的增大，对文本自动打标和分类的需求日益增加。本案例通过第 5 章介绍的 TF-IDF 以及 LDA 算法对文本进行了打标和分类操作。下面介绍新闻文本分析案例。

8.4.1 场景解析

本案例的场景是通过机器学习算法解决文本分析的两个常见场景。其一是将新闻文本进行自动打标，可以理解成提取文章中的关键字。另一个场景是新闻的自动分类，把新闻按照各自的类别（如女性、体育和军事等）自动分类，下面介绍如何抽象这个文本分析的场景。

数据集是来自网络开源的新闻数据集，如图 8-25 所示。

category ▲	title ▲	content ▲
女性	全国１０个城市的男人最有魅力基因	我来说两句广州男人：爱拼才会赢无可否认，广州男人发了，广州男人财大气粗，似乎分分秒秒都在挣钱，
体育	组图：穆雷摔倒拇指受伤　稚气古尔…	跳转至：页１２／１８我来说两句北京时间６月１２日晚，总奖金额为７１．３万欧元的英国女王草地杯
体育	组图：王励勤传闻女友大比拼　小爱…	跳转至：页１５／４０我来说两句名人的爱情本就一直受到众人的关注，尤其是当被套上乒乓球奥运冠军
娱乐	王丽雅走秀自爆喝水太少导致尿血胃…	我来说两句作者：ＣＦＰ２００８年６月１２日，台湾，名模外型亮丽，却不一定比一般人更懂保养身体，
体育	图文：美国高尔夫公开赛次轮　加西…	体育讯　北京时间６月１４日，２００８美国高尔夫公开赛第二轮继续展开激烈的争夺。首轮结束后，美
科技	“中星九号”发射成功　奥运会前投入…	６月９日２０时１５分，“中星九号”广播电视直播卫星在西昌卫星发射中心成功发射。“中星九号”是中国
体育	图文：利百特到访观澜湖球会　全体…	来源：体育体育讯　６月２日，观澜湖高尔夫球会在乡村俱乐部召开新闻发布会，欢迎高坛教父、被誉为“

图 8-25　新闻数据集

数据集的字段说明见表 8-4。

表 8-4 字段说明

字 段 名	含 义	类 型	描 述
category	新闻类型	string	体育、女性、社会、军事、科技等
title	标题	string	新闻标题
content	内容	string	新闻内容

通过数据集的展示可以先来了解数据格式，category 字段表示类别（这个字段主要是用来做结果判断，不参与训练，本文只通过文章内容自动分类）。其中还有两个字段分别是文章的标题（title）和内容（content）。接下来抽象这个案例的场景，文本打标其实就是抽取出最可以代表每一篇文章的关键词，最简单的方式应该是挑选出在本篇文章中出现数量多的词语而在其他文章中出现相对较少的词语，那么这些词语可以代表这一篇文章的个性。这一场景可以通过 TF-IDF 算法来解决（详细介绍参考第 5 章）。

处理文章分类的场景，其实是先将文章按照语义转化成向量，然后通过向量距离，找出距离相近的那些文章，文章向量距离越小则表示含义越相近。按照向量距离实现文章分类的方法很多，本案例选用 LDA 主题模型来实现。LDA 可以找出输入数据源全部文章中一共出现的主题，假设有 A、B、C、D 共 4 个主题，那么如果文章甲包含 A、B、C 共 3 个主题，文章乙包含主题 B、C，文章丙包含主题 D，那么我们可以大致判定文章甲和乙的语义相近，因为这两个文章的主题交集比较多，那么文章甲和乙就很有可能是同一种类的文章。

以上思路总结如下。

- 提取关键词，可以选用 TF-IDF 找出每篇文章中最有个性化的关键词。
- 对文章进行分类，选用 LDA 算法找出每篇文章的主题，并且通过主题代替文章，把主题向量化然后通过 K-means 算法来进行聚类，找出文章的最终分类。

下面介绍实验的搭建方案。

8.4.2 实验搭建

实验的逻辑如图 8-26 所示。

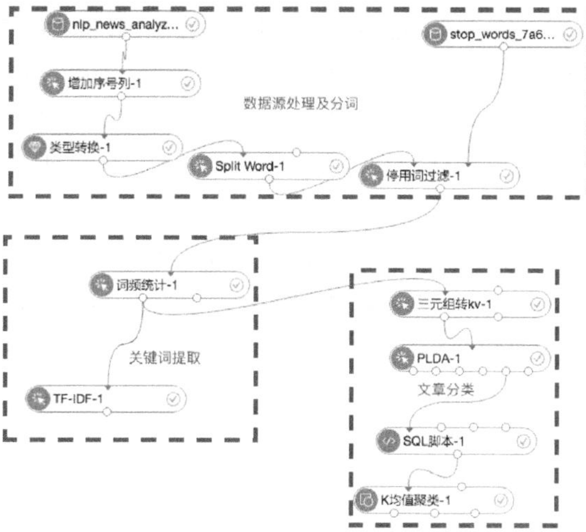

图 8–26 新闻文本分析逻辑

我们把整个实验的流程切割成 3 个部分，分别是数据预处理及分词、关键词提取和文章分类，现在分模块介绍一下这些功能。

（1）数据预处理及分词。“增加序号列组件”功能把每个文章增加序号列作为文章的唯一标识。通过“Split word”组件对文章的 content 字段列进行分词，分词结果如图 8-27 所示，每个词之间通过空格进行分隔。

title ▴	content ▴	append_id ▴
全国１０个城市的男...	我 来 说 两 句 广州 男人： 爱 拼 才 会 赢 ...	0
组图：穆雷摔倒拇指...	跳转 至： 页 １２ ／ １８ 我 来 说 两 句 ...	1
组图：王励勤传闻女...	跳转 至： 页 １５ ／ ４０ 我 来 说 两 句 ...	2
王丽雅走秀自爆喝水...	我 来 说 两 句 作者： ＣＦＰ ２００８年 ...	3
图文：美国高尔夫公...	体育 讯　北京 时间 ６月 １４日， ２０...	4
“中星九号”发射成功...	６月 ９日 ２０时 １５分，“ 中星 九 号 ”...	5
图文：利百特到访观...	来源： 体育 体育 讯　６月 ２日， 观澜...	6
历数跑进１３秒优秀...	阿兰 － 约翰逊 他 是 当今 男子 １１０米栏...	7
组图：巴西历史首负...	来源： 体育 ［ 点击 图片 进入 下 一 页 ］ ...	8

图 8–27 文本分词结果

我们看到 content 字段的分词结果中有很多的标点符号，这些标点符号对结果会有一定的干扰，因为标点符号也会被当作一个词来被算法处理，但是标点符号又很难包含意义。为了排除标点符号带来的干扰，通过“停用词过滤组件”可以把标点符号处理掉，得到最终的分词以及过滤结果如下（抽取一条新闻）。

6 月 9 日 20 时 15 分 中星 九 号 广播电视 直播 卫星 在 西昌 卫星 发射 中心 成功 发射 中星 九 号 是 中国卫星 通信 集团 公司 向 法国 泰雷兹 阿莱 尼亚 宇航 公司 订购 一 颗 广播电视 直播 卫星 将 用于 开展 我国 电视节目 直播 到 户 传输 业务 新华社 记者 陈树 根 摄 新华网 西昌 6月 9日 电 中星 九 号 广播电视 直播 卫星 9 日 20 时 15 分 在 西昌 卫星 发射 中心 成功 发射 卫星 将 于 北京奥运会 前 投入 使用 届时 数 千万 家庭 将 能 直接 收看 奥运会 盛况 中星 九 号 是 中国 卫星 通信 集团 公司 向 法国 泰雷兹 阿莱 尼亚 宇航 公司 订购 卫星 装载 有 22 个 K u 转发器 功率 为 10700 瓦 设计 寿命 15 年 将 用于 我国 电视节目 直播 到 户 传输 业务 用于 发射 长征 三 号 乙 运载火箭 由 中国 航天 科技 集团 公司 所属 中国 运载火箭 技术 研究院 研制 今天 几 天 卫星 将 由 法方 控制 定点 于 东经 922 度 赤道 上空

（2）关键词提取。通过“词频统计组件”可以得到每篇文章出现的词以及该词的个数，结果如图 8-28 所示。

append_id ▲	word ▲	count ▲
0	一点	2
0	上	1
0	不	5
0	不容	1
0	不已	1
0	不用	1

图 8–28 文章词频统计

数据通过“TF-IDF 组件”可以得到每篇文章中每个词的 TF-IDF 值，这个值能够表示每个词是否可以代表这篇文章的个性。TF-IDF 的值越大，表示这个词对这篇文章的代表力越强（算法细节详见第 5 章），结果如图 8-29 所示。

append_id ▲	word ▲	count ▲	total_word_count ▲	doc_count ▲	total_doc_count ▲	tf ▲	idf ▲	tfidf ▼
0	男人	11	157	4	300	0.0...	4.31...	0.3024991671904421
0	广州	9	157	3	300	0.0...	4.60...	0.26399064760441293
0	坏	3	157	2	300	0.0...	5.01...	0.09574462345406858
0	魅力	3	157	6	300	0.0...	3.91...	0.07475203195085629
0	爱	3	157	6	300	0.0...	3.91...	0.07475203195085629

图 8–29 TF–IDF 结果

通过 TF-IDF 结果得出“男人”“广州”“坏”“魅力”这 4 个词的 tfidf 值最高，也就是说这 4 个词是这篇文章的关键词，看下这篇文章的原文感受一下，原文如下。

我来说两句广州男人：爱拼才会赢无可否认，广州男人发了，广州男人财大气粗，似乎分分秒秒都在挣钱。广州男人形象并不高大，皮肤也黝黑，但他们用豪华私家车、别墅、名牌西服、名牌衬衣、名牌皮鞋所包装出的气派，却是令许多女人心仪不已的。无牌不穿，无牌不用，玩的就是人民币，这还不容易吗？广州男人有一点点“坏”，可话又说回来，“男人不坏，女人不爱”嘛！而被天南地北蜂涌而至的女人所爱的广州男人当然是有魅力的男人。就目前国内行情而言，广州男人的硬件设施是不容置疑的，所以有魅力的广州男人有

一点点“坏”就更有魅力了。喜欢多金又气派的美眉，勇敢地上吧，广州男人是很博爱的哟！（责任编辑：徐勇）

（3）文章分类。“三元组转 KV 组件”是文本向量化的常用算法，原理是把文本数据转成 K:V 格式展示，结果如图 8-30 所示。

append_id 表示每一个文档的唯一标识，key_value 通过 K:V 格式表示，把文档中的每一个词都通过一个数字编码作为 K:V 中的 K，把这个词在这个文档中的出现次数作为 V。

append_id	key_value
213	337:1,412:1,667:3,861:1,1096:2,1582:1,1693:1,2109:1,2283:1,2371:1,2659:1,3054:3,3092:1,3232:
216	10:1,127:1,436:1,675:1,891:1,915:1,1096:2,1468:1,1757:1,2013:1,2109:1,2562:1,2783:1,3054:1,34
219	226:1,339:1,394:1,430:2,539:3,862:1,926:1,1224:1,1421:1,1488:2,1528:1,1670:2,1822:1,1909:2,21
221	10:1,18:1,200:1,387:1,412:1,436:1,450:2,472:4,555:2,563:2,637:1,639:2,667:1,813:1,856:1,913:1,
224	1582:1,3288:1,3702:1,5582:1,5932:1,6077:1,6249:1,6430:1,6529:1,6734:1,7636:1,8888:1,9418:1,

图 8–30 文本转 K:V 格式

“PLDA”组件可以从全部文章中的所有词语中找出 N 个作为主题，然后再计算出每篇文章属于这 N 个主题的权重，生成结果如图 8-31 所示。

docid	topic_0	topic_1	topic_2	topic_3	topic_4	topic_5	topic_6	topic_7	topic_8	topic_9	topic_10	topic_11
0	0.0015625	0.0015625	0.0015625	0.0015625	0.0171875	0.4234375	0.0015625	0.0015625	0.0015625	0.0171875	0.0328125	0.0015625
1	0.001298...	0.014285...	0.001298...	0.066233...	0.001298...	0.481818...	0.001298...	0.001298...	0.014285...	0.014285...	0.0012987...	0.0012987...
2	0.001020...	0.001020...	0.052040...	0.001020...	0.001020...	0.052040...	0.011224...	0.001020...	0.001020...	0.001020...	0.0010204...	0.0010204...
3	0.000884...	0.000884...	0.000884...	0.133628...	0.000884...	0.000884...	0.000884...	0.000884...	0.000884...	0.000884...	0.0008849...	0.0008849...
4	0.003571...	0.003571...	0.003571...	0.003571...	0.003571...	0.003571...	0.003571...	0.003571...	0.003571...	0.003571...	0.0035714...	0.0035714...
5	0.001408...	0.001408...	0.001408...	0.001408...	0.001408...	0.212676...	0.001408...	0.001408...	0.001408...	0.029577...	0.0014084...	0.0014084...
6	0.124626...	0.020149...	0.005223...	0.000248...	0.000248...	0.089800...	0.002736...	0.000248...	0.000248...	0.000248...	0.0002487...	0.0077114...

图 8–31 PLDA 结果展示

到这一步，已经通过 PLDA 算法将文本内容按照主题维度向量化了，接下来通过 K-means 算法，把每篇文章对应的主题（topic）作为特征进行聚类。向量距离近的文章就是主题接近的文章，也就是内容相近的文章。因为我们假设同类文章如军事新闻，它们的主题一定是相近的，于是就能通过这种手段实现文章的自动分类。K-means 聚类出来的结果有两个字段，如图 8-32 所示。

docid 表示文章的唯一标识，cluster_index 是用户的聚类簇，cluster_index 相同的文章是聚类结果相同的文章。通过图 8-32 的聚类结果可以看到文章 ID 为 113、118 和 205 的 3 篇文章同属于类别 cluster_index 簇 2，通过 SQL 语句把这 3 篇文章拿出来看一下是否真的属于同一类的文章，结果如图 8-33 所示。

docid	cluster_index
172	0
170	0
295	0
296	0
290	1
113	2
118	2
205	2
15	3

图 8-32 聚类结果

category	title	content	append_id
财经	联合化…	昨夜联合…	113
体育	英格兰…	体育讯 …	118
体育	斯科拉…	据新华社…	205

图 8-33 聚类结果

最终结果是两篇体育类文章，一篇财经类文章，结果有一定误差，可以通过增加训练数据量或者增加 PLDA 的主题数量来提升模型精度，这里就不再过多介绍了。

8.4.3 小结

本节中我们主要介绍了文本分析的应用，通过 LDA 算法对新闻文本做了分类操作，又利用 TF-IDF 进行文本的打标操作。这里对文本的处理只是为了帮助读者建立最基础的概念，用到的都是一些比较基础的文本组件。文本分析相对之前的分类和聚类场景，是一个更偏向于业务的场景，所以在实际的算法搭建过程中要更多地考虑业务需求，特别是对文本特征的处理方面。TF-IDF 和 LDA 有非常多的用法，文本打标和分类也有很多不同的解法，这些都需要通过更深入地去了解业务和算法才能继续向下探索。

8.5 农业贷款发放预测

贷款发放是农业发展链条中非常重要的一环，农民在每一年耕种之前因为缺乏购买种子、化肥及劳动工具的资金，往往需要向银行借贷，等到作物丰收之后再进行还贷。那么作为出资方，银行需要评估每一个借贷农户的还贷能力，然后才能决定发放贷款的金额。本节通过线性回归算法预测农民的还款能力，从而实现农业贷款发放预测的案例。

8.5.1 场景解析

农业贷款的场景介绍如下，有每一家农户的特征属性，这些属性包含了用户的作物种植面积、作物种类、天气情况以及用户的历史还款金额。我们通过这些属性来做线性回归，然后生成预测模型，再利用这个模型去预测新增借贷人的还款能力，银行可以通过预测值判断是否向新增借贷人放贷。下面介绍具体的数据和场景。

本案例的数据来自 UCI 开源数据集，具体情况如图 8-34 所示。

id ▲	name ▲	region ▲	farmsize ▲	rainfall ▲	landquality ▲	farmincome ▲	maincrop ▲	claimtype ▲	claimvalue ▲
"id...	"nam...	"midlan...	1480	30	8	330729	"wheat"	"decommis...	74703.1
"id...	"nam...	"north"	1780	42	9	734118	"maize"	"arable_dev"	245354
"id...	"nam...	"midlan...	500	69	7	231965	"rapeseed"	"decommis...	84213
"id...	"nam...	"southw...	1860	103	3	625251	"potatoes"	"decommis...	281082
"id...	"nam...	"north"	1700	46	8	621148	"wheat"	"decommis...	122006
"id...	"nam...	"southe...	1580	42	7	445785	"maize"	"arable_dev"	122135
"id...	"nam...	"southe...	1820	29	6	211605	"maize"	"arable_dev"	68969.2

图 8–34 贷款数据

这份数据的字段信息见表 8-5。

表 8-5 字段信息

字 段 名	含 义	类 型	描 述
id	贷款认为以标识	String	人
name	用户名	String	人
region	用户所述地区	String	North、middle、south，从北到南
farmslze	拥有土地人小	Double	上地面积
rainfall	降雨量	Double	降雨量
landquality	土地质量	Double	数值越大表示土地质量越好
farmincome	收入	Double	年收入
maincrop	种植作物	String	种植作物种类
claimtype	贷款类型	String	Decommiss 和 Arable_dev 两种
claimvalue	贷款金额	Double	贷款金额

通过以上数据和业务逻辑，下面进行场景解析。

1）首先，我们的场景是通过用户的历史行为（如历史数据的多维特征和最终还贷金额）来训练模型，通过这个模型对新增的贷款人的还贷能力进行预测。其实这是一个监督学习的场景，因为已知了特征以及还贷金额（目标列）。对具体金额的预测可以通过一个回归算法来处理，这里选用线性回归（算法详情参考第 5 章）。

2）通过数据截图可以看到，部分数据是半结构化数据，需要进行特征抽象。

3）通过线性回归算法得到预测值之后，需要制定借贷规则。例如，我们预测某借贷用户的还贷金额是 n，申请的贷款金额是 m。如果 $n \geqslant m$，我们就可以发放贷款，如果 $n<m$ 则不发放。

现对该业务场景总结如下。

- 根据历史标记数据学习并对贷款金额进行预测，监督学习场景，选择线性回归算法。
- 数据为半结构化数据，需要进行特征抽象。
- 根据预测的还贷金额和贷款申请金额对比，判断是否借贷。

通过上述的场景抽象结果，下面来进行具体的实验场景搭建。

8.5.2 实验搭建

实验的逻辑如图 8-35 所示。

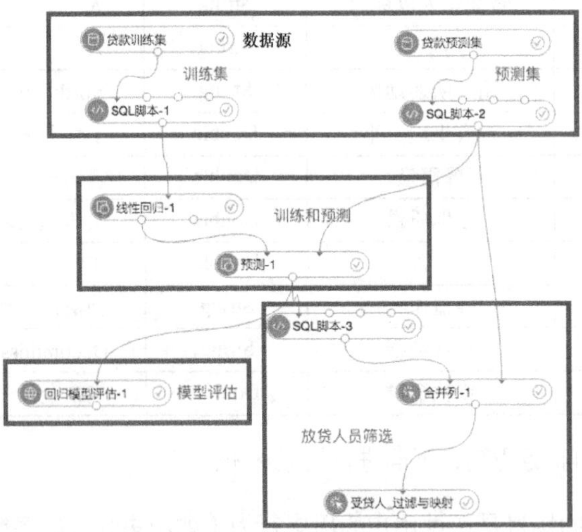

图 8-35　农业贷款预测逻辑

我们把整个实验流程按照纵向拆分成了数据集、训练和预测、模型评估以及放贷人员筛选 4 个部分，下面分别介绍这 4 个模块的功能。

（1）数据源。数据源分为两个部分。一部分是训练，集用于训练模型，通过“贷款训练集组件”表示，训练集的数据是农民贷款情况的历史数据（见图 8-36）。另一部分是预测集，数据与训练集数据相似，只是没有字段 claimvalue。

id ▲	name ▲	region ▲	farmsize ▲	rainfall ▲	landquality ▲	farmincome ▲	maincrop ▲	claimtype ▲	claimvalue ▲
'id...	'nam...	'midlan...	1480	30	8	330729	"wheat"	'decommis...	74703.1
'id...	'nam...	'north'	1780	42	9	734118	'maize'	'arable_dev'	245354
'id...	'nam...	'midlan...	500	69	7	231965	'rapeseed'	'decommis...	84213
'id...	'nam...	'southw...	1860	103	3	625251	'potatoes'	'decommis...	281082
'id...	'nam...	'north'	1700	46	8	621148	'wheat'	'decommis...	122006
'id...	'nam...	'southe...	1580	42	7	445785	'maize'	'arable_dev'	122135

图 8-36　原始训练数据

因为训练集的数据含有半结构化的字段，所有需要进行特征抽象，对 id 和 name 这种标识符字段不做处理，Region、maincrop 和 claimtype 这种有具体含义的字段需要进行一层抽象逻辑。具体执行方法使用以下 SQL 语句。

```
select id,(case region when '"north"' then 0 when '"midlands"' then 1 else 2 end)
as region_num,farmsize,rainfall,landquality,farmincome,(case claimtype when
'"decommission_land"' then 1 else 0 end) as claimtype_num,claimvalue from ${t1};
```

该方法中把 region 按照地域从北到南抽象成 0、1、2，把二值类的数据 claimtype 抽象成 0 和 1。maincrop 的这个数据因为特征比较难处理，而且意义不大，我们在这个案例中把这个特征去掉，最终的抽象完结果如图 8-37 所示。

id ▲	region_num ▲	farmsize ▲	rainfall ▲	landquality ▲	farmincome ▲	claimtype_num ▲	claimvalue ▲
'id601'	1	1480	30	8	330729	1	74703.1
'id602'	0	1780	42	9	734118	0	245354
'id603'	1	500	69	7	231965	1	84213
'id604'	2	1860	103	3	625251	1	281082
'id605'	0	1700	46	8	621148	1	122006
'id606'	2	1580	42	7	445785	0	122135
'id607'	2	1820	29	6	211605	0	68969.2

图 8-37　特征抽象结果

（2）训练和预测。把训练数据集输入“线性回归组件”，因为线性回归是监督学习，所以要区分特征列和目标列。“线性回归”组件连接预测组件，这样就能通过生成的模型对新借贷人的还贷能力进行预测。训练结束后，在菜单栏的模型选项中查看模型，如图 8-38 所示。

linearRegressionOutput

字段名	权重 weight0
farmsize	-4.862402541857178
landquality	-25.7675288711722
rainfall	126.2350039796762
farmincome	0.3029515859024889
region_num	-2046.074253730388
claimtype_num	9084.46653581344
常量	24.5368272066455

关闭

图 8–38 线性回归输出模型

这些参数对应的是线性回归公式中的θ_1，θ_2，θ_3，…，常量对应的公式中的 C。公式如下：

$$h_\theta(x) = C + \theta_1 x_1 + \theta_2 x_2 + \cdots + \theta_n x_n$$

（3）模型评估。有了预测模型之后，我们还需要一些指标来评估模型的质量，这个可以通过“回归模型评估组件”来实现。跟其他监督学习的模型评估原理相同，“回归模型评估组件”也是通过真实值和目标值的比对来确定模型的质量。但是与传统分类算法的评估不同的是，传统分类算法的预测结果是每一个对象归属的类别正确与否，只需要考虑正确率相关的指标，线性回归的结果是一个预测值，这个值和真实值的比较可能没有分类算法的评估这么直观。但是阿里云机器学习中用了一连串的指标来评估线性回归的模型精度，评估指标如图 8-39 所示。

回归评估

指标数据 图表

指标	值
MAE	31399.64149556111
MAPE	26.19595443215006
MSE	2282664239.11398
R	1.024486622461561
R2	1.049572839602696
RMSE	47777.23557421442
SAE	2229374.546184839
SSE	162069160977.0926
SSR	730613759528.7505
SST	696105817491.7295

图 8–39 线性回归评估

具体的评估参数解释如图 8-40 所示。

字段名称	描述
SST	总平方和
SSE	误差平方和
SSR	回归平方和
R2	判定系数
R	多重相关系数
MSE	均方误差
RMSE	均方根误差
MAE	平均绝对误差
MAD	平均误差
MAPE	平均绝对百分误差
count	行数
yMean	原始因变量的均值
predictionMean	预测结果的均值

图 8–40　参数解释

通过对照每个指标的含义可以判断线性回归模型的准确度。

（4）放贷人员筛选。这一模块主要是用来挑选出符合放贷标准的借贷人，也就是申请的贷款金额是有能力偿还的人群。通过“合并列组件”把每个借贷人的贷款申请值和通过模型预测出来的还贷能力值合并（放到同一张表下，方便观察），生成数据表，如图 8-41 所示。

claimvalue ▲	prediction_score ▲	id ▲
172753	164511.85895537303	"id830"
93415.4	146448.39555043462	"id831"
46800.2	41121.0399541547	"id832"
131728	192494.66399457667	"id833"
89040.8	76077.71307747645	"id834"
135493	103273.7593315517	"id835"
88906.8	136081.22401451087	"id836"
147159	144539.8597758185	"id837"
277397	466476.6439543026	"id838"
67547.3	130656.17622394017	"id839"

图 8–41　实验搭建

claimvalue 字段是每个 id 对应贷款人的贷款申请金额，prediction_score 是通过线性回归算法预测每个人的还贷能力。作为放贷者，只要保证每个贷款人的还款能力大于借贷金额即可，于是通过“过滤与映射”组件找出符合条件的借贷人，命令如下。

```
prediction_score-claimvalue>=0;
```

最终拿到符合放贷要求的用户清单，如图 8-42 所示。

id ▲	claimvalue ▲	prediction_score ▲
"id831"	93415.4	146448.39555043462
"id833"	131728	192494.66399457667
"id836"	88906.8	136081.22401451087
"id838"	277397	466476.6439543026
"id839"	67547.3	130656.17622394017
"id840"	345394	402202.53455569595
"id841"	247045	257675.24355828302
"id842"	66630.5	105347.51838292938
"id843"	99655.4	178912.34749839682
"id845"	81138.5	124768.28627118697

图 8-42　发放贷款人员

以上就是搭建整个农业贷款发放的实验逻辑，通过线性回归算法有监督地训练了预测模型，通过模型对借贷人的还款能力进行预测，并且筛选出适合放贷的人群。

8.5.3　小结

本案例通过线性回归算法实现了农业贷款发放的案例，通过对农户的历史贷款与还贷状况进行模型训练，生成线性回归模型并且对新增贷款用户的还贷能力进行预测。线性回归是机器学习算法中一种比较容易理解的算法，能解决很多具体数值预测的场景，在股票分析和黄金价格分析等线性场景下都有着不错的应用。

8.6　雾霾天气成因分析

如果要人们评选当今最受关注话题的 Top10，雾霾一定能够入选。雾霾不光影响了人们的出行和娱乐，对人们的健康也有很大危害。如果人们能通过机器学习算法的手段找出引发雾霾天气的真凶，这将对治理雾霾有特别大的帮助。下面介绍如何通过算法来解决这个问题。

8.6.1 场景解析

国家气象局每天都会公布当日的天气状况，每个地区的各种污染物的指标，只需要找出哪些污染物指标跟雾霾天气的关联度最大（即哪些污染物容易造成 pm2.5 的数值超标），就可以找到引发雾霾天气的原因。

本数据采集了 2016 年全年的北京空气指标。具体情况如图 8-43 所示。

time ▲	hour ▲	pm2 ▲	pm10 ▲	so2 ▲	co ▲	no2 ▲
2016...	2	85	123	18	1.8	72
2016...	8	114	127	25	2.3	81
2016...	11	123	140	27	2.5	83
2016...	14	134	150	30	2.6	86
2016...	17	150	168	32	2.8	92
2016...	20	166	191	34	3	97
2016...	23	179	207	35	3.2	101
2016...	1	190	222	37	3.4	104
2016...	10	225	249	39	3.8	107
2016...	19	244	287	41	4	113

图 8-43 雾霾数据集

数据集的字段描述见表 8-6。

表 8-6 字段描述

字 段 名	含 义	类 型
time	日期，精确到天	String
hour	表示的是时间，第几小时的数据	String
pm2	pm2.5 的指标	String
pm10	pm10 的指标	String
so2	二氧化硫的指标	String
co	一氧化碳的指标	String
no2	二氧化氮的指标	String

通过以上数据可以得到以下分析。

1）这份数据的质量很高，全部是结构化数据，不需要做特征抽象的处理。

2）数据集中的 pm10、so2、co 和 no2 这 4 个字段可以作为特征，pm2 为最终的目标队列。

3）因为需要解决的场景是雾霾的成因，所以可能根据一些统计信息拿到一些结论。利用逻辑回归的算法特性也可以分析出特征对目标值的影响（详见第 4 章关于特征重要性评估的内容）。如果要使用逻辑回归，我们需要把试验场景改造成二分类场景，在训练的时候需要把目标列数据抽象成 0 和 1，这样才能构成二分类的场景的训练数据。

4）因为是二分类问题，有多种算法可供选择，我们可以选择逻辑回归以及随机森林两个算法并行处理，这样做的好处是可以对比一下哪个算法处理这份数据集的效果更好。

现对以上思路总结如下。

- 训练数据是结构化数据，选用逻辑回归进行特征重要性的评估。
- pm10、so2、co、no2 作为特征列，pm2 作为目标列。给 pm2 设置一个阈值，构成正负打标样本，把实验划分为二分类的场景。
- 针对二分类场景，用户可以选择逻辑回归以及随机森林两个算法来比较效果。

8.6.2 实验搭建

实验逻辑如图 8-44 所示。

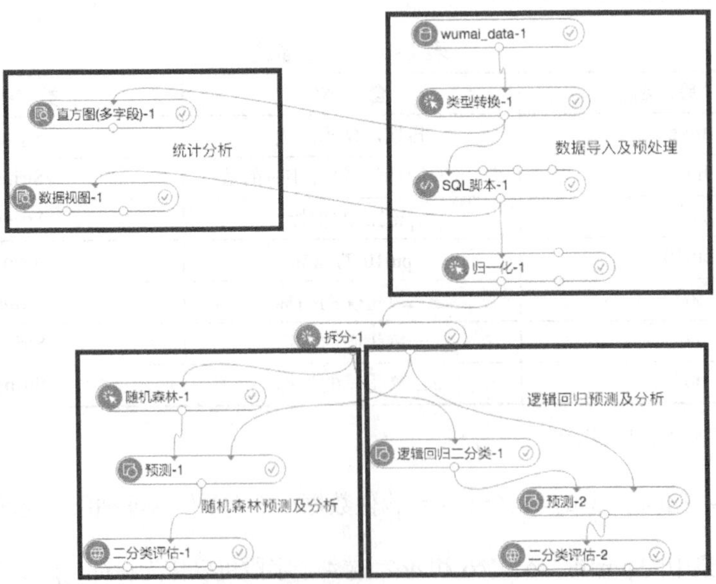

图 8-44　雾霾分析实验逻辑图

图 8-44 中把整个实验拆分为 4 个部分，分别是数据导入及预处理、统计分析、随机森林预测及分析、逻辑回归预测及分析，下面是这 4 个部分的详细介绍。

（1）数据导入及预处理。数据源如图 8-45 所示。

time	hour	pm2	pm10	so2	co	no2
2016...	2	85	123	18	1.8	72
2016...	8	114	127	25	2.3	81
2016...	11	123	140	27	2.5	83
2016...	14	134	150	30	2.6	86
2016...	17	150	168	32	2.8	92
2016...	20	166	191	34	3	97
2016...	23	179	207	35	3.2	101
2016...	1	190	222	37	3.4	104
2016...	10	225	249	39	3.8	107
2016...	19	244	287	41	4	113

图 8–45 数据源

初始导入到表里的字段都是字符型的，所以用“类型转化组件”把字段调整为 double 类型，为下面的算法计算做准备。通过“SQL 脚本组件”把目标列 pm2 做拆分处理，把 pm2.5 小于 200 的对象的目标列字段设置为 0（代表非重度雾霾的情况），把 pm2.5 大于 200 的对象的目标列字段设置为 1（代表重度雾霾）。SQL 语句如下。

```
select time,hour,(case when pm2>200 then 1 else 0 end),pm10,so2,co,no2 from ${t1};
```

再通过“归一化组件”做去量纲处理（详见第 3 章），经过数据预处理后的数据如图 8-46 所示（_c2 是新生成目标列）。

time	hour	_c2	pm10	so2	co	no2
20160101	2	0	0.24532224...	0.21917808219...	0.36956521739130427	0.43312101910828027
20160101	8	0	0.25363825...	0.31506849315...	0.4782608695652173	0.49044585987261147
20160101	11	0	0.28066528...	0.34246575342...	0.5217391304347825	0.5031847133757962
20160101	14	0	0.30145530...	0.38356164383...	0.5434782608695652	0.5222929936305732
20160101	17	0	0.33887733...	0.41095890410...	0.5869565217391303	0.5605095541401274
20160101	20	0	0.38669438...	0.43835616438...	0.6304347826086956	0.5923566878980892
20160101	23	0	0.41995841...	0.45205479452...	0.6739130434782609	0.6178343949044586
20160102	1	0	0.45114345...	0.47945205479...	0.7173913043478259	0.6369426751592356
20160102	10	1	0.50727650...	0.50684931506...	0.8043478260869563	0.6560509554140127
20160102	19	1	0.58627858...	0.53424657534...	0.8478260869565216	0.6942675159235668
20160102	22	1	0.68191268...	0.53424657534...	0.8913043478260869	0.7197452229299363
20160103	0	1	0.74428274...	0.53424657534...	0.8913043478260869	0.732484076433121
20160105	16	0	0.06860706...	0.02739726027...	0.06521739130434782	0.16560509554140126

图 8–46 数据预处理结果

（2）统计分析。统计分析模块使用了两个组件，分别是“直方图组件”和“数据视图组件”，通过这两个组件可以探查数据字段间的关系。“直方图组件”的结果如图 8-47 所示。

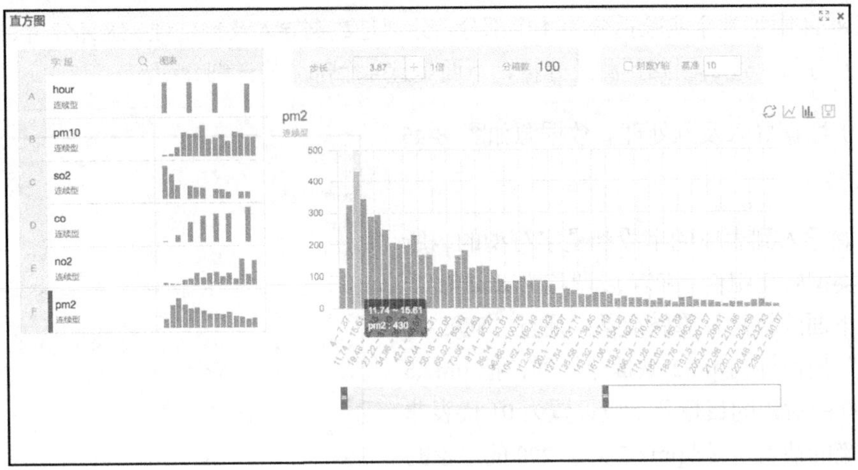

图 8-47　直方图结果

通过直方图可以可视化地查看不同数据在不同区间下的分布，通过这组数据的可视化展现，我们可以了解到每一个字段数据的分布情况。图 8-47 展示了 pm2 这个字段在区间 11.74 ~ 15.61 出现得最多，有 430 次。也就是说在 2016 年，大部分时间中北京的雾霾指数还是很低的。

通过“数据视图组件”可以查看不同指标在不同区间对结果的影响，如图 8-48 所示。

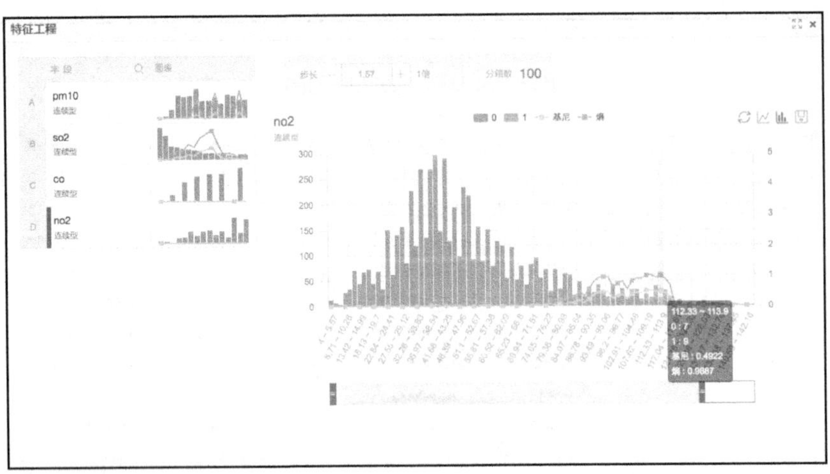

图 8-48　数据视图

以字段 no2 为例，在 112.33 ~ 113.9 区间产生了 7 个目标列为 0 的目标，9 个目标列为 1 的目标。也就是说当 no2 在 112.33 ~ 113.9 区间的情况下，出现重度雾霾天气的概率非常大。熵和基尼系数是表示这个特征区间对目标值的影响，数值越大则影响越大，这个是在信息量层面的影响。

（3）随机森林预测及分析。在处理分类问题时，我们通常选取多个算法来比较分析，因为针对不同的数据集，不同的算法可能会带来不同的结果，先来看一下随机森林的计算结果。将数据集进行拆分，80%的数据用来训练模型，20%的数据用来做预测。最终生成的模型可以在模型菜单下可视化查看，选取随机森林中的一棵树来看一下，如图 8-49 所示。

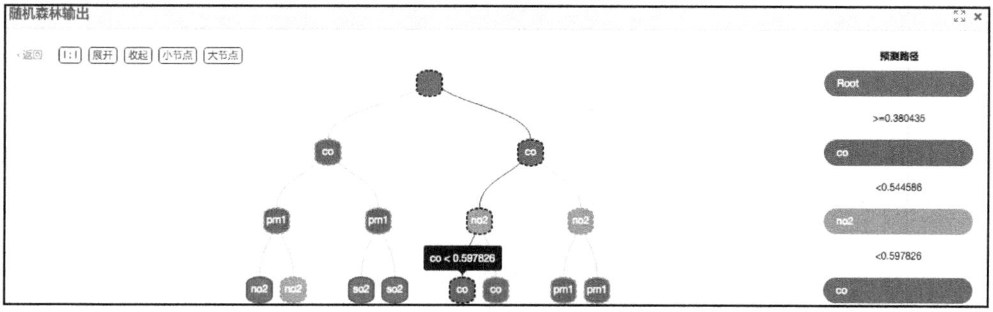

图 8-49　随机森林模型

随机森林中每一棵树都代表一种对结果分类的思路，最终呈现的是每一个节点的分裂条件，图 8-49 中的 co<0.594826 就是当前节点的分裂条件。最终的预测准确率评估可以通过二分类评估组件来实现，如图 8-50 所示。

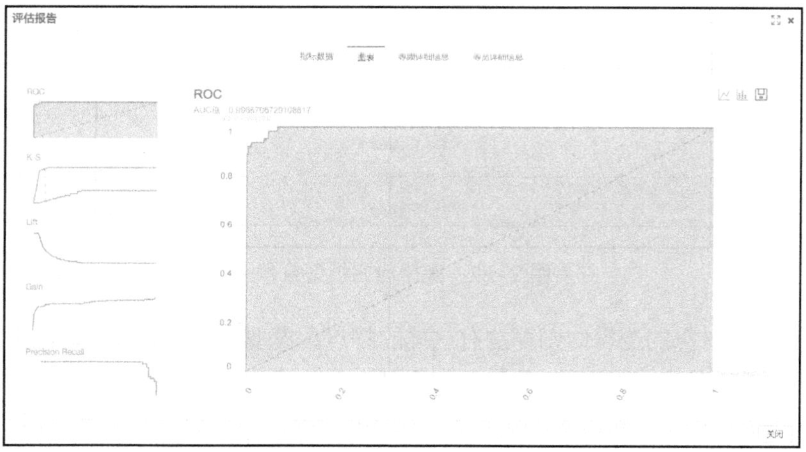

图 8-50　随机森林 ROC 曲线

最终的 AUC 值约等于 0.99667，F1 值高达 0.9559，说明还是非常精准的。

（4）逻辑回归预测及分析。逻辑回归采用跟随机森林相同的预测集和训练集，最终评估结果如图 8-51 所示。

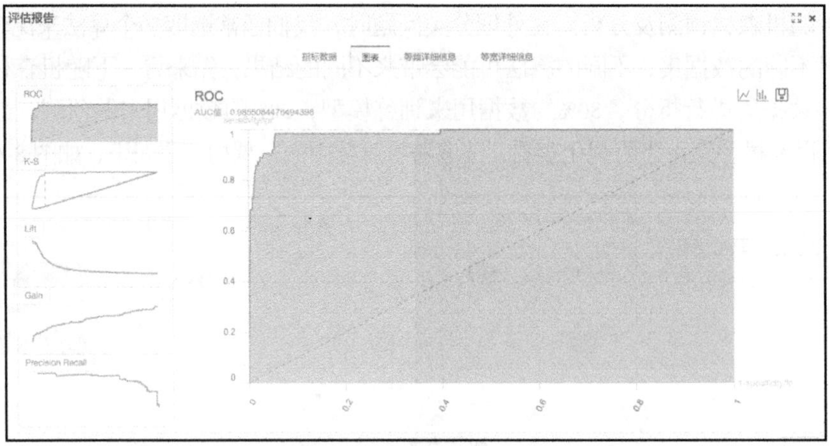

图 8-51 逻辑回归 ROC 曲线

通过 ROC 曲线可以看出在不考虑调参的情况下，随机森林的效果会更好一些，但是通过逻辑回归的生成模型系数可以分析出更多有帮助的信息。逻辑回归的模型系数如图 8-52 所示。

逻辑回归二分类

在输入数据为稀疏的时候，不显示 weight 全是 0 的特征

字段名	权重	
	1	0
pm10	18.32146628653672	-
so2	1.767062094833547	-
co	-0.2519492790928399	-
no2	10.95221282178011	-
常量	-16.66654139199668	0

图 8-52 逻辑回归模型系数

经过归一化计算的逻辑回归算法有这样的特点，模型系数越大表示对结果的影响越大，系数符号为正号表示正相关，负号表示负相关（详见第 4 章特征重要性评估里的介绍）。在本例中，正号系数里 pm10 和 no2 最大。pm10 和 pm2 只是颗粒尺寸大小不同，是一个包含关系，这里不予考虑（pm2 包含了 pm10），剩下的字段中 NO_2 对 pm2.5 的影响最大。我们只要查阅一下相关文档，了解下哪些因素会造成 NO_2 的大量排放即可找出影响 pm2.5 的主要因素。通过查找一些论文和网上资料可以得到结论，NO_2 的主要来源是发电厂和汽车尾气。这样就通过算法计算出了影响雾霾天气的主要因素，可能就是由于发电厂或者汽

车尾气释放的 NO_2 所造成的。

8.6.3 小结

本案例主要针对 2016 全年的北京空气指标计算影响雾霾成因的关键因素，分别采取了随机森林和逻辑回归算法通过 NO_2、SO_2、CO 等污染物指标对当日雾霾情况进行预测，又通过统计类组件探查了数据分布情况，最终通过分析逻辑回归的模型系数挖掘出 NO_2 是雾霾的主要成因。希望本案例在数据探查以及算法选择方面可以为读者提供更多的启发。

8.7 图片识别

越来越多的图片数据伴随着互联网的发展积累起来，很多企业都在探索如何让图片数据产生价值，其中很多成熟的业务场景，如刷脸支付等已经应用到我们的生活中。本案例将通过使用深度学习框架 TensorFlow 训练图片模型，完成图片识别的场景。

8.7.1 场景解析

我们希望实现一个图片识别的场景，首先，需要一份打标好的图片训练集，这里选用 CIFAR-10 数据集，在实验中会通过训练这份标记好的数据生成模型，通过这个模型对一些图片进行智能识别。

简单介绍一下 CIFAR-10 数据，CIFAR-10 是由 Alex Krizhevsky、Vinod Nair 和 Geoffrey Hinton 收集的用于深度学习训练的已标记图片数据集，数据集地址为 https://www.cs.toronto.edu/～kriz/cifar.html。这份数据包含 6 万张 32 像素 × 32 像素的彩色图片，这 6 万张图片包含 10 种类别（见图 8-53）的事物，分别是飞机、汽车、鸟、猫、鹿、狗、青蛙、马、船和卡车。这 6 万张数据被打包成 6 份，每份有 1 万张图片，其中 5 份用来训练，剩下的一份用来做测试。数据源如图 8-54 所示，图片被转码成二进制格式，data_batch 为训练数据，test_batch 为测试数据。

图 8-53 CIFAR-10 源图片

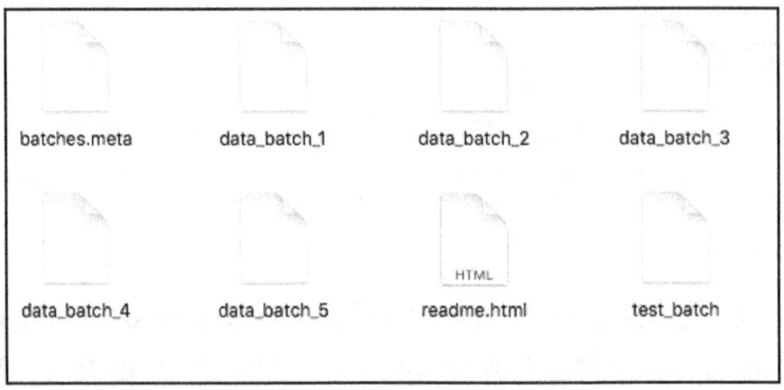

图 8-54 CIFAR-10 训练数据

下面介绍计算框架，在第 7 章中已经介绍了 TensorFlow 的原理以及基本用法。本案例中使用基于 TensorFlow 实现的开源算法项目 TFLearn 来实现训练网络的搭建、训练和预测，TFLearn 基于 TensorFlow 的原生代码进行了封装，使得整个训练模型的搭建更为简单。另外，因为图片数据的训练对计算资源要求很高，通常需要配合云计算资源来训练模型。阿里云机器学习平台已经增添了深度学习框架 TensorFlow，底层的 GPU 资源可以灵活调度，大大减少了训练时间，同时也支持如 TFLearn 等第三方库的调用。用户在使用过程中只需要拖拉“读 OSS Bucket”组件以及“TensorFlow”组件，并且把训练数据和代码上传至 OSS，配置参数，就可以在云端的 GPU 集群进行深度模型的训练，如图 8-55 所示。

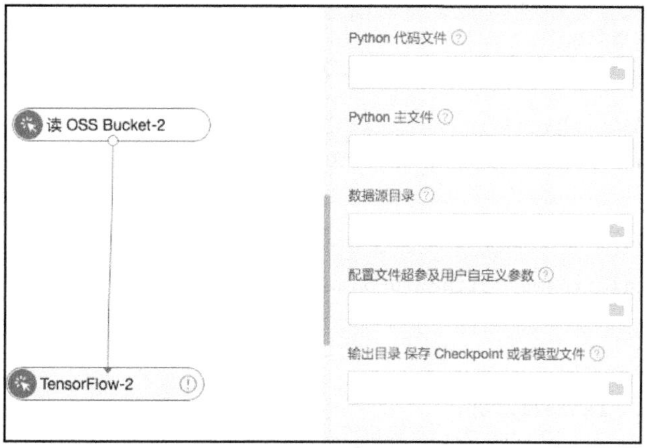

图 8-55 深度学习组件

因为本案例是基于深度学习框架的实现，需要进行训练模型的代码讲解和参数适配，为了方便读者理解，我们选用本地环境对部分数据集进行简单的模型训练和预测。读者在学习了本节之后，只需要把代码中相关的 I/O 接口做修改，就可以在云端部署整个项目。

8.7.2 实验搭建

下面介绍整个训练代码的实现，实验环境为 4 核 CPU 机器、Mac OS 系统、安装 TensorFlow 以及 TFLearn 相关库。

训练代码 train.py 如下。

```
from __future__ import division, print_function, absolute_import

import tflearn
from tflearn.data_utils import shuffle, to_categorical
from tflearn.layers.core import input_data, dropout, fully_connected
from tflearn.layers.conv import conv_2d, max_pool_2d
from tflearn.layers.estimator import regression
from tflearn.data_preprocessing import ImagePreprocessing
```

```
from tflearn.data_augmentation import ImageAugmentation
from tensorflow.python.lib.io import file_io
import os
import sys
import numpy as np
import pickle
import scipy
from tflearn.datasets import cifar10

#数据 IO 函数
def load_data(dirname="cifar-10-batches-py", one_hot=False):
    X_train = []
    Y_train = []
    for i in range(1, 6):
        fpath = os.path.join(dirname, 'data_batch_' + str(i))
        data, labels = load_batch(fpath)
        if i == 1:
            X_train = data
            Y_train = labels
        else:
            X_train = np.concatenate([X_train, data], axis=0)
            Y_train = np.concatenate([Y_train, labels], axis=0)

    fpath = os.path.join(dirname, 'test_batch')
    X_test, Y_test = load_batch(fpath)

    X_train = np.dstack((X_train[:, :1024], X_train[:, 1024:2048],
                         X_train[:, 2048:])) / 255.
    X_train = np.reshape(X_train, [-1, 32, 32, 3])
    X_test = np.dstack((X_test[:, :1024], X_test[:, 1024:2048],
                        X_test[:, 2048:])) / 255.
    X_test = np.reshape(X_test, [-1, 32, 32, 3])

    if one_hot:
```

```
            Y_train = to_categorical(Y_train, 10)
            Y_test = to_categorical(Y_test, 10)

        return (X_train, Y_train), (X_test, Y_test)
def load_batch(fpath):
        object = file_io.read_file_to_string(fpath)
        #origin_bytes = bytes(object, encoding='latin1')
        # with open(fpath, 'rb') as f:
        if sys.version_info > (3, 0):
            # Python3
            d = pickle.loads(object, encoding='latin1')
        else:
            # Python2
            d = pickle.loads(object)
        data = d["data"]
        labels = d["labels"]
        return data, labels


(X, Y), (X_test, Y_test) =load_data()
X, Y = shuffle(X, Y)
Y = to_categorical(Y, 10)
Y_test = to_categorical(Y_test, 10)

# Real-time data preprocessing
img_prep = ImagePreprocessing()
img_prep.add_featurewise_zero_center()
img_prep.add_featurewise_stdnorm()
img_aug = ImageAugmentation()
img_aug.add_random_flip_leftright()
img_aug.add_random_rotation(max_angle=25.)

# 构建卷积网络
network = input_data(shape=[None, 32, 32, 3],
```

```
                                     data_preprocessing=img_prep,
                                     data_augmentation=img_aug)
network = conv_2d(network, 32, 3, activation='relu')
network = max_pool_2d(network, 2)
network = conv_2d(network, 64, 3, activation='relu')
network = conv_2d(network, 64, 3, activation='relu')
network = max_pool_2d(network, 2)
network = fully_connected(network, 512, activation='relu')
network = dropout(network, 0.5)
network = fully_connected(network, 10, activation='softmax')
network = regression(network, optimizer='adam',
                                    loss='categorical_crossentropy',
                                    learning_rate=0.001)
model = tflearn.DNN(network, tensorboard_verbose=0)
#模型训练
model.fit(X, Y, n_epoch=30, shuffle=True, validation_set=(X_test, Y_test),
          show_metric=True, batch_size=96, run_id='cifar10_cnn')
#模型存储
model.save('classifier.tfl')
```

train.py 这段代码根据 TFLearn 的官网案例进行了改造，将数据读取方式从原来的互联网下载改为直接读取本地“cifar-10-batches-py”文件夹下的图片。具体的函数说明如下。

- load_data()函数以及 load_batch()函数主要负责读取本地数据。
- conv_2d(network, 32, 3, activation='relu')函数是构造卷积层（详见深度学习 CNN 介绍章节）。
- max_pool_2d(network, 2)为构造池化层（详见深度学习 CNN 介绍章节）。
- fully_connected(network, 512, activation='relu')构造全连接（详见深度学习 CNN 介绍章节）。
- model.fit(……)函数执行模型的训练，其中 n_epoch 为训练迭代次数。
- model.save(……)是存储模型。

整体的代码逻辑是先配置数据源相关接口，然后构建卷积深度学习网络结构，最后执行训练并且保存模型，模型保存为文件“classifier.tfl”。训练的过程中会不断打印日志，可以通过指标“acc”观察模型的准确率，日志截图如图 8-56 所示。

```
Training Step: 521  | total loss: 1.26686
Training Step: 521  | total loss: 1.26686: 0.5379 | val_loss: 1.15919 - val_acc: 0.5906 -- iter: 50
| Adam | epoch: 001 | loss: 1.26686 - acc: 0.5379 | val_loss: 1.15919 - val_acc: 0.5906 -- iter: 50
000/50000
--
Training Step: 1042  | total loss: 1.05444
Training Step: 1042  | total loss: 1.05444 0.6302 | val_loss: 0.92564 - val_acc: 0.6688 -- iter: 50
| Adam | epoch: 002 | loss: 1.05444 - acc: 0.6302 | val_loss: 0.92564 - val_acc: 0.6688 -- iter: 50
000/50000
--
Training Step: 1563  | total loss: 0.98562
Training Step: 1563  | total loss: 0.98562 0.6679 | val_loss: 0.87717 - val_acc: 0.6965 -- iter: 50
| Adam | epoch: 003 | loss: 0.98562 - acc: 0.6679 | val_loss: 0.87717 - val_acc: 0.6965 -- iter: 50
000/50000
```

图 8-56　日志截图

有了预测模型，接下来介绍如何通过模型进行预测。预测代码 predict.py 如下。

```
from __future__ import division, print_function, absolute_import

import tflearn
from tflearn.data_utils import shuffle, to_categorical
from tflearn.layers.core import input_data, dropout, fully_connected
from tflearn.layers.conv import conv_2d, max_pool_2d
from tflearn.layers.estimator import regression
from tflearn.data_preprocessing import ImagePreprocessing
from tflearn.data augmentation import ImageAugmentation
from tensorflow.python.lib.io import file_io
import os
import sys
import numpy as np
import pickle
import scipy
from tflearn.datasets import cifar10

def load_data(dirname="cifar-10-batches-py", one_hot=False):
    X_train = []
    Y_train = []
    for i in range(1, 6):
        fpath = os.path.join(dirname, 'data_batch_' + str(i))
        data, labels = load_batch(fpath)
```

```
            if i == 1:
                X_train = data
                Y_train = labels
            else:
                X_train = np.concatenate([X_train, data], axis=0)
                Y_train = np.concatenate([Y_train, labels], axis=0)

    fpath = os.path.join(dirname, 'test_batch')
    X_test, Y_test = load_batch(fpath)

    X_train = np.dstack((X_train[:, :1024], X_train[:, 1024:2048],
                         X_train[:, 2048:])) / 255.
    X_train = np.reshape(X_train, [-1, 32, 32, 3])
    X_test = np.dstack((X_test[:, :1024], X_test[:, 1024:2048],
                        X_test[:, 2048:])) / 255.
    X_test = np.reshape(X_test, [-1, 32, 32, 3])

    if one_hot:
        Y_train = to_categorical(Y_train, 10)
        Y_test = to_categorical(Y_test, 10)

    return (X_train, Y_train), (X_test, Y_test)
def load_batch(fpath):
    object = file_io.read_file_to_string(fpath)
    #origin_bytes = bytes(object, encoding='latin1')
    # with open(fpath, 'rb') as f:
    if sys.version_info > (3, 0):
        # Python3
        d = pickle.loads(object, encoding='latin1')
    else:
        # Python2
        d = pickle.loads(object)
    data = d["data"]
    labels = d["labels"]
    return data, labels
```

```
(X, Y), (X_test, Y_test) =load_data()
X, Y = shuffle(X, Y)
Y = to_categorical(Y, 10)
Y_test = to_categorical(Y_test, 10)

# Real-time data preprocessing
img_prep = ImagePreprocessing()
img_prep.add_featurewise_zero_center()
img_prep.add_featurewise_stdnorm()
img_aug = ImageAugmentation()
img_aug.add_random_flip_leftright()
img_aug.add_random_rotation(max_angle=25.)
network = input_data(shape=[None, 32, 32, 3],
                        data_preprocessing=img_prep,
                        data_augmentation=img_aug)
network = conv_2d(network, 32, 3, activation='relu')
network = max_pool_2d(network, 2)
network = conv_2d(network, 64, 3, activation='relu')
network = conv_2d(network, 64, 3, activation='relu')
network = max_pool_2d(network, 2)
network = fully_connected(network, 512, activation='relu')
network = dropout(network, 0.5)
network = fully_connected(network, 10, activation='softmax')
network = regression(network, optimizer='adam',
                        loss='categorical_crossentropy',
                        learning_rate=0.001)
model = tflearn.DNN(network, tensorboard_verbose=0)
#导入模型
model.load("classifier.tfl")
#导入预测集
img = scipy.ndimage.imread('bird_mount_bluebird.jpg', mode="RGB")
img = scipy.misc.imresize(img, (32, 32), interp="bicubic").astype(np.float32
, casting='unsafe')
```

```
#打印预测结果
prediction = model.predict([img])
print (prediction[0])
```

预测代码 predict.py 在注释“导入模型”之前的部分与训练代码 train.py 相同，这部分的功能是构建与训练数据相同的训练网络。下面介绍 predict.py 一些具体的函数意义。

- model.load("classifier.tfl")，导入 train.py 训练生成的预测模型 classifier.tfl。
- scipy.ndimage.imread('bird_mount_bluebird.jpg', mode="RGB")，导入预测图片 bird_mount_bluebird.jpg，这是一张从网络上随机下载的关于鸟的图片，如图 8-57 所示。

图 8-57　预测集图片

- prediction = model.predict([img]) 中，prediction 表示的是模型对图片 bird_mount_bluebird.jpg 的预测结果。

最终的预测结果打印出来是一个向量如下。

```
[5.074254200593081e-38, 0.0, 1.0, 0.0, 0.0, 0.0, 0.0, 0.0, 0.0, 0.0]
```

因为本案例是一个 10 分类场景，最终的输出结果向量中每个字段对应的是每种预测事物的概率。这 10 个字段分别对应飞机、汽车、鸟、猫、鹿、狗、青蛙、马、船和卡车。

我们看到有两个非零字段，结果与权重的对应关系如下。

- 飞机：$5.074254200593081 \times e^{-38}$。
- 鸟：1。

之所以得到这样的结果，很有可能是因为鸟和飞机在形状上是有很大的相似性，最终鸟的权重大于飞机的权重，所以预测结果是鸟，跟预测集图片相符合。

8.7.3 小结

本案例介绍了如何通过 Tensorflow 的第三方算法包 TFLearn 对 CIFAR-10 数据进行训练，并最终预测实现了图片识别场景。本书的实验环境为本地基于 4 核 CPU 资源的训练，受限于计算资源，没有办法将模型训练成比较理想的状态。因此在实际的业务场景下，往往需要借助云端分布式的 GPU 资源来提高训练效率。增加训练数据，提升算法网络深度，增加算法迭代次数都是提升模型精度的有效手段。

8.8 本章小结

本章针对几个比较常见的业务逻辑场景进行介绍，这些场景覆盖了医疗、金融、电商和天气等行业，底层使用了第 5 章节的分类、回归、聚类、文本、关系图算法以及第 6 章介绍的深度学习框架。所有案例都包含了从场景抽象、数据预处理、特征工程、训练以及评估的全过程，笔者期望通过这些案例可以帮助读者树立如何通过数据挖掘手段解决问题的方法论。所有案例都可以在阿里云机器学习平台中实践，相关数据集也在阿里云机器学习产品中提供。

第 5 部分

知识图谱

第 9 章 知识图谱

前面讲的都是数据挖掘层面的东西，介绍了数据的预处理、特征工程和机器学习等理论，并且通过第 8 章业务解决方案讲解了如何使用机器学习算法解决实际问题。本章其实是对数据建模理论的描述，知识图谱一直是笔者比较感兴趣的一个领域。通过前面的章节可以了解到，使用算法解决问题的时候都是带有强目的性的。例如，通过逻辑回归做一个心脏病预测模型，需要去收集心脏病相关的数据，又或者想通过 CNN 生成一个小猫面部特征识别模型，则需要去收集小猫面部数据。在做这些训练的时候是带有极强的主观目的性，但是世界上的知识总量无法计数，而且每种知识之间可能都会存在某种关系，不可能穷尽训练每种知识的逻辑模型，因此如何挖掘这些隐含知识之间的关系可能是人类下一步需要关注的重点，知识图谱就是这种挖掘事物隐含关系的一种方式，下面我们用一章的篇幅来介绍知识图谱。

9.1 未来数据采集

未来的世界是什么样的，或许有新的数据存储制式，或者在数据采集和处理上有突破性的进展，没有人可以预料到。但是在笔者心中，人工智能的未来会建立在数据共享和数据互通的基础上，我更想把未来的整个数据世界称为"大数仓"。世界大数仓具备哪些特点呢?

（1）统一的数据标准。数据标准主要体现在数据的采集规范和数据的形态。笔者平常在与客户的接触中，特别是传统行业的客户，常常会被问到这样的问题："我该采集哪些数据？"目前很多行业在数据采集方面都没有统一的标准，如做互联网医疗的公司，10 家公司就有 10 种不同的数据采集标准，每个公司的数据录入数据库后字段都各不相同。如果一个行业没有统一的数据标准将会造成巨大的资源浪费。因为数据采集回来都是要经过算法处理的，如果 10 家不同公司的数据存储成 10 种不同格式，那就意味着需要开发至少10种数据接口的算法，这样就造成了一套算法无法在一个行业里复用的情况。

设想一下，如果每个行业都有一套标准的数据格式，如让W3C制定标准来约束数据采集，那么从数据源头来讲或者从传感器开发（很多数据依靠传感器采集）的角度来看，相同的数据标准意味着相同的数据采集目标，开发一套传感器可以覆盖整个行业的市场，无疑会大大推动数据采集终端的发展，并且能够降低成本。从数据源本身来看，如果标准统一，将会减少数据交换的隔阂，因为不同公司的业务点可能各不相同，如果可以实现方便的数据共享，则将会加速业务扩展的步伐。从数据处理的角度来看，如果输入参数统一标准，那么相同的一套算法或者程序可以复用到整个领域，这样会促进整个领域中开源项目的开发，促进行业整个上下游的发展。

（2）行业间连通。目前很多互联网行业采集个人行为数据之后都会做一件事，就是人物画像。人物画像是指通过人物的一些行为，挖掘这个人的属性。例如，我们有一个人的历史购买数据，如果这个人经常购买连衣裙，那么可以推断出她很可能是女性，通过连衣裙的款式可以推算出她的大体年龄段，通过价格可以推断出她的收入状况。不同的领域采集到的数据可能表示不同的方向。例如医疗领域会采集到关于人的健康数据，餐饮业会采集到人的口味数据。如果可以把各行各业的数据通过一个主键关联起来，以人为单位来看，就可以获得每一个人完整的用户画像，有了这样完整的用户画像之后就可以做很多个性化的推荐工作。例如，当一个人要装修房子之前，装修公司就通过这个人的购物行为发现了他最喜欢的颜色是蓝色，最喜欢的形状是圆形，然后就可以设计出更符合用户审美的方案，从而增加成交概率并提升用户满意度。单一行业的数据是有限的，只有连通了不同行业的数据，实现数据互通，才能让数据实现更大的价值。行业间的数据连通将会建立人与人、人与物、物与物之间的关联，大大地提升生活的智能化。

（3）数据流转的自动化。人类大规模地开始采集和利用数据是近10年才开始的，对整个数据的采集、存储和分析过程都还停留在很基础的阶段，这其中需要大量的人工干预才能跑通整个流程。未来的数据知识图谱建模，这些数据流转的过程应该会实现完全的自动化。未来或许会生产标准化的数据采集装置，这种装置或许会是某种芯片，大到楼房汽车，小到一根牙签，都会内置这样的数据采集芯片。采集到的数据会以统一的标准存储到数据中心，人类会统一建立数据中心用来存储全世界终端采集过来的数据。数据中心会有一套完整的数据分析体系，包括数据的ETL、特征挖掘、算法计算以及结果的返回。整个数据的流转体系完全自动化，人类无感知地被采集数据，并且享受着大数据带来的便捷社会。例如，汽车的自动驾驶，人们只要坐在汽车里，并且告诉汽车要去的目的地，汽车会自动采集相关路况的数据，数据中心统一协调相关路况上所有汽车的行驶轨迹，让全部汽车以最大的运行速度平稳行驶。

这就是笔者眼中的世界大数仓，一切事物的行为支配都由历史和现实的数据支撑，整个生活井井有条，并且可以实现完全的智能化。数据在为人类服务，并且不断地生成和处理新的数据，经过迭代不断提高数据的流转效率和准确率。

9.2 知识图谱的概述

或许未来世界的所有知识会连成一张大图，这个图叫作知识图谱。知识图谱能做什么呢？下面这个小例子将为您揭晓。在 Google 上面搜索问题“姚明的老婆是谁”的时候，传统的搜索引擎是根据关键字匹配规则进行信息查询的，所以传统的搜索引擎应该会返回包含“姚明”“老婆”这些关键字内容的信息。但是 Google 可以智能地返回问题的答案，而不是单单包含问题关键字的内容，这其中的技术就是知识图谱（见图 9-1）。

图 9–1 搜索结果

知识图谱把客观事物抽象成实体，通过关系表示实体间的连接（见图 9-2）。

当我们搜索“姚明的老婆是谁”的时候，首先进行文本分析并拆解出一个实体——“姚明”，一个关系——“夫妻关系”，然后可以在知识图谱中进行图查询，找到这个实体和关系的指向，最终实现信息的检索。知识图谱已经运用在很多搜索引擎公司里，拟在提高搜索的智能程度。

Google 的辛格博士在介绍知识图谱的时候提到："The world is not made of strings, but is made of things"。知识图谱的核心含义是将真实世界中存在的实体和概念抽象出来。知识图谱包括 3 个要素：实体、关系和属性。实体是客观事物，关系和属性是事物间的连线。如图 9-3 所示，姚明表示一个实体，姚明的配偶是叶莉表示一种实体和实体间的关系，叶莉的 age 是 34 表示一种实体和属性的关系。

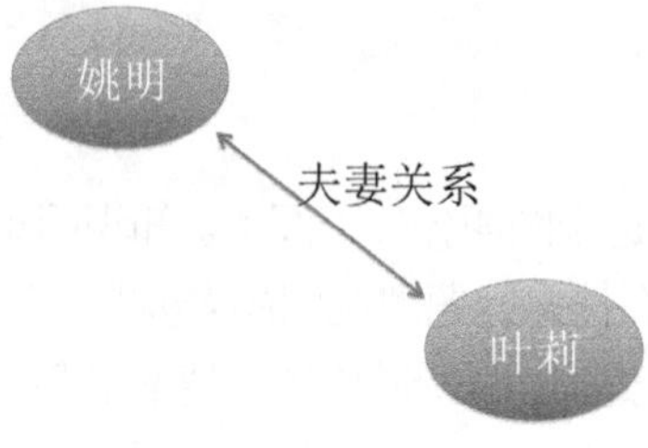

图 9–2　夫妻关系

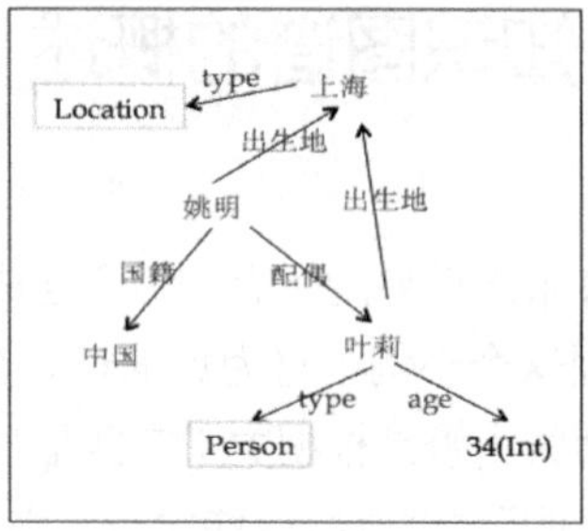

图 9–3　关系图谱

知识图谱可以看作未来数据抽象的一种模式，W3C 作为 Web 技术领域最具权威和影响力的国际中立性技术标准机构制定了一套知识图谱的描述标准，这套标准叫作资源描述框架（Resource Description Framework，RDF）。RDF 是一套数据交换的标准模型，RDF 最大的特点是可以将不同格式的数据进行关联，而且数据一旦导入，在上层的逻辑架构可以随意改动而不会对底层的建模逻辑造成影响。RDF 使用 URL 来描述不同实体之间的联系，最终知识图谱的模型保存为类似于 XML 格式的文件，通过这样简单的模型可以让结构化和半结构化的数据实现混合，并且在不同的应用场景下使用。数据图谱的构建者只需要按照 RDF 的标准把数据关系写成知识图谱模型文件，然后就可以用 SPARQL 语句对知识图谱进行查询（见图 9-4）。

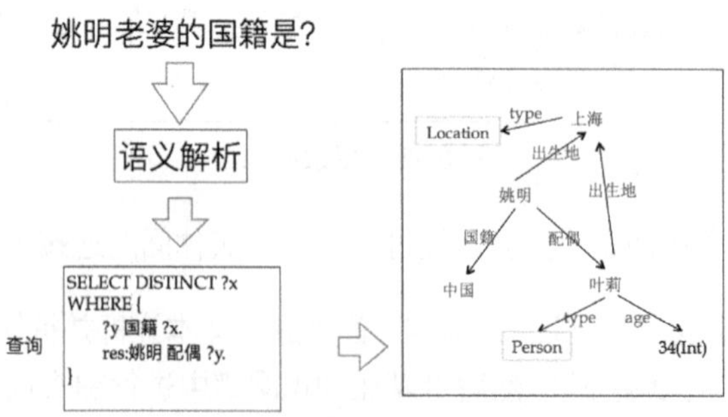

图 9–4　SPARQL 语句查询

前面已经介绍了如何通过知识图谱快速地挖掘知识和关系。如果你认为知识图谱仅仅是通过实体和实体间的关系快速检索信息的话，那就大大低估了知识图谱的作用。知识图谱最核心的功能应该是推理。推理并不是发现新知识，而是对图谱中隐藏关系的发现。

知识图谱的推理是如何实现的呢？这主要是因为知识图谱巧妙地运用了集合论的理论。知识图谱可以对实体进行抽象，有全集和子集的概念。举个例子，我们知道姚明和叶莉都是篮球运动员，可以抽象出一个实体是“篮球运动员”，“篮球运动员”是一个集合，叶莉和姚明都是这个集合的子集，子集会继承父集的属性，这一点有点像编程里的父类和子类的概念。“篮球运动员”这个实体拥有一些属性，如“个子高”，那么所有属于“篮球运动员”的子集就都具有了这个属性。于是，在这个集合下添加新的实体的时候，无需再增加“个子高”这个属性。因为属性可以直接继承，所以可以利用这种集合关系进行推理。例如，提一个问题“王治郅是姚明的篮球队队友，王治郅个子高么？”接下来就可以进行这样的推理，王治郅是姚明的篮球队队友，所以王治郅也是篮球运动员，篮球员动员具有个子高的属性，所以王治郅的个子也高。对人类来讲，这只是简单的常识性问题，但是如果机器可以完成上述的推理过程，将大大推动人工智能的发展，这一切的根源来自于知识图谱。所以能否建立覆盖全部客观世界实体、关系和属性的知识图谱是能否实现智能推理的关键，目前这项工作还需要大量的人工干预才能进行，未来我们希望这里可以实现真正的自动化。

9.3 知识图谱开源工具

根据 9.2 节的介绍，未来大数据智能化推理要依赖于知识图谱架构。虽然将整个客观世界的实体抽象化看似很遥远，但是很多高校和开源组织已经在做这方面的研究并且产出了一些工具，下面将挑选比较成熟的一款工具进行重点介绍。

Protégé 是斯坦福大学医学院生物信息研究中心基于 Java 语言开发的本体编辑和知识获取软件，主要是用于语义网中本体的构建，提供了本体概念的类关系、属性和实例的构建，并且屏蔽了具体的本体描述语言，用户只需在概念层次上进行领域本体模型的构建，即可实现知识图谱的构建和推理。Protégé 是一款开源软件，用户只需要登录 http://protege.stanford.edu/ 并且下载运行即可。

如图 9-5 所示，Protégé 是类似于 Eclipse 的一套实体编辑器，跟 Eclipse 设计原理相似的是，Protégé 是一个平台，可以基于这个平台开发插件。目前已经有很多可视化组件、数据库组件和推理组件在这个平台上运行，可以基于这个平台编辑实体间的关系。

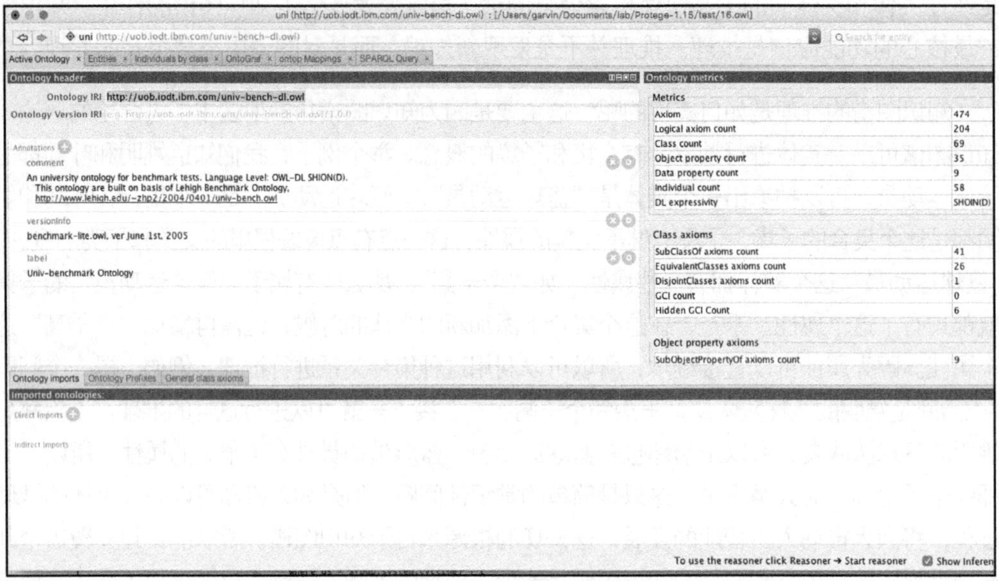

图 9–5 Protégé 界面

图 9-6 中展示了 person 和 university 之间的 has a degree from 关系。

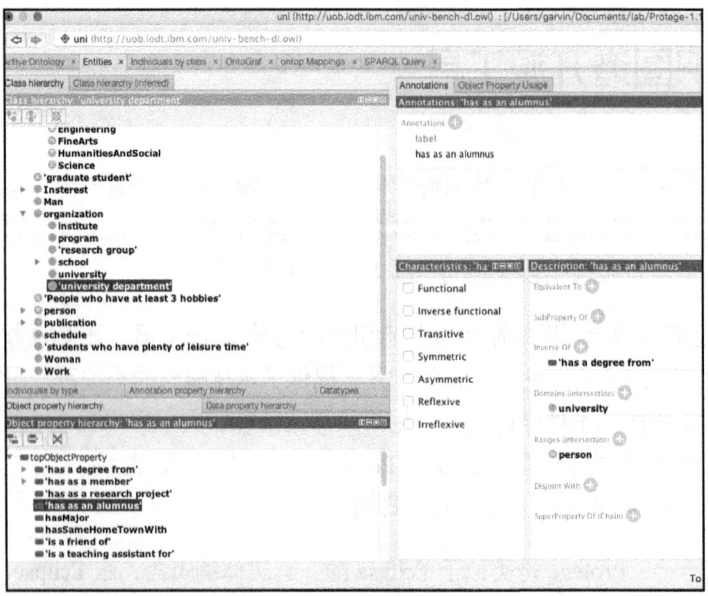

图 9–6 关系展示

把实体间的关系、数据和集合都表示清楚之后，用户可以通过可视化组件来查看（见图 9-7）。

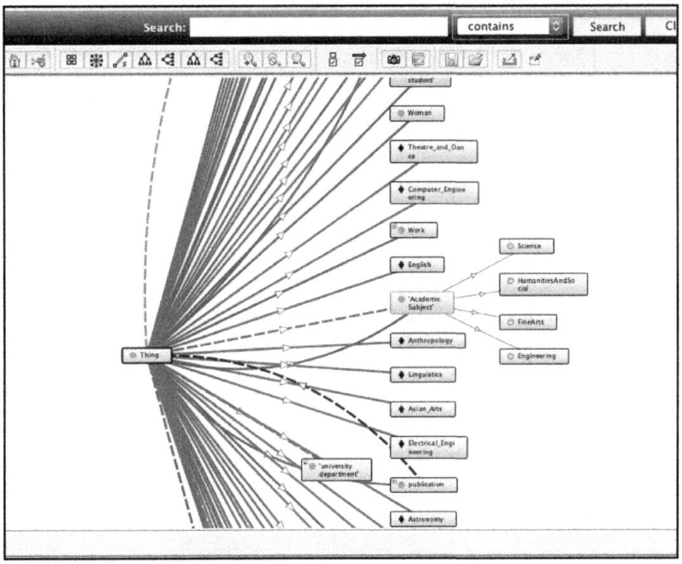

图 9–7 实体可视化关联

定义实体的概念了之后就可以连接真实的数据，这里接入的是本地的 Mysql 数据库（见图 9-8）。

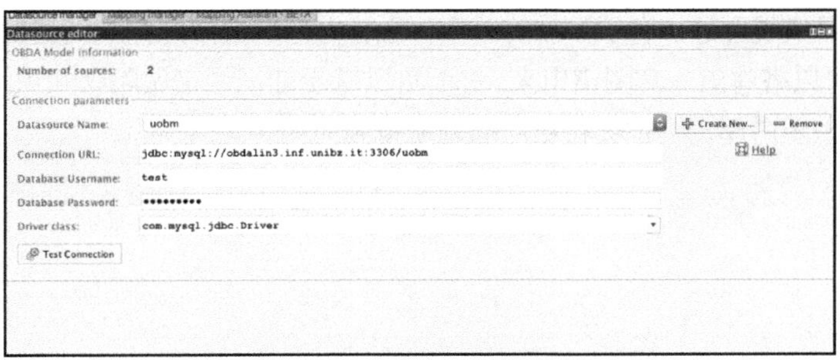

图 9–8 数据库连接

之后就可以通过启动 Reasoner，也就是推理工具来对一些问题进行推理。推理的问题可以通过 Sparql 语句来描述（见图 9-9）。

Protégé 是目前比较成熟的一款开源知识图谱构建工具，包含了整个图谱生成、可视化展现及推理的流程。通过这个工具，用户可以实现构建知识图谱的平台，并具备推理功能。

相信随着知识图谱在行业中的应用越来越广泛，会有更多的优秀工具诞生。知识图谱作为大数据的载体也会更多地被人们使用，以实现智能推理和信息的智能检索。

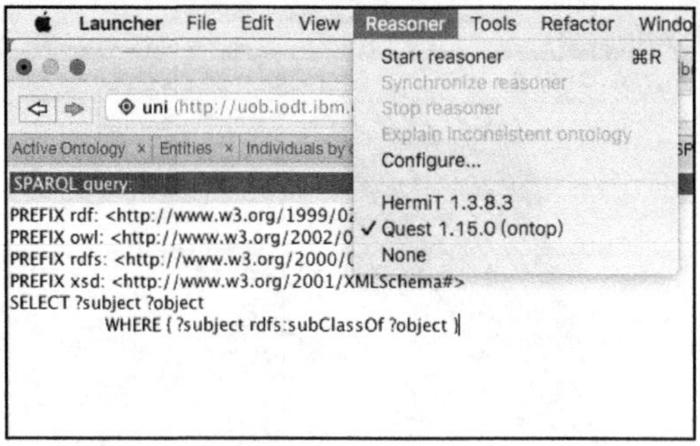

图 9-9 推理

9.4 本章小结

本章分别针对未来的数据采集方式、知识图谱概述以及知识图谱开源工具 3 个方面进行了讲解。因为机器学习算法对数据的采集有着较强的依赖，所以如何把全世界的数据有效采集将是人工智能能否继续发展的关键。希望随着技术的发展，各个行业的数据采集能够统一标准并且实现互通。有了数据的采集体系，再把数据按照知识图谱的实体理论进行抽象，人们就可以搭建出一套图谱出来，进而可以基于知识图谱做隐含知识的挖掘和推理。我相信未来知识图谱理论一定会在更广的领域得到应用。

参考文献

[1] Cormen T.H, Leiserson C.E, Rivest R.L, Stein C. 算法导论[M]. 4 版. 北京：机械工业出版社，2013.

[2] 李航. 统计学习方法[M]. 北京: 清华大学出版社,2012.

[3] Tom M Michelle. Machine Learning. McGraw-Hill cCompanies, Inc, 1997.

[4] Friedman J. Flexible metric nearest neighbor classification. Technical Report, 1994.

[5] Hastie T, Tibshirani R, Friedman J. The Elements of Statistical Learning. Data Mining, Inference, and Prediction. Springer-Verlag, 2001.

[6] Quinlan JR. Induction of decision trees. Machine Learning, 1986.

[7] Cortes C, Vapnik V. Support-vector networks. Machine Learning, 1995.

[8] Rabiner L, Juang B. An introduction to hidden markov Models. IEEE ASSP Magazine, January 1986.

[9] 余凯. 深度学习-机器学习的新浪潮. 程序员杂志, 2013.

[10] Michael Kearns, Yishay Mansour and Andrew Y.Ng. A sparse sampling algorithm for near-optimal planning in large Markov decision processes. In Procceedings of the Sixteenth International Joint Conference on Artificial Intelligence, 1999.

[11] Hinton, G.E., Osindero, S. and Teh, Y. A fast learning algorithm for deep belief nets. Neural Computation, 2006.

[12] Hinton, G.E. Learning Multiple Layers of Representation. Trends in Cognitive Sciences, 2007.

[13] LeCun, Y., Bengio, Y. and Hinton, G.E. Deep Learning Nature.

[14] Bengio Y. Learning Deep Architectures for AI[J] . Foundations & Trends in Machine Learning, 2009.

[15] Hinton G.E, Salakhutdinov R R. Reducing the Dimensionality of Data with Neural Networks. Science, 2006.

[16] He K, Zhang X, Ren S, Sun J. Deep Residual Learning for Image Recognition. 2015.

[17] Rachel-Zhang, http://blog.csdn.net/abcjennifer/article/details/7826917.

[18] zouxy09, http://blog.csdn.net/zouxy09.

[19] 止战, http://www.cnblogs.com/zhizhan/p/5007522.html.

[20] T2 噬菌体.

http://www.cnblogs.com/leoo2sk/archive/2010/09/19/1831151.html.

[21] huagong_adu, http://blog.csdn.net/huagong_adu/article/details/7937616.

[22] longshengguoji, http://blog.csdn.net/longshengguoji/article/details/10756003.

[23] kongmeng, http://www.cnblogs.com/hdu-2010/p/4621258.html.

[24] 石山园, http://www.cnblogs.com/shishanyuan/p/4747761.html.

[25] Marshall, http://blog.csdn.net/u014568921/article/details/45222623.

[26] Joey 周琦, http://www.cnblogs.com/Dzhouqi/p/3653823.html.

[27] alucardzhou, http://www.jianshu.com/p/3720656a390d.

[28] Peter Harrington,机器学习实战,人民邮电出版社,2013.

[29] http://www.bitfusion.io/2016/08/31/training-a-bird-classifier-with-tensorflow-and-tflearn/.

[30] http://blog.csdn.net/bugcreater/article/details/53293075.

异步社区
人民邮电出版社
www.epubit.com.cn

欢迎来到异步社区！

异步社区的来历

异步社区（www.epubit.com.cn）是人民邮电出版社旗下 IT 专业图书旗舰社区，于 2015 年 8 月上线运营。

异步社区依托于人民邮电出版社 20 余年的 IT 专业优质出版资源和编辑策划团队，打造传统出版与电子出版和自出版结合、纸质书与电子书结合、传统印刷与 POD 按需印刷结合的出版平台，提供最新技术资讯，为作者和读者打造交流互动的平台。

社区里都有什么？

购买图书

我们出版的图书涵盖主流 IT 技术，在编程语言、Web 技术、数据科学等领域有众多经典畅销图书。社区现已上线图书 1000 余种，电子书 400 多种，部分新书实现纸书、电子书同步出版。我们还会定期发布新书书讯。

下载资源

社区内提供随书附赠的资源，如书中的案例或程序源代码。

另外，社区还提供了大量的免费电子书，只要注册成为社区用户就可以免费下载。

与作译者互动

很多图书的作译者已经入驻社区，您可以关注他们，咨询技术问题；可以阅读不断更新的技术文章，听作译者和编辑畅聊好书背后有趣的故事；还可以参与社区的作者访谈栏目，向您关注的作者提出采访题目。

灵活优惠的购书

您可以方便地下单购买纸质图书或电子图书，纸质图书直接从人民邮电出版社书库发货，电子书提供多种阅读格式。

对于重磅新书，社区提供预售和新书首发服务，用户可以第一时间买到心仪的新书。

用户账户中的积分可以用于购书优惠。100 积分 =1 元，购买图书时，在 0 使用积分 里填入可使用的积分数值，即可扣减相应金额。